行列式

$$\begin{vmatrix} a & b \\ c & d \end{vmatrix} = ad - bc \quad \text{(p. 42)}$$

$$\begin{vmatrix} a_1 & b_1 & c_1 \\ a_2 & b_2 & c_2 \\ a_3 & b_3 & c_3 \end{vmatrix} = a_1 b_2 c_3 + a_2 b_3 c_1 + a_3 b_1 c_2 - a_3 b_2 c_1 - a_2 b_1 c_3 - a_1 b_3 c_2 \quad \text{(p. 43)}$$

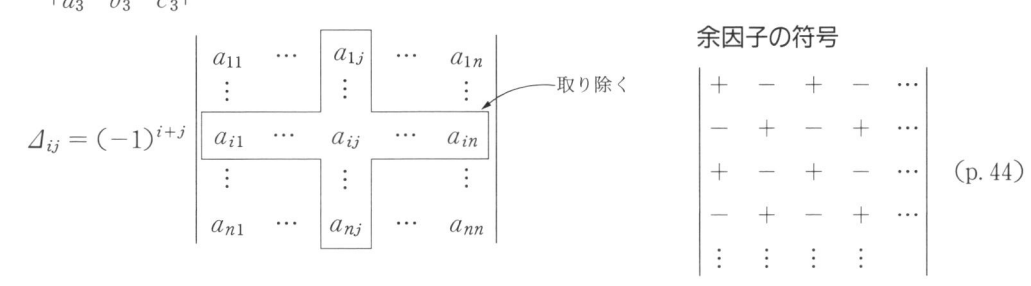

$$\Delta_{ij} = (-1)^{i+j} \begin{vmatrix} a_{11} & \cdots & a_{1j} & \cdots & a_{1n} \\ \vdots & & \vdots & & \vdots \\ a_{i1} & \cdots & a_{ij} & \cdots & a_{in} \\ \vdots & & \vdots & & \vdots \\ a_{n1} & \cdots & a_{nj} & \cdots & a_{nn} \end{vmatrix} \leftarrow \text{取り除く}$$

余因子の符号

$$\begin{vmatrix} + & - & + & - & \cdots \\ - & + & - & + & \cdots \\ + & - & + & - & \cdots \\ - & + & - & + & \cdots \\ \vdots & \vdots & \vdots & \vdots & \end{vmatrix} \quad \text{(p. 44)}$$

第 i 行で展開 (p. 45, p. 46)

$$|A| = a_{i1} \Delta_{i1} + a_{i2} \Delta_{i2} + \cdots + a_{in} \Delta_{in}$$

第 j 列で展開 (p. 45, p. 46)

$$|A| = a_{1j} \Delta_{1j} + a_{2j} \Delta_{2j} + \cdots + a_{nj} \Delta_{nj}$$

連立 1 次方程式の解の公式 (クラメルの公式) (p. 59, p. 60, p. 61)

$$\begin{cases} a_{11} x_1 + \cdots + a_{1n} x_n = p_1 \\ \vdots \qquad \vdots \qquad \vdots \quad \text{ならば} \\ a_{n1} x_1 + \cdots + a_{nn} x_n = p_n \end{cases}$$

$$x_1 = \frac{\begin{vmatrix} p_1 & a_{12} & \cdots & a_{1n} \\ \vdots & \vdots & & \vdots \\ p_n & a_{n2} & \cdots & a_{nn} \end{vmatrix}}{\begin{vmatrix} a_{11} & a_{12} & \cdots & a_{1n} \\ \vdots & \vdots & & \vdots \\ a_{n1} & a_{n2} & \cdots & a_{nn} \end{vmatrix}}, \quad x_2 = \frac{\begin{vmatrix} a_{11} & p_1 & \cdots & a_{1n} \\ \vdots & \vdots & & \vdots \\ a_{n1} & p_n & \cdots & a_{nn} \end{vmatrix}}{\begin{vmatrix} a_{11} & a_{12} & \cdots & a_{1n} \\ \vdots & \vdots & & \vdots \\ a_{n1} & a_{n2} & \cdots & a_{nn} \end{vmatrix}}, \quad \cdots, \quad x_n = \frac{\begin{vmatrix} a_{11} & a_{12} & \cdots & p_1 \\ \vdots & \vdots & & \vdots \\ a_{n1} & a_{n2} & \cdots & p_n \end{vmatrix}}{\begin{vmatrix} a_{11} & a_{12} & \cdots & a_{1n} \\ \vdots & \vdots & & \vdots \\ a_{n1} & a_{n2} & \cdots & a_{nn} \end{vmatrix}}$$

逆行列

$$A = \begin{pmatrix} a & b \\ c & d \end{pmatrix} \text{ ならば } A^{-1} = \frac{1}{|A|} \begin{pmatrix} d & -b \\ -c & a \end{pmatrix} \quad \text{(p. 61)}$$

$$A = \begin{pmatrix} a_{11} & \cdots & a_{1n} \\ \vdots & & \vdots \\ a_{n1} & \cdots & a_{nn} \end{pmatrix} \text{ ならば } A^{-1} = \frac{1}{|A|} {}^t\!\begin{pmatrix} \Delta_{11} & \cdots & \Delta_{1n} \\ \vdots & & \vdots \\ \Delta_{n1} & \cdots & \Delta_{nn} \end{pmatrix} \quad \text{(p. 62, p. 63)}$$

A^{-1} の (i, j) 成分は $\dfrac{\Delta_{ji}}{|A|}$

計算力が身に付く **線形代数**

佐 野 公 朗 著

学術図書出版社

まえがき

本書は線形代数の基礎から簡単な応用までをできるだけわかり易く書いた初学者用の教科書です．

ここでは理論的な厳密さよりも計算技術とその応用について習得することを主な目的としています．そのために新しい概念を導入するときはなるべく具体例を付けて，理解を助けるように努めました．また，例題と問題を対応させて，実例を通じて計算の方法が身に付けられるように工夫しました．予備知識としてはおよそ中学卒業程度を想定しています．

このような説明のやり方を採用したのは，もはや従来の方法が学生にとって苦痛そのものでしかないからです．これまでの「定義・定理・証明」式の説明を理解するにはかなりの計算力と論理力そして記号に対する熟練が必要です．しかもこれらの能力を鍛えるために費やされる，時間や労力や犠牲は多大なものがあります．本書ではこのような負担をできるだけ軽くして，わかり易い解説を目指すように心掛けました．

本書で学習される方は，まず説明を読みそれから例題に進み，それを終えたら対応する問を解いてください．もしも解答の方法がわからないときは，例題に戻りもう一度そこにある計算のやり方を見直してください．このようにして一通り問を解き終えてまだ余裕のある方は，練習問題に挑戦してください．各節の問題の解答は各節末に記載してあります．

本書の内容を説明します．第Ｉ章§1から§5では行列の計算と応用について書いてあります．§6から§8では行列式の計算と応用について説明してあります．§9から§11ではベクトルの計算について，§12では複素数の計算について扱っています．第II章§13から§15ではベクトルの性質について詳しく取り上げています．§16から§19では線形空間と線形写像について書いてあります．§20では座標変換について，§21では複素数の行列やベクトルについて扱っています．§22から§24では行列の固有値，固有ベクトルとその応用などについて説明しています．

本書をまとめるにあたり，多くの著書を参考にさせていただいたことをここに感謝します．学術図書出版社の発山幸大氏には，作成にあたって多大なお世話になり深く謝意を表します．また，八戸工業大学の尾﨑康弘名誉教授には様々なご助言を頂き，ここで厚く御礼を申し上げます．

2006年4月

著者

も く じ

I――基 礎 編

II――発 展 編

§19 逆像の空間，次元定理

§20 座 標 変 換

§21 複素行列と複素ベクトル

§22 固有値と固有ベクトル

§23 対称行列とエルミート行列の対角化

§24 いろいろな行列の対角化

I

基礎編

§1 行列と計算

いろいろな数量をまとめて表に書くと関係が見やすくなることが多い．これを発展させて表同士の計算もできるように工夫すると，行列になる．ここでは行列を導入し，和と積を計算する．

1.1 行　　列

まず行列とは何か見ていく．

数字や文字を長方形に並べたものを**行列**という．横の並びを**行**，縦の並びを**列**，各数字や文字を**成分**という．行と列の個数を行列の**型**という．行列を A，B などと表す．

例 1 いろいろな行列を見ていく．

(1) 2 行 3 列型行列．(2,3) 型行列

$$\begin{pmatrix} 1 & 4 & 3 \\ -1 & 0 & 5 \end{pmatrix} = \begin{pmatrix} 1 & 4 & 3 \\ -1 & 0 & 5 \end{pmatrix} = \begin{pmatrix} 1 & 4 & 3 \\ -1 & 0 & 5 \end{pmatrix}$$

第 1 行，第 2 行；第 1 列，第 2 列，第 3 列；(1,1) 成分，(1,2) 成分，(1,3) 成分，(2,1) 成分，(2,2) 成分，(2,3) 成分

(2) 1 行 4 列型行列，(1,4) 型行列，**行ベクトル**

$$\begin{pmatrix} 2 & 4 & 6 & -1 \end{pmatrix}, \quad \begin{pmatrix} a_1 & a_2 & a_3 & a_4 \end{pmatrix}$$

(3) 3 行 1 列型行列，(3,1) 型行列，**列ベクトル**

$$\begin{pmatrix} 1 \\ 2 \\ 4 \end{pmatrix}, \quad \begin{pmatrix} a_1 \\ a_2 \\ a_3 \end{pmatrix}$$

(4) 2 行 2 列型行列，(2,2) 型行列，**正方行列**

$$\begin{pmatrix} 1 & 2 \\ 3 & 4 \end{pmatrix}, \quad \begin{pmatrix} a & b \\ c & d \end{pmatrix}$$

(5) 4 行 5 列型行列，(4,5) 型行列

$$A = \begin{pmatrix} a_{11} & a_{12} & a_{13} & a_{14} & a_{15} \\ a_{21} & a_{22} & a_{23} & a_{24} & a_{25} \\ a_{31} & a_{32} & a_{33} & a_{34} & a_{35} \\ a_{41} & a_{42} & a_{43} & a_{44} & a_{45} \end{pmatrix}$$

(6) **零**（ゼロ）**行列**

$$O = \begin{pmatrix} 0 & 0 & \cdots & 0 \\ 0 & 0 & \cdots & 0 \\ \vdots & \vdots & & \vdots \\ 0 & 0 & \cdots & 0 \end{pmatrix}$$

(7) **単位行列**，正方行列

$$E=\begin{pmatrix}1&0&\cdots&0\\0&1&\cdots&0\\\vdots&\vdots&\ddots&\vdots\\0&0&\cdots&1\end{pmatrix}$$ ▮

注意 成分 a_{21} の添字 21 は 2 桁の数字ではなく，(2, 1) 成分を表す．

● 行列の等式

行列が等しいことの意味を考える．

2 つの行列 A, B の型と対応する成分同士が等しいならば $A=B$ と書く．

例 2 行列の等式を考える．

$$\begin{pmatrix}a&b\\c&d\end{pmatrix}=\begin{pmatrix}1&2\\3&4\end{pmatrix} \text{ ならば } a=1,\ b=2,\ c=3,\ d=4$$ ▮

1.2 行列の定数倍と和

行列の定数倍と和を計算する．

行列 A の各成分に定数 k を掛けた行列を kA と書き，行列の**定数倍**という．特に $(-1)A=-A$ と書く．同じ型の 2 つの行列 A, B の対応する成分同士をたした行列を $A+B$ と書き，行列の**和**という．

例 3 行列の定数倍と和を計算する．

(1) $2\begin{pmatrix}1&2\\3&4\end{pmatrix}=\begin{pmatrix}2&4\\6&8\end{pmatrix}$ (2) $\begin{pmatrix}1&2\\3&4\end{pmatrix}+\begin{pmatrix}5&6\\7&8\end{pmatrix}=\begin{pmatrix}6&8\\10&12\end{pmatrix}$ ▮

注意 型が異なる行列の和は計算できない．

$$\begin{pmatrix}1&2\\3&4\end{pmatrix}+\begin{pmatrix}5&6&7\\8&9&0\end{pmatrix}$$ ✗

例題 1.1 計算せよ．

(1) $3\begin{pmatrix}1&3\\-2&0\end{pmatrix}+2\begin{pmatrix}2&-1\\0&3\end{pmatrix}$

(2) $2\begin{pmatrix}1&4&-3\\0&2&1\end{pmatrix}-4\begin{pmatrix}3&-2&0\\1&-1&2\end{pmatrix}$

解 行列の各成分に定数を掛けて，対応する成分同士をたしたり，引いたりする．

(1) $3\begin{pmatrix}1&3\\-2&0\end{pmatrix}+2\begin{pmatrix}2&-1\\0&3\end{pmatrix}=\begin{pmatrix}3&9\\-6&0\end{pmatrix}+\begin{pmatrix}4&-2\\0&6\end{pmatrix}=\begin{pmatrix}7&7\\-6&6\end{pmatrix}$

(2) $2\begin{pmatrix}1&4&-3\\0&2&1\end{pmatrix}-4\begin{pmatrix}3&-2&0\\1&-1&2\end{pmatrix}=\begin{pmatrix}2&8&-6\\0&4&2\end{pmatrix}+\begin{pmatrix}-12&8&0\\-4&4&-8\end{pmatrix}$

$$= \begin{pmatrix} -10 & 16 & -6 \\ -4 & 8 & -6 \end{pmatrix}$$

問 1.1 計算せよ．

(1) $3\begin{pmatrix} 1 \\ -2 \end{pmatrix} - 2\begin{pmatrix} 2 \\ -5 \end{pmatrix}$　　(2) $-2(4 \quad 3) + 4(5 \quad 2)$

(3) $5\begin{pmatrix} 1 & -5 \\ 2 & 3 \end{pmatrix} + 2\begin{pmatrix} 2 & 1 \\ 5 & -4 \end{pmatrix}$

(4) $4\begin{pmatrix} 2 & -1 & 0 \\ 5 & 3 & 4 \end{pmatrix} - 3\begin{pmatrix} -3 & 2 & 5 \\ -4 & 1 & -1 \end{pmatrix}$

(5) $-2\begin{pmatrix} 1 & 6 \\ -2 & 3 \\ -3 & 4 \end{pmatrix} - 3\begin{pmatrix} -3 & 2 \\ 0 & -2 \\ 5 & 3 \end{pmatrix}$

(6) $-5\begin{pmatrix} 2 & 3 & -4 \\ -1 & 5 & 0 \\ -3 & 2 & 1 \end{pmatrix} + 6\begin{pmatrix} -1 & 2 & 0 \\ 4 & 5 & -3 \\ -2 & 6 & -4 \end{pmatrix}$

行列の定数倍と和の性質をまとめておく．

公式 1.1　行列の定数倍と和の性質，k, l は定数

(1) $A+B = B+A$　　(2) $(A+B)+C = A+(B+C)$

(3) $A+O = O+A = A$　　(4) $A+(-A) = (-A)+A = O$

(5) $(-1)A = -A$　　(6) $k(A+B) = kA+kB$

(7) $(k+l)A = kA+lA$　　(8) $k(lA) = (kl)A$

解説　行列の定数倍と和は成分（実数）を用いて計算するので，実数の性質がそのまま成り立つ．

1.3 行 列 の 積

行列の積を計算する．

2 つの行列 A の行と B の列の対応する成分同士を掛けてたした行列を AB と書き，行列の**積**という．

A の第 1 行と B の第 1 列の積，　A の第 1 行と B の第 2 列の積

$$AB = \begin{pmatrix} a & b & c \\ d & e & f \end{pmatrix}\begin{pmatrix} r & u \\ s & v \\ t & w \end{pmatrix} = \begin{pmatrix} ar+bs+ct & au+bv+cw \\ dr+es+ft & du+ev+fw \end{pmatrix}$$

A の第 2 行と B の第 1 列の積，　A の第 2 行と B の第 2 列の積

例 4 行列の積を計算する.

$$\begin{pmatrix}1 & 2 & 3\\ 2 & 1 & -1\end{pmatrix}\begin{pmatrix}1 & 3\\ -1 & 1\\ 2 & -2\end{pmatrix}$$
$$=\begin{pmatrix}1\times1+2\times(-1)+3\times2 & 1\times3+2\times1+3\times(-2)\\ 2\times1+1\times(-1)+(-1)\times2 & 2\times3+1\times1+(-1)\times(-2)\end{pmatrix}$$
$$=\begin{pmatrix}1-2+6 & 3+2-6\\ 2-1-2 & 6+1+2\end{pmatrix}$$
$$=\begin{pmatrix}5 & -1\\ -1 & 9\end{pmatrix}$$

注意 型が合わないと行列の積は計算できない.

$$\begin{pmatrix}1 & 2 & 3\\ 4 & 5 & 6\end{pmatrix}\begin{pmatrix}7 & 8\\ 9 & 0\end{pmatrix} \quad \times$$

例題 1.2 計算せよ.

(1) $\begin{pmatrix}2 & 4\\ 1 & -1\end{pmatrix}\begin{pmatrix}0 & -2\\ 3 & 4\end{pmatrix}$ (2) $\begin{pmatrix}1 & 0\\ 3 & -1\end{pmatrix}\begin{pmatrix}2 & -3 & 0\\ 1 & -1 & 4\end{pmatrix}$

(3) $\begin{pmatrix}3 & 4\end{pmatrix}\begin{pmatrix}-1\\ 2\end{pmatrix}$ (4) $\begin{pmatrix}-1\\ 2\end{pmatrix}\begin{pmatrix}3 & 4\end{pmatrix}$

(5) $\begin{pmatrix}1 & 2\\ 3 & 4\\ 5 & 6\end{pmatrix}\begin{pmatrix}0 & 0 & 0\\ 0 & 0 & 0\end{pmatrix}$ (6) $\begin{pmatrix}0 & 0 & 0\end{pmatrix}\begin{pmatrix}1 & 2\\ 3 & 4\\ 5 & 6\end{pmatrix}$

(7) $\begin{pmatrix}1 & 2 & 3\\ 4 & 5 & 6\end{pmatrix}\begin{pmatrix}1 & 0 & 0\\ 0 & 1 & 0\\ 0 & 0 & 1\end{pmatrix}$ (8) $\begin{pmatrix}1 & 0\\ 0 & 1\end{pmatrix}\begin{pmatrix}1 & 2 & 3\\ 4 & 5 & 6\end{pmatrix}$

解 2つの行列の対応する行と列の成分同士を掛けてたす.

(1) $\begin{pmatrix}2 & 4\\ 1 & -1\end{pmatrix}\begin{pmatrix}0 & -2\\ 3 & 4\end{pmatrix}=\begin{pmatrix}0+12 & -4+16\\ 0-3 & -2-4\end{pmatrix}=\begin{pmatrix}12 & 12\\ -3 & -6\end{pmatrix}$

(2) $\begin{pmatrix}1 & 0\\ 3 & -1\end{pmatrix}\begin{pmatrix}2 & -3 & 0\\ 1 & -1 & 4\end{pmatrix}=\begin{pmatrix}2+0 & -3+0 & 0+0\\ 6-1 & -9+1 & 0-4\end{pmatrix}=\begin{pmatrix}2 & -3 & 0\\ 5 & -8 & -4\end{pmatrix}$

(3) $\begin{pmatrix}3 & 4\end{pmatrix}\begin{pmatrix}-1\\ 2\end{pmatrix}=-3+8=5$

(4) $\begin{pmatrix}-1\\ 2\end{pmatrix}\begin{pmatrix}3 & 4\end{pmatrix}=\begin{pmatrix}-3 & -4\\ 6 & 8\end{pmatrix}$

(5) $\begin{pmatrix}1 & 2\\ 3 & 4\\ 5 & 6\end{pmatrix}\begin{pmatrix}0 & 0 & 0\\ 0 & 0 & 0\end{pmatrix}=\begin{pmatrix}0 & 0 & 0\\ 0 & 0 & 0\\ 0 & 0 & 0\end{pmatrix}$

(6) $\begin{pmatrix} 0 & 0 & 0 \end{pmatrix}\begin{pmatrix} 1 & 2 \\ 3 & 4 \\ 5 & 6 \end{pmatrix} = \begin{pmatrix} 0 & 0 \end{pmatrix}$

(7) $\begin{pmatrix} 1 & 2 & 3 \\ 4 & 5 & 6 \end{pmatrix}\begin{pmatrix} 1 & 0 & 0 \\ 0 & 1 & 0 \\ 0 & 0 & 1 \end{pmatrix} = \begin{pmatrix} 1 & 2 & 3 \\ 4 & 5 & 6 \end{pmatrix}$

(8) $\begin{pmatrix} 1 & 0 \\ 0 & 1 \end{pmatrix}\begin{pmatrix} 1 & 2 & 3 \\ 4 & 5 & 6 \end{pmatrix} = \begin{pmatrix} 1 & 2 & 3 \\ 4 & 5 & 6 \end{pmatrix}$ ∎

問 1.2 計算せよ．

(1) $\begin{pmatrix} 3 & 2 & -1 \end{pmatrix}\begin{pmatrix} 1 \\ 0 \\ 5 \end{pmatrix}$　　(2) $\begin{pmatrix} 3 \\ 1 \\ -2 \end{pmatrix}\begin{pmatrix} 2 & -4 & 3 \end{pmatrix}$

(3) $\begin{pmatrix} 2 & -2 \\ -3 & 5 \\ -4 & -2 \end{pmatrix}\begin{pmatrix} 1 & 2 \\ 2 & -3 \end{pmatrix}$　　(4) $\begin{pmatrix} 2 & 3 & 0 \\ 5 & 6 & 1 \end{pmatrix}\begin{pmatrix} 1 & 2 \\ 4 & 5 \\ 3 & 1 \end{pmatrix}$

(5) $\begin{pmatrix} -2 & 4 & 3 \\ 5 & 2 & 0 \end{pmatrix}\begin{pmatrix} 1 & -1 & 2 \\ 0 & 4 & 3 \\ -2 & 5 & 4 \end{pmatrix}$

(6) $\begin{pmatrix} 4 & 3 & -2 \\ 5 & 1 & 3 \\ 0 & 2 & 4 \end{pmatrix}\begin{pmatrix} 3 & -5 & 2 \\ 4 & -2 & 1 \\ 5 & -4 & 0 \end{pmatrix}$

注意　行列の積では $AB \neq BA$ となることがある．また，$A \neq O$，$B \neq O$ でも $AB = O$ となり得る．このとき行列 A, B を零因子という．

$$\begin{pmatrix} 1 & 1 \\ 1 & 1 \end{pmatrix}\begin{pmatrix} 1 & -1 \\ 1 & -1 \end{pmatrix} = \begin{pmatrix} 2 & -2 \\ 2 & -2 \end{pmatrix},\quad \begin{pmatrix} 1 & -1 \\ 1 & -1 \end{pmatrix}\begin{pmatrix} 1 & 1 \\ 1 & 1 \end{pmatrix} = \begin{pmatrix} 0 & 0 \\ 0 & 0 \end{pmatrix}$$

行列の積の性質をまとめておく．

公式 1.2　行列の積の性質，k は定数

(1) $(AB)C = A(BC)$　　(2) $(A+B)C = AC+BC$

(3) $A(B+C) = AB+AC$

(4) $k(AB) = (kA)B = A(kB)$

(5) $AO = O$，$OA = O$　　(6) $AE = EA = A$

解説　行列の積は成分（実数）を用いて計算するので，実数の性質がほぼそのまま成り立つ．ただし，$AB \neq BA$ となる．

1.4　正方行列やその他の行列

正方行列を計算する．また，その他の行列を見る．

正方行列が n 行 n 列型ならば n 次といい，これを正方行列の**次数**という．

例 5　いろいろな正方行列を見ていく．

(1)　2 次の正方行列，3 次の正方行列

$$\begin{pmatrix} 1 & 2 \\ 3 & 4 \end{pmatrix}, \quad \begin{pmatrix} 1 & 2 & 3 \\ 4 & 5 & 6 \\ 7 & 8 & 9 \end{pmatrix}$$

(2)　上三角行列，下三角行列（左上から右下の対角線の上側か下側に数値が並び，他は 0）

$$\begin{pmatrix} 1 & 2 \\ 0 & 3 \end{pmatrix}, \quad \begin{pmatrix} 1 & 0 & 0 \\ 2 & 3 & 0 \\ 4 & 5 & 6 \end{pmatrix}$$

(3)　**対角行列**（左上から右下の対角線に沿って数値が並び，他は 0）

対角成分

$$\begin{pmatrix} 1 & 0 \\ 0 & 2 \end{pmatrix}, \quad \begin{pmatrix} 1 & 0 & 0 \\ 0 & 2 & 0 \\ 0 & 0 & 3 \end{pmatrix}$$

(4)　単位行列

$$E = \begin{pmatrix} 1 & 0 \\ 0 & 1 \end{pmatrix}, \quad E = \begin{pmatrix} 1 & 0 & 0 \\ 0 & 1 & 0 \\ 0 & 0 & 1 \end{pmatrix}$$

例題 1.3　行列 $A = \begin{pmatrix} 1 & 1 \\ 2 & -3 \end{pmatrix}$, $B = \begin{pmatrix} 2 & 1 \\ -1 & 0 \end{pmatrix}$, $C = \begin{pmatrix} -1 & 2 \\ 2 & 3 \end{pmatrix}$,

$E = \begin{pmatrix} 1 & 0 \\ 0 & 1 \end{pmatrix}$ から，計算せよ．

(1)　ABC　　　(2)　$(A+B)(C+E)$

解　2 つの行列の成分同士をたしたり，引いたり，掛けたりする．

(1)
$$ABC = \begin{pmatrix} 1 & 1 \\ 2 & -3 \end{pmatrix}\begin{pmatrix} 2 & 1 \\ -1 & 0 \end{pmatrix}\begin{pmatrix} -1 & 2 \\ 2 & 3 \end{pmatrix} = \begin{pmatrix} 2-1 & 1+0 \\ 4+3 & 2+0 \end{pmatrix}\begin{pmatrix} -1 & 2 \\ 2 & 3 \end{pmatrix}$$
$$= \begin{pmatrix} 1 & 1 \\ 7 & 2 \end{pmatrix}\begin{pmatrix} -1 & 2 \\ 2 & 3 \end{pmatrix} = \begin{pmatrix} -1+2 & 2+3 \\ -7+4 & 14+6 \end{pmatrix} = \begin{pmatrix} 1 & 5 \\ -3 & 20 \end{pmatrix}$$

(2)
$$(A+B)(C+E) = \left\{\begin{pmatrix} 1 & 1 \\ 2 & -3 \end{pmatrix} + \begin{pmatrix} 2 & 1 \\ -1 & 0 \end{pmatrix}\right\}\left\{\begin{pmatrix} -1 & 2 \\ 2 & 3 \end{pmatrix} + \begin{pmatrix} 1 & 0 \\ 0 & 1 \end{pmatrix}\right\}$$
$$= \begin{pmatrix} 3 & 2 \\ 1 & -3 \end{pmatrix}\begin{pmatrix} 0 & 2 \\ 2 & 4 \end{pmatrix} = \begin{pmatrix} 0+4 & 6+8 \\ 0-6 & 2-12 \end{pmatrix} = \begin{pmatrix} 4 & 14 \\ -6 & -10 \end{pmatrix}$$

問 1.3　行列 $A = \begin{pmatrix} 2 & -1 \\ 3 & -2 \end{pmatrix}$, $B = \begin{pmatrix} 4 & 2 \\ -3 & 1 \end{pmatrix}$, $C = \begin{pmatrix} -2 & 3 \\ 4 & 5 \end{pmatrix}$,

$E = \begin{pmatrix} 1 & 0 \\ 0 & 1 \end{pmatrix}$ から，計算せよ．

(1)　$A(B+C)$　　(2)　ABC　　(3)　$AB-BA$

(4)　$A(B+E)C$　　(5)　$(A+B)(A-C)$

(6)　$(C+E)(C-E)$

注意　行列の積では展開しない．展開すると計算が長くなる．

$$(A+B)(C+E) = AC+BC+AE+BE$$

行列の区分け

行列は成分が多いので記号で表したり，省略した書き方をする．

行列を直線で細かく分け，それぞれ $O, E, *$ などの記号を用いて表す．ただし，$*$ は任意の行列を表す．

例 6　行列を省略して書く．

(1)　行列の区分け

$$\left(\begin{array}{cc|ccc} 1 & 0 & 2 & 1 & 5 \\ 0 & 1 & 4 & 3 & 6 \\ \hline 0 & 0 & 0 & 0 & 0 \\ 0 & 0 & 0 & 0 & 0 \end{array}\right) = \begin{pmatrix} E & * \\ O & O \end{pmatrix}$$

(2)　三角行列と O の利用

$$\begin{pmatrix} 1 & 2 & 3 \\ 0 & 4 & 5 \\ 0 & 0 & 6 \end{pmatrix} = \begin{pmatrix} 1 & 2 & 3 \\ & 4 & 5 \\ O & & 6 \end{pmatrix} = \begin{pmatrix} 1 & 2 & 3 \\ & 4 & 5 \\ & & 6 \end{pmatrix}$$

(3)　対角行列と O の利用

$$\begin{pmatrix} 1 & 0 & 0 \\ 0 & 2 & 0 \\ 0 & 0 & 3 \end{pmatrix} = \begin{pmatrix} 1 & & O \\ & 2 & \\ O & & 3 \end{pmatrix} = \begin{pmatrix} 1 & & \\ & 2 & \\ & & 3 \end{pmatrix}$$

練習問題 1

1. 計算せよ．

(1)　$\begin{pmatrix} 1 \\ 3 \\ 4 \end{pmatrix} + 2\begin{pmatrix} 5 \\ -1 \\ -2 \end{pmatrix}$　　(2)　$2\begin{pmatrix} 1 \\ -1 \\ 4 \end{pmatrix} - 3\begin{pmatrix} 4 \\ 5 \\ -2 \end{pmatrix}$

(3)　$-4(1 \ \ 7 \ \ -3) + 3(5 \ \ 4 \ \ 1)$

(4)　$3\begin{pmatrix} 1 & 1 & -5 \\ -1 & 2 & 4 \end{pmatrix} + \dfrac{1}{2}\begin{pmatrix} 4 & -8 & -10 \\ 6 & 2 & 14 \end{pmatrix}$

(5)　$\begin{pmatrix} 3 & 1 & -2 \\ 1 & 4 & 3 \end{pmatrix} + 2\begin{pmatrix} 1 & 4 & 2 \\ 1 & 3 & 0 \end{pmatrix}$

(6) $3\begin{pmatrix} 2 & 3 & 6 \\ 1 & -2 & -3 \end{pmatrix} - \begin{pmatrix} 4 & -8 & 6 \\ -2 & 2 & 4 \end{pmatrix}$

(7) $\begin{pmatrix} 1 & 2 & 0 \\ -4 & 3 & 2 \\ 0 & 1 & 2 \end{pmatrix} - 3\begin{pmatrix} 5 & 4 & 1 \\ 3 & 5 & 2 \\ -1 & 7 & 8 \end{pmatrix}$

(8) $2\begin{pmatrix} -3 & 5 & 6 \\ 2 & 2 & -5 \\ -4 & 1 & -2 \end{pmatrix} + 3\begin{pmatrix} 1 & -3 & 8 \\ -7 & 5 & 6 \\ 2 & -3 & -4 \end{pmatrix}$

2. 計算せよ.

(1) $\begin{pmatrix} 1 & 2 & 3 & 4 \end{pmatrix}\begin{pmatrix} 1 \\ 2 \\ 3 \\ 4 \end{pmatrix}$　　(2) $\begin{pmatrix} 1 \\ 4 \\ 5 \\ -1 \end{pmatrix}\begin{pmatrix} 1 & -1 & 3 & 2 \end{pmatrix}$

(3) $\begin{pmatrix} 4 & 3 & 2 \\ -1 & 5 & 1 \end{pmatrix}\begin{pmatrix} -1 \\ 3 \\ 4 \end{pmatrix}$　　(4) $\begin{pmatrix} -1 & 0 & 4 & 2 \\ 1 & 2 & 3 & -2 \\ 2 & 1 & 5 & -1 \end{pmatrix}\begin{pmatrix} 5 \\ 2 \\ 3 \\ 1 \end{pmatrix}$

(5) $\begin{pmatrix} 2 & -1 \\ 3 & 2 \end{pmatrix}\begin{pmatrix} 3 & 5 & 7 \\ -2 & 1 & 4 \end{pmatrix}$　　(6) $\begin{pmatrix} 3 & -1 \\ 1 & 0 \\ 2 & 4 \end{pmatrix}\begin{pmatrix} 2 & -1 & 3 \\ 0 & -2 & 1 \end{pmatrix}$

(7) $\begin{pmatrix} 1 & 4 & -2 \\ 2 & -1 & 3 \\ 3 & 5 & 2 \end{pmatrix}\begin{pmatrix} -1 & 0 & 2 & 4 \\ 0 & 3 & -2 & -3 \\ 3 & 4 & 7 & 0 \end{pmatrix}$

(8) $\begin{pmatrix} a_1 & b_1 & c_1 \\ a_2 & b_2 & c_2 \\ a_3 & b_3 & c_3 \end{pmatrix}\begin{pmatrix} x \\ y \\ z \end{pmatrix}$

3. 行列 $A = \begin{pmatrix} 3 & 5 \\ -1 & -3 \end{pmatrix}$, $B = \begin{pmatrix} 2 & 4 \\ 5 & 2 \end{pmatrix}$, $C = \begin{pmatrix} 2 & 1 \\ 5 & 3 \end{pmatrix}$, $E = \begin{pmatrix} 1 & 0 \\ 0 & 1 \end{pmatrix}$ から, 計算せよ.

(1) $A(B-C)$　(2) ABC　(3) $AB+BA$

(4) $BC-CB$　(5) $(A+E)(A-E)$　(6) $(A+B)(A+C)$

解答

問 1.1 (1) $\begin{pmatrix} -1 \\ 4 \end{pmatrix}$　(2) $\begin{pmatrix} 12 & 2 \end{pmatrix}$　(3) $\begin{pmatrix} 9 & -23 \\ 20 & 7 \end{pmatrix}$

(4) $\begin{pmatrix} 17 & -10 & -15 \\ 32 & 9 & 19 \end{pmatrix}$　(5) $\begin{pmatrix} 7 & -18 \\ 4 & 0 \\ -9 & -17 \end{pmatrix}$

(6) $\begin{pmatrix} -16 & -3 & 20 \\ 29 & 5 & -18 \\ 3 & 26 & -29 \end{pmatrix}$

問1.2 (1) -2　(2) $\begin{pmatrix} 6 & -12 & 9 \\ 2 & -4 & 3 \\ -4 & 8 & -6 \end{pmatrix}$　(3) $\begin{pmatrix} -2 & 10 \\ 7 & -21 \\ -8 & -2 \end{pmatrix}$

(4) $\begin{pmatrix} 14 & 19 \\ 32 & 41 \end{pmatrix}$　(5) $\begin{pmatrix} -8 & 33 & 20 \\ 5 & 3 & 16 \end{pmatrix}$　(6) $\begin{pmatrix} 14 & -18 & 11 \\ 34 & -39 & 11 \\ 28 & -20 & 2 \end{pmatrix}$

問1.3 (1) $\begin{pmatrix} 3 & 4 \\ 4 & 3 \end{pmatrix}$　(2) $\begin{pmatrix} -10 & 48 \\ -20 & 74 \end{pmatrix}$　(3) $\begin{pmatrix} -3 & 11 \\ 21 & 3 \end{pmatrix}$

(4) $\begin{pmatrix} -18 & 49 \\ -34 & 73 \end{pmatrix}$　(5) $\begin{pmatrix} 23 & -31 \\ 1 & 7 \end{pmatrix}$　(6) $\begin{pmatrix} 15 & 9 \\ 12 & 36 \end{pmatrix}$

練習問題1

1. (1) $\begin{pmatrix} 11 \\ 1 \\ 0 \end{pmatrix}$　(2) $\begin{pmatrix} -10 \\ -17 \\ 14 \end{pmatrix}$　(3) $(11 \quad -16 \quad 15)$

(4) $\begin{pmatrix} 5 & -1 & -20 \\ 0 & 7 & 19 \end{pmatrix}$　(5) $\begin{pmatrix} 5 & 9 & 2 \\ 3 & 10 & 3 \end{pmatrix}$

(6) $\begin{pmatrix} 2 & 17 & 12 \\ 5 & -8 & -13 \end{pmatrix}$　(7) $\begin{pmatrix} -14 & -10 & -3 \\ -13 & -12 & -4 \\ 3 & -20 & -22 \end{pmatrix}$

(8) $\begin{pmatrix} -3 & 1 & 36 \\ -17 & 19 & 8 \\ -2 & -7 & -16 \end{pmatrix}$

2. (1) 30　(2) $\begin{pmatrix} 1 & -1 & 3 & 2 \\ 4 & -4 & 12 & 8 \\ 5 & -5 & 15 & 10 \\ -1 & 1 & -3 & -2 \end{pmatrix}$　(3) $\begin{pmatrix} 13 \\ 20 \end{pmatrix}$

(4) $\begin{pmatrix} 9 \\ 16 \\ 26 \end{pmatrix}$　(5) $\begin{pmatrix} 8 & 9 & 10 \\ 5 & 17 & 29 \end{pmatrix}$　(6) $\begin{pmatrix} 6 & -1 & 8 \\ 2 & -1 & 3 \\ 4 & -10 & 10 \end{pmatrix}$

(7) $\begin{pmatrix} -7 & 4 & -20 & -8 \\ 7 & 9 & 27 & 11 \\ 3 & 23 & 10 & -3 \end{pmatrix}$　(8) $\begin{pmatrix} a_1x+b_1y+c_1z \\ a_2x+b_2y+c_2z \\ a_3x+b_3y+c_3z \end{pmatrix}$

3. (1) $\begin{pmatrix} 12 & -20 \\ -4 & 8 \end{pmatrix}$　(2) $\begin{pmatrix} -72 & 25 \\ 24 & -23 \end{pmatrix}$　(3) $\begin{pmatrix} 41 & 20 \\ -4 & 17 \end{pmatrix}$

(4) $\begin{pmatrix} -25 & -20 \\ -25 & 25 \end{pmatrix}$　(5) $\begin{pmatrix} 3 & 0 \\ 0 & 3 \end{pmatrix}$　(6) $\begin{pmatrix} 9 & 30 \\ 0 & 24 \end{pmatrix}$

§2 行列の行基本変形

行列を用いて数量の間にある関係を調べるために，新しい計算法を考える．ここでは行列の行基本変形を導入して，いろいろな行列を計算する．

2.1 行基本変形

行列の行基本変形は最もよく利用される．

行基本変形では次の 3 種類の計算法を用いる．

公式 2.1 行基本変形

(1) 2 つの行を交換する．

(2) ある行に 0 でない定数を掛ける．

(3) ある行に別の行の定数倍をたす．

解説 これらの計算法を組み合わせて行列を変形する．

行列の第 1 行，第 2 行，第 3 行，…を ①，②，③，…で表す．

例 1 行列を行基本変形する．

(1) 第 1 行と第 2 行を交換する．

$$\begin{matrix} ① \\ ② \\ ③ \end{matrix}\begin{pmatrix} 1 & 2 & 3 \\ 4 & 5 & 6 \\ 7 & 8 & 9 \end{pmatrix} \xrightarrow{①\leftrightarrow②} \begin{pmatrix} 4 & 5 & 6 \\ 1 & 2 & 3 \\ 7 & 8 & 9 \end{pmatrix}$$

(2) 第 3 行を 2 倍する．

$$\begin{matrix} ① \\ ② \\ ③ \end{matrix}\begin{pmatrix} 1 & 2 & 3 \\ 4 & 5 & 6 \\ 7 & 8 & 9 \end{pmatrix} \xrightarrow{2\times③} \begin{pmatrix} 1 & 2 & 3 \\ 4 & 5 & 6 \\ 14 & 16 & 18 \end{pmatrix}$$

(3) 第 3 行に第 1 行の (-3) 倍をたす（第 3 行から第 1 行の 3 倍を引く）．

$$\begin{matrix} ① \\ ② \\ ③ \\ 3\times① \end{matrix}\begin{matrix} \begin{pmatrix} 1 & 2 & 3 \\ 4 & 5 & 6 \\ 7 & 8 & 9 \end{pmatrix} \\ \begin{matrix} 3 & 6 & 9 \end{matrix} \end{matrix} \xrightarrow[(③-3\times①)]{③+(-3)\times①} \begin{pmatrix} 1 & 2 & 3 \\ 4 & 5 & 6 \\ 4 & 2 & 0 \end{pmatrix}$$

変形する行を前に書く．

注意 基本変形では行列同士を矢印「→」で結ぶ．

行列を行基本変形して最後に次の形にする．

公式 2.2　行基本変形の目標

行基本変形と列の交換を用いると，次の行列に変形できる．

$$\begin{pmatrix} a_{11} & \cdots & a_{1n} \\ \vdots & & \vdots \\ a_{m1} & \cdots & a_{mn} \end{pmatrix} \longrightarrow \left(\begin{array}{ccc|c} 1 & & & \\ & \ddots & & * \\ & & 1 & \\ \hline & O & & O \end{array}\right) = \begin{pmatrix} E & * \\ O & O \end{pmatrix}$$

解説　行基本変形で 0 を増やす．最後に行や列を交換して形を整える．

注意　最後に列の交換を用いることがある．

$$\begin{pmatrix} 2 & 1 \\ 0 & 0 \end{pmatrix} \xrightarrow{\text{第1列}\leftrightarrow\text{第2列}} \left(\begin{array}{c|c} 1 & 2 \\ \hline 0 & 0 \end{array}\right), \quad \begin{pmatrix} 1 & 0 & 1 \\ 2 & 1 & 0 \\ 0 & 0 & 0 \end{pmatrix} \xrightarrow{\text{第1列}\leftrightarrow\text{第3列}} \left(\begin{array}{cc|c} 1 & 0 & 1 \\ 0 & 1 & 2 \\ \hline 0 & 0 & 0 \end{array}\right)$$

2.2　丸と四角による計算法

行基本変形をうまく使いこなすための方法を考える．

行基本変形では 0 を増やす計算が中心である．そこで 1 を用いて効率的に 0 を増やす．

例 2　1 を利用して 0 を増やす．

(1)　1 に 2 と 4 を掛けて 2 つの成分を 0 にする．

$$\begin{pmatrix} 2 & 5 & 2 \\ 1 & 1 & 0 \\ 4 & 6 & 3 \end{pmatrix} \xrightarrow[③-4\times②]{①-2\times②} \begin{pmatrix} 0 & 3 & 2 \\ 1 & 1 & 0 \\ 0 & 2 & 3 \end{pmatrix}$$

(2)　2 を用いると分数が現れて複雑になる．

$$\begin{pmatrix} 2 & 5 & 2 \\ 1 & 1 & 0 \\ 4 & 6 & 3 \end{pmatrix} \xrightarrow[③-2\times①]{②-(1/2)\times①} \begin{pmatrix} 2 & 5 & 2 \\ 0 & -3/2 & -1 \\ 0 & -4 & -1 \end{pmatrix}$$

例 3　1 がなければ，行基本変形（公式 2.1）を用いて 1 を作る．

(1)　公式 2.1(2) を用いる．

$$\begin{pmatrix} 2 & 5 & 2 \\ -1 & 3 & 4 \\ 2 & 0 & 3 \end{pmatrix} \xrightarrow{(-1)\times②} \begin{pmatrix} 2 & 5 & 2 \\ 1 & -3 & -4 \\ 2 & 0 & 3 \end{pmatrix}$$

(2)　公式 2.1(2) を用いる．

$$\begin{pmatrix} 2 & 5 & 2 \\ 3 & -6 & -3 \\ 2 & 0 & 3 \end{pmatrix} \xrightarrow{(1/3)\times②} \begin{pmatrix} 2 & 5 & 2 \\ 1 & -2 & -1 \\ 2 & 0 & 3 \end{pmatrix}$$

(3)　公式 2.1(3)を用いる．

$$\begin{pmatrix} 2 & 5 & 2 \\ 3 & 2 & 4 \\ 2 & 0 & 3 \end{pmatrix} \xrightarrow{②-①} \begin{pmatrix} 2 & 5 & 2 \\ 1 & -3 & 2 \\ 2 & 0 & 3 \end{pmatrix}$$

∎

以上を踏まえて行基本変形の計算法をまとめておく．

公式 2.3　丸と四角による計算法

(1)〜(4)の手順に従って行基本変形する．

(1)　行列の中に 1 がなければ，1 を作る．

$$\begin{pmatrix} \cdots & * & \cdots \\ \cdots & 1 & \cdots \\ \cdots & * & \cdots \\ \cdots & * & \cdots \end{pmatrix}$$

$$\downarrow$$

(2)　どれかの 1 に丸を書き，その 1 を含む列を四角で囲む．

$$\begin{pmatrix} \cdots & \boxed{\begin{matrix} * \\ ① \\ * \\ * \end{matrix}} & \cdots \end{pmatrix}$$

$$\downarrow$$

(3)　丸を書いた行を定数倍して，四角の中で丸がない成分を 0 に変形する．

(4)　(1) に戻って丸が書けなくなるまでこの手順を繰り返す．ただし，丸を 1 度書いた行は他の行にたせない．

$$\begin{pmatrix} \cdots & 0 & \cdots \\ \cdots & 1 & \cdots \\ \cdots & 0 & \cdots \\ \cdots & 0 & \cdots \end{pmatrix} \to (1)\text{へ戻る}$$

解説　この手順に従って行基本変形していけば，効率的に 0 が増やせる．

例 4　公式 2.1〜2.3（丸と四角）を用いて行基本変形する．

$$\begin{pmatrix} \boxed{2} & 5 & 2 \\ \boxed{①} & 1 & 0 \\ \boxed{4} & 6 & 3 \end{pmatrix} \xrightarrow[③-4\times②]{①-2\times②} \begin{pmatrix} 0 & 3 & 2 \\ 1 & 1 & 0 \\ 0 & 2 & 3 \end{pmatrix} \xrightarrow{①-③} \begin{pmatrix} 0 & \boxed{①} & -1 \\ 1 & \boxed{1} & 0 \\ 0 & \boxed{2} & 3 \end{pmatrix} \xrightarrow[③-2\times①]{②-①}$$

（↑ 0 を増やす．　↑ 1 を作る．　↑ 0 を増やす．）

$$\begin{pmatrix} 0 & 1 & -1 \\ 1 & 0 & 1 \\ 0 & 0 & 5 \end{pmatrix} \xrightarrow[(1/5)\times③]{} \begin{pmatrix} 0 & 1 & \boxed{-1} \\ 1 & 0 & \boxed{1} \\ 0 & 0 & \boxed{①} \end{pmatrix} \xrightarrow[②-③]{①+③} \begin{pmatrix} 0 & 1 & 0 \\ 1 & 0 & 0 \\ 0 & 0 & 1 \end{pmatrix} \xrightarrow{①\leftrightarrow②}$$

（↑ 1 を作る．　↑ 0 を増やす．　↑ 行の交換は最後に用いる．）

$$\begin{pmatrix} 1 & 0 & 0 \\ 0 & 1 & 0 \\ 0 & 0 & 1 \end{pmatrix} = E$$

∎

例 5 丸を 1 度書いた行を他の行にたすと，0 が減る．

(1) 丸を書いた行に再び丸を書く．

$$\begin{pmatrix} \boxed{2} & 5 & 2 \\ \boxed{①} & 1 & 0 \\ \boxed{4} & 6 & 3 \end{pmatrix} \xrightarrow[③-4\times②]{①-2\times②} \begin{pmatrix} 0 & \boxed{3} & 2 \\ 1 & \boxed{①} & 0 \\ 0 & \boxed{2} & 3 \end{pmatrix} \xrightarrow[③-2\times②]{①-3\times②} \begin{pmatrix} -3 & 0 & 2 \\ 1 & 1 & 0 \\ -2 & 0 & 3 \end{pmatrix}$$

(2) 丸を書いた行を用いて 1 を作る．

$$\begin{pmatrix} \boxed{2} & 5 & 2 \\ \boxed{①} & 1 & 0 \\ \boxed{4} & 6 & 3 \end{pmatrix} \xrightarrow[③-4\times②]{①-2\times②} \begin{pmatrix} 0 & 3 & 2 \\ 1 & 1 & 0 \\ 0 & 2 & 3 \end{pmatrix} \xrightarrow{③-②} \begin{pmatrix} 0 & 3 & 2 \\ 1 & 1 & 0 \\ -1 & 1 & 3 \end{pmatrix}$$

注意 1 行の交換（公式 2.1(1)）は最後に用いる．途中で行を交換すると，どの行に丸を書いたかわからなくなる．

注意 2 0 を増やすのが目的なので，0 だけの行には手を触れない．

注意 3 ①−2×②などの手順を書くのは省略してもよい．ただし，丸と四角は必ず書く．

例題 2.1 公式 2.1〜2.3（丸と四角）を用いて単位行列 E に変形せよ．

(1) $\begin{pmatrix} 5 & 4 \\ 3 & 1 \end{pmatrix}$ (2) $\begin{pmatrix} 1 & 2 & 2 \\ 3 & 8 & 5 \\ 2 & 5 & 4 \end{pmatrix}$

解 1 に丸を書き，四角の中の他の成分を 0 に変形する．ただし，丸を 1 度書いた行は他の行にたせない．

(1) $$\begin{pmatrix} 5 & \boxed{4} \\ 3 & \boxed{①} \end{pmatrix} \xrightarrow{①-4\times②} \begin{pmatrix} -7 & 0 \\ 3 & 1 \end{pmatrix} \xrightarrow{(-1/7)\times①} \begin{pmatrix} \boxed{①} & 0 \\ \boxed{3} & 1 \end{pmatrix} \xrightarrow[②-3\times①]{} \begin{pmatrix} 1 & 0 \\ 0 & 1 \end{pmatrix} = E$$

(2) $$\begin{pmatrix} \boxed{①} & 2 & 2 \\ \boxed{3} & 8 & 5 \\ \boxed{2} & 5 & 4 \end{pmatrix} \xrightarrow[③-2\times①]{②-3\times①} \begin{pmatrix} 1 & \boxed{2} & 2 \\ 0 & \boxed{2} & -1 \\ 0 & \boxed{①} & 0 \end{pmatrix} \xrightarrow[②-2\times③]{①-2\times③} \begin{pmatrix} 1 & 0 & 2 \\ 0 & 0 & -1 \\ 0 & 1 & 0 \end{pmatrix}$$

$$\xrightarrow{(-1)\times②} \begin{pmatrix} 1 & 0 & \boxed{2} \\ 0 & 0 & \boxed{①} \\ 0 & 1 & \boxed{0} \end{pmatrix} \xrightarrow{①-2\times②} \begin{pmatrix} 1 & 0 & 0 \\ 0 & 0 & 1 \\ 0 & 1 & 0 \end{pmatrix} \xrightarrow{②\leftrightarrow③} \begin{pmatrix} 1 & 0 & 0 \\ 0 & 1 & 0 \\ 0 & 0 & 1 \end{pmatrix} = E$$

問 2.1 公式 2.1〜2.3（丸と四角）を用いて単位行列 E に変形せよ．

(1) $\begin{pmatrix} 1 & 2 \\ 2 & 3 \end{pmatrix}$ (2) $\begin{pmatrix} 3 & -2 \\ 4 & 5 \end{pmatrix}$

(3) $\begin{pmatrix} 2 & 4 & 3 \\ 3 & 1 & 2 \\ -2 & 5 & 5 \end{pmatrix}$ (4) $\begin{pmatrix} -4 & 9 & -3 \\ 5 & 0 & 2 \\ 3 & -8 & 1 \end{pmatrix}$

例題 2.2　公式 2.1〜2.3 (丸と四角) と列の交換を用いて行列 $\begin{pmatrix} E & * \\ O & O \end{pmatrix}$ に変形せよ．

(1) $\begin{pmatrix} 2 & 6 & 10 \\ 3 & 7 & 12 \end{pmatrix}$　　(2) $\begin{pmatrix} 3 & 7 & 10 \\ 1 & 2 & 3 \\ 2 & 5 & 7 \end{pmatrix}$

解　1 に丸を書き，四角の中の他の成分を 0 に変形する．ただし，丸を 1 度書いた行は他の行にたせない．最後に列の交換を用いることもある．

(1)

$$\begin{pmatrix} 2 & 6 & 10 \\ 3 & 7 & 12 \end{pmatrix} \xrightarrow{(1/2)\times\text{①}} \begin{pmatrix} \boxed{\text{①}} & 3 & 5 \\ \boxed{3} & 7 & 12 \end{pmatrix} \xrightarrow[\text{②}-3\times\text{①}]{} \begin{pmatrix} 1 & 3 & 5 \\ 0 & -2 & -3 \end{pmatrix}$$

$$\xrightarrow[(-1/2)\times\text{②}]{} \begin{pmatrix} 1 & \boxed{3} & 5 \\ 0 & \boxed{\text{①}} & 3/2 \end{pmatrix} \xrightarrow{\text{①}-3\times\text{②}} \left(\begin{array}{cc|c} 1 & 0 & 1/2 \\ 0 & 1 & 3/2 \end{array}\right) = (E \quad *)$$

(2)

$$\begin{pmatrix} \boxed{3} & 7 & 10 \\ \boxed{\text{①}} & 2 & 3 \\ \boxed{2} & 5 & 7 \end{pmatrix} \xrightarrow[\text{③}-2\times\text{②}]{\text{①}-3\times\text{②}} \begin{pmatrix} 0 & \boxed{\text{①}} & 1 \\ 1 & \boxed{2} & 3 \\ 0 & \boxed{1} & 1 \end{pmatrix} \xrightarrow[\text{③}-\text{①}]{\text{②}-2\times\text{①}} \begin{pmatrix} 0 & 1 & 1 \\ 1 & 0 & 1 \\ 0 & 0 & 0 \end{pmatrix} \xrightarrow{\text{①}\leftrightarrow\text{②}}$$

↑ 0 だけの行は手を触れない．

$$\left(\begin{array}{cc|c} 1 & 0 & 1 \\ 0 & 1 & 1 \\ \hline 0 & 0 & 0 \end{array}\right) = \begin{pmatrix} E & * \\ O & O \end{pmatrix}$$

∎

問 2.2　公式 2.1〜2.3 (丸と四角) と列の交換を用いて行列 $\begin{pmatrix} E & * \\ O & O \end{pmatrix}$ に変形せよ．

(1) $\begin{pmatrix} 1 & -4 \\ -3 & 12 \end{pmatrix}$　　(2) $\begin{pmatrix} 2 & 3 & 5 \\ 4 & 1 & 3 \end{pmatrix}$

(3) $\begin{pmatrix} 2 & 3 \\ -1 & 1 \\ 7 & -6 \end{pmatrix}$　　(4) $\begin{pmatrix} 1 & -4 & 3 \\ -2 & 3 & -1 \\ -1 & -6 & 7 \end{pmatrix}$

注意　計算の仕方によっては＊の成分に異なる数値が現れる．例題 2.2 (2) では次のようになる．

$$\begin{pmatrix} \boxed{3} & 7 & 10 \\ \boxed{\text{①}} & 2 & 3 \\ \boxed{2} & 5 & 7 \end{pmatrix} \xrightarrow[\text{③}-2\times\text{②}]{\text{①}-3\times\text{②}} \begin{pmatrix} 0 & 1 & \boxed{\text{①}} \\ 1 & 2 & \boxed{3} \\ 0 & 1 & \boxed{1} \end{pmatrix} \xrightarrow[\text{③}-\text{①}]{\text{②}-3\times\text{①}} \begin{pmatrix} 0 & 1 & 1 \\ 1 & -1 & 0 \\ 0 & 0 & 0 \end{pmatrix}$$

$$\xrightarrow{\text{①}\leftrightarrow\text{②}} \begin{pmatrix} 1 & -1 & 0 \\ 0 & 1 & 1 \\ 0 & 0 & 0 \end{pmatrix} \xrightarrow{\text{第 2 列}\leftrightarrow\text{第 3 列}} \left(\begin{array}{cc|c} 1 & 0 & -1 \\ 0 & 1 & 1 \\ \hline 0 & 0 & 0 \end{array}\right) = \begin{pmatrix} E & * \\ O & O \end{pmatrix}$$

練習問題2

1. 公式 2.1〜2.3（丸と四角）を用いて単位行列 E に変形せよ．

(1) $\begin{pmatrix} 1 & 3 \\ 2 & 4 \end{pmatrix}$ (2) $\begin{pmatrix} 2 & 3 \\ 5 & -4 \end{pmatrix}$ (3) $\begin{pmatrix} 3 & 4 \\ 2 & 1 \end{pmatrix}$

(4) $\begin{pmatrix} 3 & 2 \\ 5 & 4 \end{pmatrix}$ (5) $\begin{pmatrix} 1 & 3 & 4 \\ 2 & -1 & 5 \\ 1 & 2 & 3 \end{pmatrix}$ (6) $\begin{pmatrix} -2 & 0 & 1 \\ 3 & 4 & -2 \\ 0 & 5 & 4 \end{pmatrix}$

(7) $\begin{pmatrix} 1 & 4 & 3 \\ 2 & 0 & -1 \\ 3 & -5 & 2 \end{pmatrix}$ (8) $\begin{pmatrix} 3 & 2 & -2 \\ 4 & -2 & 5 \\ 2 & -6 & -3 \end{pmatrix}$

(9) $\begin{pmatrix} 1 & 2 & 3 & 4 \\ 2 & 3 & 4 & 1 \\ 3 & 4 & 1 & 2 \\ 4 & 1 & 2 & 3 \end{pmatrix}$ (10) $\begin{pmatrix} 1 & -2 & 5 & 3 \\ 2 & 3 & 4 & -1 \\ -1 & 4 & 1 & -2 \\ 3 & 1 & -5 & 1 \end{pmatrix}$

2. 公式 2.1〜2.3（丸と四角）と列の交換を用いて行列 $\begin{pmatrix} E & * \\ 0 & 0 \end{pmatrix}$ に変形せよ．

(1) $\begin{pmatrix} 1 & 1 \\ 1 & 1 \end{pmatrix}$ (2) $\begin{pmatrix} 1 & 2 \\ -2 & -4 \end{pmatrix}$ (3) $\begin{pmatrix} 2 & -3 \\ 4 & 5 \\ -2 & 6 \end{pmatrix}$

(4) $\begin{pmatrix} 2 & 3 & 1 \\ 1 & 0 & 4 \end{pmatrix}$ (5) $\begin{pmatrix} 8 & -6 & 4 \\ 0 & 9 & 6 \\ 0 & 0 & 5 \end{pmatrix}$ (6) $\begin{pmatrix} 2 & 1 & 3 \\ 1 & 0 & 5 \\ 1 & -1 & 12 \end{pmatrix}$

(7) $\begin{pmatrix} 1 & 2 & 3 \\ 4 & 5 & 6 \\ 7 & 8 & 9 \end{pmatrix}$ (8) $\begin{pmatrix} 1 & 2 & 3 \\ 2 & 4 & 6 \\ 4 & 8 & 12 \end{pmatrix}$

(9) $\begin{pmatrix} 2 & 5 & -2 & -5 \\ 3 & 6 & -2 & -6 \\ 4 & -7 & 6 & 5 \end{pmatrix}$ (10) $\begin{pmatrix} 2 & 3 & 5 & 0 \\ -1 & 7 & 2 & 4 \\ 4 & -5 & -3 & 2 \\ -2 & 4 & -1 & 3 \end{pmatrix}$

解答

問 2.1 (1) $\begin{pmatrix} 1 & 0 \\ 0 & 1 \end{pmatrix}$ (2) $\begin{pmatrix} 1 & 0 \\ 0 & 1 \end{pmatrix}$ (3) $\begin{pmatrix} 1 & 0 & 0 \\ 0 & 1 & 0 \\ 0 & 0 & 1 \end{pmatrix}$

(4) $\begin{pmatrix} 1 & 0 & 0 \\ 0 & 1 & 0 \\ 0 & 0 & 1 \end{pmatrix}$

問 2.2 (1) $\begin{pmatrix} 1 & \ast \\ 0 & 0 \end{pmatrix}$ (2) $\begin{pmatrix} 1 & 0 & \ast \\ 0 & 1 & \ast \end{pmatrix}$ (3) $\begin{pmatrix} 1 & 0 \\ 0 & 1 \\ 0 & 0 \end{pmatrix}$

(4) $\begin{pmatrix} 1 & 0 & \ast \\ 0 & 1 & \ast \\ 0 & 0 & 0 \end{pmatrix}$

練習問題2

1. (1) $\begin{pmatrix} 1 & 0 \\ 0 & 1 \end{pmatrix}$ (2) $\begin{pmatrix} 1 & 0 \\ 0 & 1 \end{pmatrix}$ (3) $\begin{pmatrix} 1 & 0 \\ 0 & 1 \end{pmatrix}$

(4) $\begin{pmatrix} 1 & 0 \\ 0 & 1 \end{pmatrix}$ (5) $\begin{pmatrix} 1 & 0 & 0 \\ 0 & 1 & 0 \\ 0 & 0 & 1 \end{pmatrix}$ (6) $\begin{pmatrix} 1 & 0 & 0 \\ 0 & 1 & 0 \\ 0 & 0 & 1 \end{pmatrix}$

(7) $\begin{pmatrix} 1 & 0 & 0 \\ 0 & 1 & 0 \\ 0 & 0 & 1 \end{pmatrix}$ (8) $\begin{pmatrix} 1 & 0 & 0 \\ 0 & 1 & 0 \\ 0 & 0 & 1 \end{pmatrix}$ (9) $\begin{pmatrix} 1 & 0 & 0 & 0 \\ 0 & 1 & 0 & 0 \\ 0 & 0 & 1 & 0 \\ 0 & 0 & 0 & 1 \end{pmatrix}$

(10) $\begin{pmatrix} 1 & 0 & 0 & 0 \\ 0 & 1 & 0 & 0 \\ 0 & 0 & 1 & 0 \\ 0 & 0 & 0 & 1 \end{pmatrix}$

2. (1) $\begin{pmatrix} 1 & \ast \\ 0 & 0 \end{pmatrix}$ (2) $\begin{pmatrix} 1 & \ast \\ 0 & 0 \end{pmatrix}$ (3) $\begin{pmatrix} 1 & 0 \\ 0 & 1 \\ 0 & 0 \end{pmatrix}$

(4) $\begin{pmatrix} 1 & 0 & \ast \\ 0 & 1 & \ast \end{pmatrix}$ (5) $\begin{pmatrix} 1 & 0 & 0 \\ 0 & 1 & 0 \\ 0 & 0 & 1 \end{pmatrix}$ (6) $\begin{pmatrix} 1 & 0 & \ast \\ 0 & 1 & \ast \\ 0 & 0 & 0 \end{pmatrix}$

(7) $\begin{pmatrix} 1 & 0 & \ast \\ 0 & 1 & \ast \\ 0 & 0 & 0 \end{pmatrix}$ (8) $\begin{pmatrix} 1 & \ast & \ast \\ 0 & 0 & 0 \\ 0 & 0 & 0 \end{pmatrix}$ (9) $\begin{pmatrix} 1 & 0 & 0 & \ast \\ 0 & 1 & 0 & \ast \\ 0 & 0 & 1 & \ast \end{pmatrix}$

(10) $\begin{pmatrix} 1 & 0 & 0 & \ast \\ 0 & 1 & 0 & \ast \\ 0 & 0 & 1 & \ast \\ 0 & 0 & 0 & 0 \end{pmatrix}$

§3　行列の列基本変形と階数

§2につづき行列を用いて数量の間にある関係を調べるために，新しい計算法を考える．ここでは行列の列基本変形を導入して，いろいろな行列を計算する．

3.1　列基本変形

行列の列基本変形は行基本変形の補助として利用する．

列基本変形では次の3種類の計算法を用いる．

公式 3.1　列基本変形

(1)　2つの列を交換する．

(2)　ある列に0でない定数を掛ける．

(3)　ある列に別の列の定数倍をたす．

解説　これらの計算法を組み合わせて行列を変形する．

行列の第1列，第2列，第3列，…を$\boxed{1}$，$\boxed{2}$，$\boxed{3}$，…で表す．

例 1　行列を列基本変形する．

(1)　第1列と第2列を交換する．

$$\begin{matrix} \boxed{1} & \boxed{2} & \boxed{3} \end{matrix}$$
$$\begin{pmatrix} 1 & 2 & 3 \\ 4 & 5 & 6 \\ 7 & 8 & 9 \end{pmatrix} \xrightarrow{\boxed{1}\leftrightarrow\boxed{2}} \begin{pmatrix} 2 & 1 & 3 \\ 5 & 4 & 6 \\ 8 & 7 & 9 \end{pmatrix}$$

(2)　第3列を2倍する．

$$\begin{matrix} \boxed{1} & \boxed{2} & \boxed{3} \end{matrix}$$
$$\begin{pmatrix} 1 & 2 & 3 \\ 4 & 5 & 6 \\ 7 & 8 & 9 \end{pmatrix} \xrightarrow{2\times\boxed{3}} \begin{pmatrix} 1 & 2 & 6 \\ 4 & 5 & 12 \\ 7 & 8 & 18 \end{pmatrix}$$

(3)　第3列に第1列の(-3)倍をたす（第3列から第1列の3倍を引く）．

$$\begin{matrix} \boxed{1} & \boxed{2} & \boxed{3} \end{matrix} \quad 3\times\boxed{1}$$
$$\begin{pmatrix} 1 & 2 & 3 \\ 4 & 5 & 6 \\ 7 & 8 & 9 \end{pmatrix} \begin{matrix} 3 \\ 12 \\ 21 \end{matrix} \xrightarrow[(\boxed{3}-3\times\boxed{1})]{\boxed{3}+(-3)\times\boxed{1}} \begin{pmatrix} 1 & 2 & 0 \\ 4 & 5 & -6 \\ 7 & 8 & -12 \end{pmatrix}$$

↑ 変形する列を前に書く．

行列を列基本変形して最後に次の形にする．

公式 3.2　列基本変形の目標

列基本変形と行の交換を用いると，次の行列に変形できる．

$$\begin{pmatrix} a_{11} & \cdots & a_{1n} \\ \vdots & & \vdots \\ a_{m1} & \cdots & a_{mn} \end{pmatrix} \longrightarrow \left(\begin{array}{ccc|c} 1 & & & \\ & \ddots & & O \\ & & 1 & \\ \hline & * & & O \end{array}\right) = \begin{pmatrix} E & O \\ * & O \end{pmatrix}$$

解説　列基本変形で 0 を増やす．最後に行や列を交換して形を整える．

注意　最後に行の交換を用いることがある．

$$\begin{pmatrix} 2 & 0 \\ 1 & 0 \end{pmatrix} \xrightarrow{\text{第 1 行} \leftrightarrow \text{第 2 行}} \left(\begin{array}{c|c} 1 & 0 \\ \hline 2 & 0 \end{array}\right), \quad \begin{pmatrix} 1 & 2 & 0 \\ 0 & 1 & 0 \\ 1 & 0 & 0 \end{pmatrix} \xrightarrow{\text{第 1 行} \leftrightarrow \text{第 3 行}} \left(\begin{array}{cc|c} 1 & 0 & 0 \\ 0 & 1 & 0 \\ \hline 1 & 2 & 0 \end{array}\right)$$

3.2　丸と四角による計算法

列基本変形をうまく使いこなすための方法を考える．

列基本変形でも 0 を増やす計算が中心である．行基本変形と同様に 1 を用いて効率的に 0 を増やす．

例 2　1 を利用して 0 を増やす．

(1)　1 に 4 と 2 を掛けて 2 つの成分を 0 にする．

$$\begin{pmatrix} 4 & 2 & 1 \\ 6 & 5 & 1 \\ 3 & 2 & 0 \end{pmatrix} \xrightarrow[\boxed{2} - 2\times\boxed{3}]{\boxed{1} - 4\times\boxed{3}} \begin{pmatrix} 0 & 0 & 1 \\ 2 & 3 & 1 \\ 3 & 2 & 0 \end{pmatrix}$$

(2)　2 を用いると分数が現れて複雑になる．

$$\begin{pmatrix} 4 & 2 & 1 \\ 6 & 5 & 1 \\ 3 & 2 & 0 \end{pmatrix} \xrightarrow[\boxed{3} - (1/2)\times\boxed{2}]{\boxed{1} - 2\times\boxed{2}} \begin{pmatrix} 0 & 2 & 0 \\ -4 & 5 & -3/2 \\ -1 & 2 & -1 \end{pmatrix}$$

例 3　1 がなければ列基本変形（公式 3.1）を用いて 1 を作る．

(1)　公式 3.1 (2) を用いる．

$$\begin{pmatrix} 2 & 5 & 2 \\ -1 & 3 & 4 \\ 2 & 0 & 3 \end{pmatrix} \xrightarrow{(-1)\times\boxed{1}} \begin{pmatrix} -2 & 5 & 2 \\ 1 & 3 & 4 \\ -2 & 0 & 3 \end{pmatrix}$$

(2)　公式 3.1 (2) を用いる．

$$\begin{pmatrix} 2 & 6 & 3 \\ 3 & -6 & -4 \\ 2 & 12 & 3 \end{pmatrix} \xrightarrow{(1/6)\times\boxed{2}} \begin{pmatrix} 2 & 1 & 3 \\ 3 & -1 & -4 \\ 2 & 2 & 3 \end{pmatrix}$$

(3) 公式 3.1 (3) を用いる.

$$\begin{pmatrix} 2 & 5 & 2 \\ 3 & 2 & 4 \\ 2 & 0 & 3 \end{pmatrix} \xrightarrow{\boxed{1}-\boxed{2}} \begin{pmatrix} -3 & 5 & 2 \\ 1 & 2 & 4 \\ 2 & 0 & 3 \end{pmatrix}$$

以上を踏まえて列基本変形の計算法をまとめておく.

公式 3.3 丸と四角による計算法

(1)〜(4) の手順に従って列基本変形する.

(1) 行列の中に 1 がなければ 1 を作る.

$$\begin{pmatrix} \vdots & \vdots & \vdots & \vdots \\ * & 1 & * & * \\ \vdots & \vdots & \vdots & \vdots \end{pmatrix}$$

$$\downarrow$$

(2) どれかの 1 に丸を書き, その 1 を含む行を四角で囲む.

$$\begin{pmatrix} \vdots & \vdots & \vdots & \vdots \\ \hline \multicolumn{1}{|c}{*} & \textcircled{1} & * & \multicolumn{1}{c|}{*} \\ \hline \vdots & \vdots & \vdots & \vdots \end{pmatrix}$$

$$\downarrow$$

(3) 丸を書いた列を定数倍して, 四角の中で丸がない成分を 0 に変形する.

$$\begin{pmatrix} \vdots & \vdots & \vdots & \vdots \\ 0 & 1 & 0 & 0 \\ \vdots & \vdots & \vdots & \vdots \end{pmatrix} \longrightarrow (1)\text{ へ戻る}$$

(4) (1) に戻って丸が書けなくなるまでこの手順を繰り返す. ただし, 丸を 1 度書いた列は他の列にたせない.

解説 この手順に従って列基本変形していけば, 効率的に 0 が増やせる.

例 4 公式 3.1〜3.3 (丸と四角) を用いて列基本変形する.

$$\begin{pmatrix} \boxed{4 \quad 2 \quad \textcircled{1}} \\ 6 \quad 5 \quad 1 \\ 3 \quad 2 \quad 0 \end{pmatrix} \xrightarrow[\substack{\boxed{2}-2\times\boxed{3} \\ \uparrow \\ 0\text{ を増やす.}}]{\boxed{1}-4\times\boxed{3}} \begin{pmatrix} 0 & 0 & 1 \\ 2 & 3 & 1 \\ 3 & 2 & 0 \end{pmatrix} \xrightarrow[\substack{\boxed{2}-\boxed{1} \\ \uparrow \\ 1\text{ を作る.}}]{} \begin{pmatrix} 0 \quad\ \ 0 \quad 1 \\ \boxed{2 \quad \textcircled{1} \quad 1} \\ 3 \quad -1 \quad 0 \end{pmatrix}$$

$$\xrightarrow[\substack{\boxed{3}-\boxed{2} \\ \uparrow \\ 0\text{ を増やす.}}]{\boxed{1}-2\times\boxed{2}} \begin{pmatrix} 0 & 0 & 1 \\ 0 & 1 & 0 \\ 5 & -1 & 1 \end{pmatrix} \xrightarrow[\substack{(1/5)\times\boxed{1} \\ \uparrow \\ 1\text{ を作る.}}]{} \begin{pmatrix} 0 \quad\ \ 0 \quad 1 \\ 0 \quad\ \ 1 \quad 0 \\ \boxed{\textcircled{1} \quad -1 \quad 1} \end{pmatrix} \xrightarrow[\substack{\boxed{3}-\boxed{1} \\ \uparrow \\ 0\text{ を増やす.}}]{\boxed{2}+\boxed{1}}$$

$$\begin{pmatrix} 0 & 0 & 1 \\ 0 & 1 & 0 \\ 1 & 0 & 0 \end{pmatrix} \xrightarrow[\substack{\uparrow \\ \text{列の交換は最後に用いる.}}]{\boxed{1}\leftrightarrow\boxed{3}} \begin{pmatrix} 1 & 0 & 0 \\ 0 & 1 & 0 \\ 0 & 0 & 1 \end{pmatrix} = E$$

例 5 丸を1度書いた列を他の列にたすと，0が減る．

(1) 丸を書いた列に再び丸を書く．

$$\begin{pmatrix} 4 & 2 & \textcircled{1} \\ 6 & 5 & 1 \\ 3 & 2 & 0 \end{pmatrix} \xrightarrow[\boxed{2}-2\times\boxed{3}]{\boxed{1}-4\times\boxed{3}} \begin{pmatrix} 0 & 0 & 1 \\ 2 & 3 & \textcircled{1} \\ 3 & 2 & 0 \end{pmatrix} \xrightarrow[\boxed{2}-3\times\boxed{3}]{\boxed{1}-2\times\boxed{3}} \begin{pmatrix} -2 & -3 & 1 \\ 0 & 0 & 1 \\ 3 & 2 & 0 \end{pmatrix}$$

(2) 丸を書いた列を用いて1を作る．

$$\begin{pmatrix} 4 & 2 & \textcircled{1} \\ 6 & 5 & 1 \\ 3 & 2 & 0 \end{pmatrix} \xrightarrow[\boxed{2}-2\times\boxed{3}]{\boxed{1}-4\times\boxed{3}} \begin{pmatrix} 0 & 0 & 1 \\ 2 & 3 & 1 \\ 3 & 2 & 0 \end{pmatrix} \xrightarrow{\boxed{1}-\boxed{3}} \begin{pmatrix} -1 & 0 & 1 \\ 1 & 3 & 1 \\ 3 & 2 & 0 \end{pmatrix}$$

注意1 列の交換（公式3.1(1)）は最後に用いる．途中で列を交換すると，どの列に丸を書いたかわからなくなる．

注意2 0を増やすのが目的なので，0だけの列には手を触れない．

注意3 $\boxed{1}-4\times\boxed{3}$ などの手順を書くのは省略してもよい．ただし，丸と四角は必ず書く．

例題 3.1 公式3.1～3.3（丸と四角）と行の交換を用いて行列 $\begin{pmatrix} E & O \\ * & O \end{pmatrix}$ に変形せよ．

(1) $\begin{pmatrix} 5 & 4 \\ 3 & 1 \end{pmatrix}$ (2) $\begin{pmatrix} 1 & 2 & 2 \\ 3 & 8 & 5 \\ 2 & 5 & 4 \end{pmatrix}$ (3) $\begin{pmatrix} 2 & 6 & 10 \\ 3 & 7 & 12 \end{pmatrix}$

(4) $\begin{pmatrix} 3 & 7 & 10 \\ 1 & 2 & 3 \\ 2 & 5 & 7 \end{pmatrix}$

解 1に丸を書き，四角の中の他の成分を0に変形する．ただし，丸を1度書いた列は他の列にたせない．最後に行の交換を用いることもある．

(1) $$\begin{pmatrix} 5 & 4 \\ 3 & \textcircled{1} \end{pmatrix} \xrightarrow{\boxed{1}-3\times\boxed{2}} \begin{pmatrix} -7 & 4 \\ 0 & 1 \end{pmatrix} \xrightarrow{(-1/7)\times\boxed{1}} \begin{pmatrix} \textcircled{1} & 4 \\ 0 & 1 \end{pmatrix} \xrightarrow{\boxed{2}-4\times\boxed{1}} \begin{pmatrix} 1 & 0 \\ 0 & 1 \end{pmatrix} = E$$

(2) $$\begin{pmatrix} \textcircled{1} & 2 & 2 \\ 3 & 8 & 5 \\ 2 & 5 & 4 \end{pmatrix} \xrightarrow[\boxed{3}-2\times\boxed{1}]{\boxed{2}-2\times\boxed{1}} \begin{pmatrix} 1 & 0 & 0 \\ 3 & 2 & -1 \\ 2 & \textcircled{1} & 0 \end{pmatrix} \xrightarrow[\boxed{1}-2\times\boxed{2}]{} \begin{pmatrix} 1 & 0 & 0 \\ -1 & 2 & -1 \\ 0 & 1 & 0 \end{pmatrix}$$

$$\xrightarrow{(-1)\times\boxed{3}} \begin{pmatrix} 1 & 0 & 0 \\ -1 & 2 & \textcircled{1} \\ 0 & 1 & 0 \end{pmatrix} \xrightarrow[\boxed{2}-2\times\boxed{3}]{\boxed{1}+\boxed{3}} \begin{pmatrix} 1 & 0 & 0 \\ 0 & 0 & 1 \\ 0 & 1 & 0 \end{pmatrix} \xrightarrow{\boxed{2}\leftrightarrow\boxed{3}} \begin{pmatrix} 1 & 0 & 0 \\ 0 & 1 & 0 \\ 0 & 0 & 1 \end{pmatrix} = E$$

(3) $\begin{pmatrix} 2 & 6 & 10 \\ 3 & 7 & 12 \end{pmatrix} \xrightarrow{\boxed{2}-2\times\boxed{1}} \begin{pmatrix} 2 & 2 & 10 \\ \boxed{3 \quad \textcircled{1} \quad 12} \end{pmatrix} \xrightarrow[\boxed{3}-12\times\boxed{2}]{\boxed{1}-3\times\boxed{2}} \begin{pmatrix} -4 & 2 & -14 \\ 0 & 1 & 0 \end{pmatrix}$

$\xrightarrow[(-1/14)\times\boxed{3}]{(-1/4)\times\boxed{1}} \begin{pmatrix} \boxed{\textcircled{1} \quad 2 \quad 1} \\ 0 \quad 1 \quad 0 \end{pmatrix} \xrightarrow[\boxed{3}-\boxed{1}]{\boxed{2}-2\times\boxed{1}} \left(\begin{array}{cc|c} 1 & 0 & 0 \\ 0 & 1 & 0 \end{array}\right) = (E \quad O)$

(4) $\begin{pmatrix} 3 & 7 & 10 \\ \boxed{\textcircled{1} \quad 2 \quad 3} \\ 2 & 5 & 7 \end{pmatrix} \xrightarrow[\boxed{3}-3\times\boxed{1}]{\boxed{2}-2\times\boxed{1}} \begin{pmatrix} \boxed{3 \quad \textcircled{1} \quad 1} \\ 1 \quad 0 \quad 0 \\ 2 \quad 1 \quad 1 \end{pmatrix} \xrightarrow[\boxed{3}-\boxed{2}]{\boxed{1}-3\times\boxed{2}} \begin{pmatrix} 0 & 1 & 0 \\ 1 & 0 & 0 \\ -1 & 1 & 0 \end{pmatrix} \xrightarrow{\boxed{1}\leftrightarrow\boxed{2}}$

$\left(\begin{array}{cc|c} 1 & 0 & 0 \\ 0 & 1 & 0 \\ \hline 1 & -1 & 0 \end{array}\right) = \begin{pmatrix} E & O \\ * & O \end{pmatrix}$

0だけの列は手を触れない.

問 3.1 公式3.1〜3.3（丸と四角）と行の交換を用いて行列$\begin{pmatrix} E & O \\ * & O \end{pmatrix}$に変形せよ.

(1) $\begin{pmatrix} 1 & 2 \\ 2 & 3 \end{pmatrix}$　　(2) $\begin{pmatrix} 2 & 3 \\ -1 & 1 \\ 7 & -6 \end{pmatrix}$

(3) $\begin{pmatrix} 2 & 4 & 3 \\ 3 & 1 & 2 \\ -2 & 5 & 5 \end{pmatrix}$　　(4) $\begin{pmatrix} 1 & -4 & 3 \\ -2 & 3 & -1 \\ -1 & -6 & 7 \end{pmatrix}$

3.3 標準形と階数

行列で行と列の基本変形をするとどうなるか調べる.

行と列の基本変形を両方とも用いると，0と1だけの行列に変形できる．このとき1がk個あればk階といい，これを行列の**階数**という.

以上をまとめておく.

公式 3.4 基本変形と標準形

行と列の基本変形を用いると，次の**標準形**に変形できる.

$$\begin{pmatrix} a_{11} & \cdots & a_{1n} \\ \vdots & & \vdots \\ a_{m1} & \cdots & a_{mn} \end{pmatrix} \longrightarrow \left(\begin{array}{ccc|c} 1 & & & \\ & \ddots & & O \\ & & 1 & \\ \hline & O & & O \end{array}\right) = \begin{pmatrix} E & O \\ O & O \end{pmatrix}$$

解説　行列を行または列基本変形すると，いくつかの1が残る．それらを斜めに並べると標準形になる.

注意　1の個数は変形の仕方によらない.

例題 3.2　公式 3.4（丸と四角）を用いて標準形に直し，階数を求めよ．

$$\begin{pmatrix} 3 & 7 & 10 \\ 1 & 2 & 3 \\ 2 & 5 & 7 \end{pmatrix}$$

解　行列を標準形に直すには，先に行基本変形し，後から列基本変形する．または先に列基本変形し，後から行基本変形する．ここでは別の方法として行と列の基本変形を順に用いる．

$$\begin{pmatrix} \boxed{3} & 7 & 10 \\ \textcircled{1} & 2 & 3 \\ \boxed{2} & 5 & 7 \end{pmatrix} \longrightarrow \begin{pmatrix} 0 & 1 & 1 \\ \boxed{\textcircled{1} \;\; 2 \;\; 3} & & \\ 0 & 1 & 1 \end{pmatrix} \longrightarrow \begin{pmatrix} 0 & \textcircled{1} & 1 \\ 1 & 0 & 0 \\ 0 & 1 & 1 \end{pmatrix} \longrightarrow$$

$$\begin{pmatrix} 0 & \textcircled{1} & 1 \\ 1 & 0 & 0 \\ 0 & 0 & 0 \end{pmatrix} \longrightarrow \begin{pmatrix} 0 & 1 & 0 \\ 1 & 0 & 0 \\ 0 & 0 & 0 \end{pmatrix} \longrightarrow \begin{pmatrix} 1 & 0 & 0 \\ 0 & 1 & 0 \\ 0 & 0 & 0 \end{pmatrix}$$

より 2 階である．∎

問 3.2　公式 3.4（丸と四角）を用いて標準形に直し，階数を求めよ．

(1) $\begin{pmatrix} 2 & 3 \\ 1 & -1 \end{pmatrix}$　　(2) $\begin{pmatrix} -2 & 4 \\ 3 & -6 \end{pmatrix}$

(3) $\begin{pmatrix} 4 & 1 & 5 \\ 2 & -3 & -1 \end{pmatrix}$　　(4) $\begin{pmatrix} 1 & 3 \\ 7 & -2 \\ -6 & 5 \end{pmatrix}$

(5) $\begin{pmatrix} 3 & 2 & 4 \\ 5 & -2 & -3 \\ 1 & 6 & -11 \end{pmatrix}$　　(6) $\begin{pmatrix} 1 & 2 & 3 \\ 4 & 5 & 6 \\ 2 & 2 & 2 \end{pmatrix}$

(7) $\begin{pmatrix} 1 & 3 & 2 \\ 5 & -6 & -1 \\ 3 & 12 & 5 \end{pmatrix}$　　(8) $\begin{pmatrix} 3 & 7 & 6 \\ 5 & 0 & -4 \\ 3 & -2 & -3 \end{pmatrix}$

注意 1　必ず同じ 1 に丸を書いて行と列の基本変形をする．別の 1 に丸を書くと計算が複雑になる．そこで例題 3.2 のように変形する．

注意 2　列基本変形（公式 3.1(2)）をうまく用いると計算が単純になる．

$$\begin{pmatrix} \textcircled{1} & 3 & -2 \\ 2 & 11 & -2 \\ -3 & 1 & 9 \end{pmatrix} \longrightarrow \begin{pmatrix} \textcircled{1} & 3 & -2 \\ 0 & 5 & 2 \\ 0 & 10 & 3 \end{pmatrix} \longrightarrow \begin{pmatrix} 1 & 0 & 0 \\ 0 & 5 & 2 \\ 0 & 10 & 3 \end{pmatrix}$$

$$\xrightarrow[(1/5)\times\boxed{2}]{} \begin{pmatrix} 1 & 0 & 0 \\ 0 & 1 & 2 \\ 0 & 2 & 3 \end{pmatrix}$$

練習問題3

1. 公式3.1〜3.3（丸と四角）と行の交換を用いて行列 $\begin{pmatrix} E & O \\ * & O \end{pmatrix}$ に変形せよ．

(1) $\begin{pmatrix} 1 & 2 \\ -2 & -4 \end{pmatrix}$　(2) $\begin{pmatrix} 2 & 3 \\ 5 & -4 \end{pmatrix}$　(3) $\begin{pmatrix} 2 & -3 \\ 4 & 5 \\ -2 & 6 \end{pmatrix}$

(4) $\begin{pmatrix} 2 & 0 & 1 \\ 3 & 4 & -2 \\ 0 & 5 & 4 \end{pmatrix}$　(5) $\begin{pmatrix} 1 & 3 & 4 \\ 2 & -1 & 5 \\ 1 & 2 & 3 \end{pmatrix}$　(6) $\begin{pmatrix} 3 & 2 & -2 \\ 4 & -2 & 5 \\ 2 & -6 & -3 \end{pmatrix}$

(7) $\begin{pmatrix} 2 & 1 & 3 \\ 1 & 0 & 5 \\ 1 & -1 & 12 \end{pmatrix}$　(8) $\begin{pmatrix} 1 & 2 & 3 \\ 4 & 5 & 6 \\ 7 & 8 & 9 \end{pmatrix}$

(9) $\begin{pmatrix} 1 & -2 & 5 & 3 \\ 2 & 3 & 4 & -1 \\ -1 & 4 & 1 & -2 \\ 3 & 1 & -5 & 1 \end{pmatrix}$　(10) $\begin{pmatrix} 2 & 3 & 5 & 0 \\ -1 & 7 & 2 & 4 \\ 6 & -6 & 0 & 0 \\ -2 & 4 & -1 & 3 \end{pmatrix}$

2. 公式3.4（丸と四角）を用いて標準形に直し，階数を求めよ．

(1) $\begin{pmatrix} 1 & -1 \\ 2 & 2 \end{pmatrix}$　(2) $\begin{pmatrix} 1 & 2 \\ 4 & 3 \end{pmatrix}$　(3) $\begin{pmatrix} 2 & 4 & 6 \\ 3 & 1 & 2 \end{pmatrix}$

(4) $\begin{pmatrix} 1 & 2 & 3 & 4 \\ 5 & 6 & 7 & 8 \end{pmatrix}$　(5) $\begin{pmatrix} 2 & 5 \\ 1 & 2 \\ -4 & -6 \end{pmatrix}$　(6) $\begin{pmatrix} 4 & 8 & -4 \\ 1 & 2 & -1 \\ 2 & 5 & 3 \end{pmatrix}$

(7) $\begin{pmatrix} 1 & 2 & -1 \\ -1 & 1 & 2 \\ 2 & -1 & 1 \end{pmatrix}$　(8) $\begin{pmatrix} 2 & 4 & 1 & 5 \\ 1 & 3 & 2 & 1 \\ 5 & -1 & 6 & -4 \end{pmatrix}$

(9) $\begin{pmatrix} 4 & 6 & 0 & -3 \\ 2 & -1 & -2 & 9 \\ 3 & -2 & 1 & 4 \end{pmatrix}$　(10) $\begin{pmatrix} 1 & 2 & -1 & 2 \\ 2 & 1 & 2 & 1 \\ 3 & 3 & 1 & 3 \end{pmatrix}$

(11) $\begin{pmatrix} -2 & 3 & -1 & -3 \\ -4 & 1 & 3 & -2 \\ 1 & -1 & 2 & -1 \\ 3 & 1 & -2 & -4 \end{pmatrix}$　(12) $\begin{pmatrix} 2 & -1 & 2 & 1 & 1 \\ 3 & 1 & -2 & 1 & 1 \\ 4 & 3 & 1 & 1 & 3 \\ -1 & 8 & 5 & -2 & 4 \\ 1 & -3 & -1 & 1 & -1 \end{pmatrix}$

解答

問3.1 (1) $\begin{pmatrix}1 & 0\\0 & 1\end{pmatrix}$ (2) $\begin{pmatrix}1 & 0\\0 & 1\\* & *\end{pmatrix}$ (3) $\begin{pmatrix}1 & 0 & 0\\0 & 1 & 0\\0 & 0 & 1\end{pmatrix}$

(4) $\begin{pmatrix}1 & 0 & 0\\0 & 1 & 0\\* & * & 0\end{pmatrix}$

問3.2 (1) $\begin{pmatrix}1 & 0\\0 & 1\end{pmatrix}$ 2階 (2) $\begin{pmatrix}1 & 0\\0 & 0\end{pmatrix}$ 1階

(3) $\begin{pmatrix}1 & 0 & 0\\0 & 1 & 0\end{pmatrix}$ 2階 (4) $\begin{pmatrix}1 & 0\\0 & 1\\0 & 0\end{pmatrix}$ 2階

(5) $\begin{pmatrix}1 & 0 & 0\\0 & 1 & 0\\0 & 0 & 1\end{pmatrix}$ 3階 (6) $\begin{pmatrix}1 & 0 & 0\\0 & 1 & 0\\0 & 0 & 0\end{pmatrix}$ 2階

(7) $\begin{pmatrix}1 & 0 & 0\\0 & 1 & 0\\0 & 0 & 0\end{pmatrix}$ 2階 (8) $\begin{pmatrix}1 & 0 & 0\\0 & 1 & 0\\0 & 0 & 1\end{pmatrix}$ 3階

練習問題3

1. (1) $\begin{pmatrix}1 & 0\\* & 0\end{pmatrix}$ (2) $\begin{pmatrix}1 & 0\\0 & 1\end{pmatrix}$ (3) $\begin{pmatrix}1 & 0\\0 & 1\\* & *\end{pmatrix}$

(4) $\begin{pmatrix}1 & 0 & 0\\0 & 1 & 0\\0 & 0 & 1\end{pmatrix}$ (5) $\begin{pmatrix}1 & 0 & 0\\0 & 1 & 0\\0 & 0 & 1\end{pmatrix}$ (6) $\begin{pmatrix}1 & 0 & 0\\0 & 1 & 0\\0 & 0 & 1\end{pmatrix}$

(7) $\begin{pmatrix}1 & 0 & 0\\0 & 1 & 0\\* & * & 0\end{pmatrix}$ (8) $\begin{pmatrix}1 & 0 & 0\\0 & 1 & 0\\* & * & 0\end{pmatrix}$

(9) $\begin{pmatrix}1 & 0 & 0 & 0\\0 & 1 & 0 & 0\\0 & 0 & 1 & 0\\0 & 0 & 0 & 1\end{pmatrix}$ (10) $\begin{pmatrix}1 & 0 & 0 & 0\\0 & 1 & 0 & 0\\0 & 0 & 1 & 0\\* & * & * & 0\end{pmatrix}$

2. (1) $\begin{pmatrix}1 & 0\\0 & 1\end{pmatrix}$ 2階 (2) $\begin{pmatrix}1 & 0\\0 & 1\end{pmatrix}$ 2階

(3) $\begin{pmatrix}1 & 0 & 0\\0 & 1 & 0\end{pmatrix}$ 2階 (4) $\begin{pmatrix}1 & 0 & 0 & 0\\0 & 1 & 0 & 0\end{pmatrix}$ 2階

(5) $\begin{pmatrix}1 & 0\\0 & 1\\0 & 0\end{pmatrix}$ 2階 (6) $\begin{pmatrix}1 & 0 & 0\\0 & 1 & 0\\0 & 0 & 0\end{pmatrix}$ 2階

(7) $\begin{pmatrix}1 & 0 & 0\\0 & 1 & 0\\0 & 0 & 1\end{pmatrix}$ 3階 (8) $\begin{pmatrix}1 & 0 & 0 & 0\\0 & 1 & 0 & 0\\0 & 0 & 1 & 0\end{pmatrix}$ 3階

(9) $\begin{pmatrix}1 & 0 & 0 & 0\\0 & 1 & 0 & 0\\0 & 0 & 1 & 0\end{pmatrix}$ 3階 (10) $\begin{pmatrix}1 & 0 & 0 & 0\\0 & 1 & 0 & 0\\0 & 0 & 0 & 0\end{pmatrix}$ 2階

(11) $\begin{pmatrix} 1 & 0 & 0 & 0 \\ 0 & 1 & 0 & 0 \\ 0 & 0 & 1 & 0 \\ 0 & 0 & 0 & 1 \end{pmatrix}$ 4 階　　(12) $\begin{pmatrix} 1 & 0 & 0 & 0 & 0 \\ 0 & 1 & 0 & 0 & 0 \\ 0 & 0 & 1 & 0 & 0 \\ 0 & 0 & 0 & 0 & 0 \\ 0 & 0 & 0 & 0 & 0 \end{pmatrix}$ 3 階

§4　連立1次方程式の解法（掃き出し法）

行列の基本変形で応用を考える．ここでは行列を用いて連立1次方程式の解を求める．

4.1　2元連立1次方程式の解法

2元連立1次方程式に取り組む．

方程式を行列に直し，行基本変形を用いて解く．これを**掃き出し法**という．

$$\begin{cases} ax+by=p \\ cx+dy=q \end{cases} \xrightarrow[\text{直す}]{\text{行列に}} \begin{pmatrix} a & b \\ c & d \end{pmatrix}\begin{pmatrix} x \\ y \end{pmatrix} = \begin{pmatrix} p \\ q \end{pmatrix} \xrightarrow[\text{取り出す}]{\text{係数を}} \underbrace{\left(\begin{array}{cc|c} \overbrace{a \quad b}^{\text{係数行列}} & & p \\ c \quad d & & q \end{array}\right)}_{\text{拡大係数行列}}$$

注意　方程式の係数に0や1が含まれるときはそれらを補って行列に直す．

$$\begin{cases} x+2y=3 \\ \quad\ 4y=4 \end{cases} \xrightarrow{\text{係数を補う}} \begin{cases} 1x+2y=3 \\ 0x+4y=4 \end{cases} \xrightarrow{\text{行列を作る}} \left(\begin{array}{cc|c} 1 & 2 & 3 \\ 0 & 4 & 4 \end{array}\right)$$

拡大係数行列を行基本変形すると，方程式が解ける．

公式 4.1　2元連立1次方程式の解法，掃き出し法

方程式を行列に直し，行基本変形して方程式に戻すと解が求まる．

$$\left(\begin{array}{cc|c} a & b & p \\ c & d & q \end{array}\right) \longrightarrow \left(\begin{array}{cc|c} E & * & r \\ 0 & 0 & s \end{array}\right)$$

解説　方程式を解くには，行基本変形を用いて各未知数の係数を0か1に変形する．

例題 4.1　公式4.1（丸と四角）を用いて解け．

(1) $\begin{cases} x+2y=1 \\ 3x+5y=4 \end{cases}$　(2) $\begin{cases} x-\ y=2 \\ 2x-2y=4 \end{cases}$　(3) $\begin{cases} x+3y=1 \\ 2x+6y=3 \end{cases}$

解　2元連立1次方程式を行列に直して，行基本変形する．(1)は解が1組だけある場合（正則）である．(2)は解が多数ある場合（不定）である．(3)は解がない場合（不能）である．

(1) $\left(\begin{array}{cc|c} \boxed{\text{①}} & 2 & 1 \\ \boxed{3} & 5 & 4 \end{array}\right) \longrightarrow \left(\begin{array}{cc|c} 1 & 2 & 1 \\ 0 & -1 & 1 \end{array}\right) \xrightarrow[(-1)\times\text{②}]{} \left(\begin{array}{cc|c} 1 & \boxed{2} & 1 \\ 0 & \boxed{\text{①}} & -1 \end{array}\right) \longrightarrow$

$\left(\begin{array}{cc|c} 1 & 0 & 3 \\ 0 & 1 & -1 \end{array}\right)$

方程式に戻すと

$$\begin{cases} 1x+0y=3 \\ 0x+1y=-1 \end{cases} \quad \text{より} \quad \begin{cases} x=3 \\ y=-1 \end{cases}$$

(2) $\left(\begin{array}{cc|c} \boxed{①} & -1 & 2 \\ \boxed{2} & -2 & 4 \end{array}\right) \longrightarrow \left(\begin{array}{cc|c} 1 & -1 & 2 \\ 0 & 0 & 0 \end{array}\right)$

方程式に戻すと

$$\begin{cases} 1x-1y=2 \\ 0x+0y=0 \end{cases} \quad \text{より} \quad \begin{cases} x=y+2 \\ y=y \end{cases}$$

係数に丸を書いてない未知数 y を移項して，$y=y$ を書く．

(3) $\left(\begin{array}{cc|c} \boxed{①} & 3 & 1 \\ \boxed{2} & 6 & 3 \end{array}\right) \longrightarrow \left(\begin{array}{cc|c} 1 & 3 & 1 \\ 0 & 0 & 1 \end{array}\right)$

方程式に戻すと

$$\begin{cases} 1x+3y=1 \\ 0x+0y=1 \end{cases}$$

2 行目の式で 左辺 ≠ 右辺 なので解はない． ▮

問 4.1 公式 4.1（丸と四角）を用いて解け．

(1) $\begin{cases} x+y=1 \\ 2x+y=-1 \end{cases}$ (2) $\begin{cases} x+2y=5 \\ 2x+3y=4 \end{cases}$

(3) $\begin{cases} 3x+9y=3 \\ x+3y=1 \end{cases}$ (4) $\begin{cases} 4x-2y=2 \\ -2x+y=-1 \end{cases}$

(5) $\begin{cases} 2x-y=5 \\ 6x-3y=10 \end{cases}$ (6) $\begin{cases} 2x+3y=1 \\ -8x-12y=3 \end{cases}$

注意 1 仕切りの左側に丸を書く．正しくは例題 4.1(1) を見よ．

$$\left(\begin{array}{cc|c} 1 & 2 & \boxed{①} \\ 3 & 5 & \boxed{4} \end{array}\right) \longrightarrow \left(\begin{array}{cc|c} 1 & 2 & 1 \\ -1 & -3 & 0 \end{array}\right) \quad ✗$$

注意 2 不定の場合は解けずに残った未知数を右辺に移項する．これに数値を代入すると，すべて解になる．例題 4.1(2) では次のようになる．

$$\begin{cases} x=y+2 \\ y=y \end{cases} \quad \text{より} \quad \begin{cases} y=0 & \text{ならば} \quad x=2,\ y=0 \\ y=1 & \text{ならば} \quad x=3,\ y=1 \\ y=-1 & \text{ならば} \quad x=1,\ y=-1 \end{cases}$$

注意 3 不定の場合は解の形が 1 通りでない．例題 4.1(2) で上とは別に解く．

$$\left(\begin{array}{cc|c} 1 & -1 & 2 \\ 2 & -2 & 4 \end{array}\right) \xrightarrow{(-1)\times①} \left(\begin{array}{cc|c} -1 & \boxed{①} & -2 \\ 2 & \boxed{-2} & 4 \end{array}\right) \longrightarrow \left(\begin{array}{cc|c} -1 & 1 & -2 \\ 0 & 0 & 0 \end{array}\right)$$

方程式に戻すと

$$\begin{cases} -1x+1y=-2 \\ 0x+0y=0 \end{cases} \quad \text{より} \quad \begin{cases} x=x \\ y=x-2 \end{cases}$$

このときは $x=y+2$ として y の式に直すと，上の解と等しくなる．

$$\begin{cases} x = y+2 \\ y = y+2-2 = y \end{cases}$$

4.2　一般の連立 1 次方程式の解法

n 元連立 1 次方程式に取り組む．

方程式を行列に直し，行基本変形を用いて解く（掃き出し法）．

$$\begin{cases} a_{11}x_1 + \cdots + a_{1n}x_n = p_1 \\ \vdots \qquad\qquad \vdots \qquad \vdots \\ a_{m1}x_1 + \cdots + a_{mn}x_n = p_m \end{cases} \xrightarrow[\text{直す}]{\text{行列に}} \begin{pmatrix} a_{11} & \cdots & a_{1n} \\ \vdots & & \vdots \\ a_{m1} & \cdots & a_{mn} \end{pmatrix} \begin{pmatrix} x_1 \\ \vdots \\ x_n \end{pmatrix} = \begin{pmatrix} p_1 \\ \vdots \\ p_m \end{pmatrix}$$

$$\xrightarrow[\text{取り出す}]{\text{係数を}} \underbrace{\left(\overbrace{\begin{matrix} a_{11} & \cdots & a_{1n} \\ \vdots & & \vdots \\ a_{m1} & \cdots & a_{mn} \end{matrix}}^{\text{係数行列}} \,\middle|\, \begin{matrix} p_1 \\ \vdots \\ p_m \end{matrix} \right)}_{\text{拡大係数行列}}$$

拡大係数行列を行基本変形すると，方程式が解ける．

公式 4.2　*n* 元連立 1 次方程式の解法，掃き出し法

方程式を行列に直し，行基本変形して方程式に戻すと解が求まる．

$$\left(\begin{matrix} a_{11} & \cdots & a_{1n} \\ \vdots & & \vdots \\ a_{m1} & \cdots & a_{mn} \end{matrix} \,\middle|\, \begin{matrix} p_1 \\ \vdots \\ p_m \end{matrix} \right) \longrightarrow \left(\begin{matrix} E & * \\ & \\ O & O \end{matrix} \,\middle|\, \begin{matrix} q_1 \\ \vdots \\ q_m \end{matrix} \right)$$

解説　方程式を解くには，行基本変形を用いて各未知数の係数を 0 か 1 に変形する．

例題 4.2　公式 4.2（丸と四角）を用いて解け．

(1) $\begin{cases} x+2y+3z = 2 \\ 3x+4y+8z = 1 \\ 2x+3y+6z = -1 \end{cases}$　　(2) $\begin{cases} x+2y-4z = 1 \\ 4x+5y-7z = 1 \\ 2x+y+z = -1 \end{cases}$

(3) $\begin{cases} -x+3y+z = 7 \\ 2x+y+5z = 1 \\ x+2y+4z = 5 \end{cases}$

解　3 元連立 1 次方程式を行列に直して，行基本変形する．(1) は解が 1 組だけある場合（正則）である．(2) は解が多数ある場合（不定）である．(3) は解がない場合（不能）である．

(1)
$$\left(\begin{array}{ccc|c} \textcircled{1} & 2 & 3 & 2 \\ 3 & 4 & 8 & 1 \\ 2 & 3 & 6 & -1 \end{array}\right) \longrightarrow \left(\begin{array}{ccc|c} 1 & 2 & 3 & 2 \\ 0 & -2 & -1 & -5 \\ 0 & -1 & 0 & -5 \end{array}\right) \xrightarrow[(-1)\times \textcircled{3}]{(-1)\times \textcircled{2}}$$

$$\left(\begin{array}{ccc|c} 1 & 2 & 3 & 2 \\ 0 & 2 & 1 & 5 \\ 0 & \textcircled{1} & 0 & 5 \end{array}\right) \longrightarrow \left(\begin{array}{ccc|c} 1 & 0 & 3 & -8 \\ 0 & 0 & \textcircled{1} & -5 \\ 0 & 1 & 0 & 5 \end{array}\right) \longrightarrow \left(\begin{array}{ccc|c} 1 & 0 & 0 & 7 \\ 0 & 0 & 1 & -5 \\ 0 & 1 & 0 & 5 \end{array}\right)$$

方程式に戻すと

$$\begin{cases} x = 7 \\ y = 5 \\ z = -5 \end{cases}$$

(2)
$$\left(\begin{array}{ccc|c} \textcircled{1} & 2 & -4 & 1 \\ 4 & 5 & -7 & 1 \\ 2 & 1 & 1 & -1 \end{array}\right) \longrightarrow \left(\begin{array}{ccc|c} 1 & 2 & -4 & 1 \\ 0 & -3 & 9 & -3 \\ 0 & -3 & 9 & -3 \end{array}\right) \xrightarrow[(-1/3)\times \textcircled{3}]{(-1/3)\times \textcircled{2}}$$

$$\left(\begin{array}{ccc|c} 1 & 2 & -4 & 1 \\ 0 & \textcircled{1} & -3 & 1 \\ 0 & 1 & -3 & 1 \end{array}\right) \longrightarrow \left(\begin{array}{ccc|c} 1 & 0 & 2 & -1 \\ 0 & 1 & -3 & 1 \\ 0 & 0 & 0 & 0 \end{array}\right)$$

方程式に戻すと

$$\begin{cases} x \qquad +2z = -1 \\ \qquad y-3z = 1 \end{cases} \quad \text{より} \quad \begin{cases} x = -2z-1 \\ y = 3z+1 \\ z = z \end{cases}$$

係数に丸を書いてない未知数 z を移項して，$z=z$ を書く．

(3)
$$\left(\begin{array}{ccc|c} -1 & 3 & 1 & 7 \\ 2 & 1 & 5 & 1 \\ \textcircled{1} & 2 & 4 & 5 \end{array}\right) \longrightarrow \left(\begin{array}{ccc|c} 0 & 5 & 5 & 12 \\ 0 & -3 & -3 & -9 \\ 1 & 2 & 4 & 5 \end{array}\right) \xrightarrow{(-1/3)\times \textcircled{2}}$$

$$\left(\begin{array}{ccc|c} 0 & 5 & 5 & 12 \\ 0 & \textcircled{1} & 1 & 3 \\ 1 & 2 & 4 & 5 \end{array}\right) \longrightarrow \left(\begin{array}{ccc|c} 0 & 0 & 0 & -3 \\ 0 & 1 & 1 & 3 \\ 1 & 0 & 2 & -1 \end{array}\right)$$

第 1 行で 左辺 $\neq$ 右辺 なので解はない． ▮

問 4.2 公式 4.2（丸と四角）を用いて解け．

(1) $\begin{cases} x+2y+2z = -1 \\ 2x+4y+3z = 1 \\ 3x+8y+5z = 6 \end{cases}$ (2) $\begin{cases} -x+2y+\ z = 5 \\ 5x+3y-2z = -1 \\ 2x\qquad -\ z = -3 \end{cases}$

(3) $\begin{cases} -x+3y-\ z = 7 \\ x-\ y-\ z = -3 \\ 3x-2y-4z = -7 \end{cases}$ (4) $\begin{cases} x+3y+2z = 5 \\ 2x+4y+3z = 7 \\ 3x+5y+4z = 9 \end{cases}$

(5) $\begin{cases} 3x-\ y-2z = 1 \\ 2x+5y+3z = 2 \\ 5x+4y+\ z = 1 \end{cases}$ (6) $\begin{cases} 2x+3y+\ z = 2 \\ x+5y+4z = 1 \\ 3x\qquad -3z = 1 \end{cases}$

注意 方程式の右辺が 0 ならば同次な連立 1 次方程式という．この方程式には，$x_1 = \cdots = x_n = 0$ という解（零解）があるので，正則か不定のどちらかになる．

$$\begin{cases} a_{11}x_1 + \cdots + a_{1n}x_n = 0 \\ \quad \vdots \qquad\qquad \vdots \qquad \vdots \\ a_{m1}x_1 + \cdots + a_{mn}x_n = 0 \end{cases}$$

練習問題 4

1. 公式 4.1，4.2（丸と四角）を用いて解け．

(1) $\begin{cases} 2x+6y = 18 \\ 3x+2y = 13 \end{cases}$

(2) $\begin{cases} 2x+y = -3 \\ 6x+3y = -9 \end{cases}$

(3) $\begin{cases} 4x+10y = 5 \\ 2x+5y = 3 \end{cases}$

(4) $\begin{cases} 6x-3y = -3 \\ 4x-2y = -2 \end{cases}$

(5) $\begin{cases} 6x-4y = 0 \\ 18x-12y = 1 \end{cases}$

(6) $\begin{cases} 9x+y = -21 \\ 4x+2y = -14 \end{cases}$

(7) $\begin{cases} x+y+z = 6 \\ x+2y+z = 8 \\ x+3y+z = 9 \end{cases}$

(8) $\begin{cases} x+2y-z = 13 \\ -x+y-5z = -1 \\ 2x+y+4z = 14 \end{cases}$

(9) $\begin{cases} x+y+z = 1 \\ 5x+y-z = 5 \\ 2x-z = 2 \end{cases}$

(10) $\begin{cases} x+2y+3z = 4 \\ 2x+y+10z = 3 \\ x+3y+z = 5 \end{cases}$

(11) $\begin{cases} 2x+4y+7z = 4 \\ x+3y+2z = 2 \\ 3x-y+z = 6 \end{cases}$

(12) $\begin{cases} x+y-z = 9 \\ y-2z = 4 \\ x+z = 4 \end{cases}$

(13) $\begin{cases} -2x+3y-z-3w = 1 \\ -4x+y+3z-2w = 8 \\ x-y+2z-w = -1 \\ 3x+y-2z-4w = -6 \end{cases}$

(14) $\begin{cases} x+2y-z+2w = 1 \\ 2x+y+2z+w = -1 \\ 3x+3y+z+3w = 2 \\ -x+y+2w = 0 \end{cases}$

(15) $\begin{cases} 2x+3y+z+w = 4 \\ x-y+2z+2w = 1 \\ x+3y-2z-2w = 1 \\ 3x-z-2w = 0 \end{cases}$

(16) $\begin{cases} x-y+z-w = 0 \\ -2x+y+z+2w = 0 \\ x+y-5z-3w = 0 \\ x+2y-8z-5w = 0 \end{cases}$

(17) $\begin{cases} x+y+z+2w=6 \\ x+2y+z-w=8 \\ 2x+2y+z+3w=8 \\ y+z-2w=6 \end{cases}$　(18) $\begin{cases} x+y+z+w=6 \\ x+2y+z-w=8 \\ 2x+2y+z+3w=3 \\ x+3y+2z-4w=20 \end{cases}$

(19) $\begin{cases} 2x-y+2z+w+u=1 \\ 3x+y-2z+w+u=2 \\ 4x+3y+2z+w+3u=5 \\ -x+8y+8z-2w+4u=7 \\ x-3y-2z+w-u=-2 \end{cases}$

(20) $\begin{cases} 4x+7y+4z+w+2u=2 \\ -2x-2y+2z-3w+u=-1 \\ 5x+2y+z+w+4u=0 \\ 5x-y+3z-3w+8u=-1 \\ 5x+7y+4z+w+3u=2 \end{cases}$

解答

問 4.1 (1) $x=-2,\ y=3$　(2) $x=-7,\ y=6$
(3) $x=-3y+1,\ y=y$　(4) $x=x,\ y=2x-1$
(5) 解なし　(6) 解なし

問 4.2 (1) $x=-1,\ y=3,\ z=-3$　(2) $x=-4,\ y=3,\ z=-5$
(3) $x=2z-1,\ y=z+2,\ z=z$
(4) $x=y-1,\ y=y,\ z=-2y+3$　(5) 解なし　(6) 解なし

練習問題 4

1. (1) $x=3,\ y=2$　(2) $x=x,\ y=-2x-3$　(3) 解なし
(4) $x=x,\ y=2x+1$　(5) 解なし　(6) $x=-2,\ y=-3$
(7) 解なし　(8) $x=-3z+5,\ y=2z+4,\ z=z$
(9) $x=\frac{1}{2}z+1,\ y=-\frac{3}{2}z,\ z=z$　(10) $x=-5,\ y=3,\ z=1$
(11) $x=2,\ y=0,\ z=0$　(12) 解なし
(13) $x=-3,\ y=-3,\ z=-1,\ w=-1$　(14) 解なし
(15) $x=0,\ y=1,\ z=2,\ w=-1$
(16) $x=2z,\ y=3z,\ z=z,\ w=0$
(17) $x=-4w,\ y=3w+2,\ z=-w+4,\ w=w$　(18) 解なし
(19) $x=-2y+4z+1,\ y=y,\ z=z,\ w=5y-6z-2,\ u=-4z+1$
(20) $x=0,\ y=1,\ z=-1,\ w=-1,\ u=0$

§5　行列の n 乗，逆行列，転置行列

行列の基本変形で応用を考える．ここでは正方行列の n 乗を計算する．また，逆行列や転置行列を求める．

5.1　行列の n 乗

正方行列の n 乗を導入する．

正方行列 A を n 個掛けて A^n と書く．肩の n を**指数**という．これを行列の**累乗**（**べき**）といい，次のように計算する．

$A^0 = E$，$A^1 = A$，$A^2 = AA$，$A^3 = AAA$，$A^4 = AAAA$，$\cdots$

例題 5.1　2 乗，3 乗せよ．

(1) $\begin{pmatrix} 1 & 3 \\ 0 & 2 \end{pmatrix}$　　(2) $\begin{pmatrix} 1 & 1 & 1 \\ 0 & 1 & 1 \\ 0 & 0 & 1 \end{pmatrix}$

解　同じ行列を 2 個掛けると 2 乗になる．それに再び同じ行列を掛けると 3 乗になる．

(1) $$\begin{pmatrix} 1 & 3 \\ 0 & 2 \end{pmatrix}^2 = \begin{pmatrix} 1 & 3 \\ 0 & 2 \end{pmatrix}\begin{pmatrix} 1 & 3 \\ 0 & 2 \end{pmatrix} = \begin{pmatrix} 1 & 9 \\ 0 & 4 \end{pmatrix}$$

$$\begin{pmatrix} 1 & 3 \\ 0 & 2 \end{pmatrix}^3 = \begin{pmatrix} 1 & 9 \\ 0 & 4 \end{pmatrix}\begin{pmatrix} 1 & 3 \\ 0 & 2 \end{pmatrix} = \begin{pmatrix} 1 & 21 \\ 0 & 8 \end{pmatrix}$$

(2) $$\begin{pmatrix} 1 & 1 & 1 \\ 0 & 1 & 1 \\ 0 & 0 & 1 \end{pmatrix}^2 = \begin{pmatrix} 1 & 1 & 1 \\ 0 & 1 & 1 \\ 0 & 0 & 1 \end{pmatrix}\begin{pmatrix} 1 & 1 & 1 \\ 0 & 1 & 1 \\ 0 & 0 & 1 \end{pmatrix} = \begin{pmatrix} 1 & 2 & 3 \\ 0 & 1 & 2 \\ 0 & 0 & 1 \end{pmatrix}$$

$$\begin{pmatrix} 1 & 1 & 1 \\ 0 & 1 & 1 \\ 0 & 0 & 1 \end{pmatrix}^3 = \begin{pmatrix} 1 & 2 & 3 \\ 0 & 1 & 2 \\ 0 & 0 & 1 \end{pmatrix}\begin{pmatrix} 1 & 1 & 1 \\ 0 & 1 & 1 \\ 0 & 0 & 1 \end{pmatrix} = \begin{pmatrix} 1 & 3 & 6 \\ 0 & 1 & 3 \\ 0 & 0 & 1 \end{pmatrix}$$ ▮

問 5.1　2 乗，3 乗せよ．

(1) $\begin{pmatrix} -1 & 0 \\ 0 & 2 \end{pmatrix}$　　(2) $\begin{pmatrix} 5 & 1 \\ 0 & 5 \end{pmatrix}$

(3) $\begin{pmatrix} 3 & 1 & 0 \\ 0 & 3 & 1 \\ 0 & 0 & 3 \end{pmatrix}$　　(4) $\begin{pmatrix} 0 & 1 & 0 \\ 1 & 0 & 1 \\ 0 & 1 & 0 \end{pmatrix}$

注意　行列の累乗では $(AB)^2 \neq A^2B^2$ となることがある．

$$(AB)^2=\left\{\begin{pmatrix}0&1\\1&0\end{pmatrix}\begin{pmatrix}0&-1\\1&0\end{pmatrix}\right\}^2=\begin{pmatrix}1&0\\0&-1\end{pmatrix}^2=\begin{pmatrix}1&0\\0&1\end{pmatrix}$$

$$\begin{aligned}A^2B^2&=\begin{pmatrix}0&1\\1&0\end{pmatrix}^2\begin{pmatrix}0&-1\\1&0\end{pmatrix}^2=\begin{pmatrix}0&1\\1&0\end{pmatrix}\begin{pmatrix}0&1\\1&0\end{pmatrix}\begin{pmatrix}0&-1\\1&0\end{pmatrix}\begin{pmatrix}0&-1\\1&0\end{pmatrix}\\&=\begin{pmatrix}1&0\\0&1\end{pmatrix}\begin{pmatrix}-1&0\\0&-1\end{pmatrix}=\begin{pmatrix}-1&0\\0&-1\end{pmatrix}\end{aligned}$$

5.2 正方行列と逆行列

正方行列で逆数に当たる逆行列を考える．

正方行列 A とある正方行列 X について

$$AX=XA=E$$

が成り立つならば，A を**正則行列**という．X を A の**逆行列**といい，A^{-1} と書く．

例 1 逆行列を見つける．

(1) 逆行列がある場合

$$A=\begin{pmatrix}1&2\\3&5\end{pmatrix},\ X=\begin{pmatrix}x&z\\y&w\end{pmatrix}$$

$$AX=\begin{pmatrix}1&2\\3&5\end{pmatrix}\begin{pmatrix}x&z\\y&w\end{pmatrix}=\begin{pmatrix}x+2y&z+2w\\3x+5y&3z+5w\end{pmatrix}=\begin{pmatrix}1&0\\0&1\end{pmatrix}=E$$

・x, y について

$$\begin{cases}x+2y=1\\3x+5y=0\end{cases}$$

$$\left(\begin{array}{cc|c}\boxed{①}&2&1\\\boxed{3}&5&0\end{array}\right)\longrightarrow\left(\begin{array}{cc|c}1&2&1\\0&-1&-3\end{array}\right)\xrightarrow[(-1)\times②]{}\left(\begin{array}{cc|c}1&\boxed{2}&1\\0&\boxed{①}&3\end{array}\right)\longrightarrow\left(\begin{array}{cc|c}1&0&-5\\0&1&3\end{array}\right)$$

より $x=-5,\ y=3$

・z, w について

$$\begin{cases}z+2w=0\\3z+5w=1\end{cases}$$

$$\left(\begin{array}{cc|c}\boxed{①}&2&0\\\boxed{3}&5&1\end{array}\right)\longrightarrow\left(\begin{array}{cc|c}1&2&0\\0&-1&1\end{array}\right)\xrightarrow[(-1)\times②]{}\left(\begin{array}{cc|c}1&\boxed{2}&0\\0&\boxed{①}&-1\end{array}\right)\longrightarrow\left(\begin{array}{cc|c}1&0&2\\0&1&-1\end{array}\right)$$

より $z=2,\ w=-1$

$XA=E$ も成り立つので A は正則行列になる．

$$A^{-1}=X=\begin{pmatrix}-5&2\\3&-1\end{pmatrix}$$

(2) 逆行列がない場合

$$A=\begin{pmatrix}1&1\\1&1\end{pmatrix},\quad X=\begin{pmatrix}x&z\\y&w\end{pmatrix}$$

$$AX = \begin{pmatrix} 1 & 1 \\ 1 & 1 \end{pmatrix}\begin{pmatrix} x & z \\ y & w \end{pmatrix} = \begin{pmatrix} x+y & z+w \\ x+y & z+w \end{pmatrix} \neq \begin{pmatrix} 1 & 0 \\ 0 & 1 \end{pmatrix} = E$$

$$XA = \begin{pmatrix} x & z \\ y & w \end{pmatrix}\begin{pmatrix} 1 & 1 \\ 1 & 1 \end{pmatrix} = \begin{pmatrix} x+z & x+z \\ y+w & y+w \end{pmatrix} \neq \begin{pmatrix} 1 & 0 \\ 0 & 1 \end{pmatrix} = E$$ ▮

注意 逆行列は1つしかない．また $AX = E$ ならば $XA = E$ も成り立つ．

$$AX = \begin{pmatrix} 1 & 2 \\ 3 & 5 \end{pmatrix}\begin{pmatrix} -5 & 2 \\ 3 & -1 \end{pmatrix} = \begin{pmatrix} 1 & 0 \\ 0 & 1 \end{pmatrix} \quad \text{より}$$

$$XA = \begin{pmatrix} -5 & 2 \\ 3 & -1 \end{pmatrix}\begin{pmatrix} 1 & 2 \\ 3 & 5 \end{pmatrix} = \begin{pmatrix} 1 & 0 \\ 0 & 1 \end{pmatrix}$$

逆行列の性質をまとめておく．

公式 5.1 逆行列の性質，$\boldsymbol{A}, \boldsymbol{B}$ は正則

(1) $(A^{-1})^{-1} = A$　　(2) $(AB)^{-1} = B^{-1}A^{-1}$

解説 (1) では逆行列の逆は始めの行列に戻る．(2) では行列の積の逆行列は各逆行列の積になる．ただし，積の順序が逆転する．

例 2 AB と $B^{-1}A^{-1}$ を掛ける．

$$(AB)(B^{-1}A^{-1}) = ABB^{-1}A^{-1} = AEA^{-1} = AA^{-1} = E$$

$$(B^{-1}A^{-1})(AB) = B^{-1}A^{-1}AB = B^{-1}EB = B^{-1}B = E$$

これより $(AB)^{-1} = B^{-1}A^{-1}$ が成り立つ． ▮

注意 行列の分数 $\dfrac{A}{B}$ は用いない．2つの式 AB^{-1} と $B^{-1}A$ の区別ができなくなる．

5.3 逆行列の求め方

基本変形を用いて逆行列を求める．

逆行列を求めるために正則行列の次の性質を用いる．

公式 5.2 正則行列と基本変形

正則行列は行（列）基本変形だけを用いて単位行列に変形できる．

解説 この性質により，基本変形を用いて正則かどうか見分けられる．

実際に逆行列を求めるには，基本変形で行列を単位行列に変形しながら，同時に逆行列も計算する．すなわち，例1(1) で解いた2つの連立1次方程式の拡大係数行列をまとめて書くと

$$(A\,|\,E)=\left(\begin{array}{cc|cc}1&2&1&0\\3&5&0&1\end{array}\right)\longrightarrow\cdots\longrightarrow\left(\begin{array}{cc|cc}1&0&-5&2\\0&1&3&-1\end{array}\right)=(E\,|\,A^{-1})$$

x, y と z, w の方程式で係数行列 A は共通.

x, y の方程式の右辺.

z, w の方程式の右辺.

単位行列 E に変形.

逆行列 A^{-1} が求まる.

以上より次が成り立つ.

公式 5.3　逆行列の求め方，A は正則

(1)　行基本変形だけを用いて逆行列が求まる.

$$(A\,|\,E)=\left(\begin{array}{ccc|ccc}a_{11}&\cdots&a_{1n}&1&&O\\\vdots&&\vdots&&\ddots&\\a_{n1}&\cdots&a_{nn}&O&&1\end{array}\right)\longrightarrow$$

$$\left(\begin{array}{ccc|ccc}1&&O&x_{11}&\cdots&x_{1n}\\&\ddots&&\vdots&&\vdots\\O&&1&x_{n1}&\cdots&x_{nn}\end{array}\right)=(E\,|\,A^{-1})$$

(2)　列基本変形だけを用いて逆行列が求まる.

$$\left(\frac{A}{E}\right)=\left(\begin{array}{ccc}a_{11}&\cdots&a_{1n}\\\vdots&&\vdots\\a_{n1}&\cdots&a_{nn}\\\hline 1&&O\\&\ddots&\\O&&1\end{array}\right)\longrightarrow\left(\begin{array}{ccc}1&&O\\&\ddots&\\O&&1\\\hline x_{11}&\cdots&x_{1n}\\\vdots&&\vdots\\x_{n1}&\cdots&x_{nn}\end{array}\right)=\left(\frac{E}{A^{-1}}\right)$$

解説　(1) では行列 A と単位行列 E を横に並べる. そして行基本変形を用いて行列 A を単位行列 E に変形すると，単位行列 E が逆行列 A^{-1} に変形される. (2) では行列 A と単位行列 E を縦に並べる. そして列基本変形を用いて行列 A を単位行列 E に変形すると，単位行列 E が逆行列 A^{-1} に変形される.

例題 5.2　公式 5.3 (丸と四角) を用いて逆行列を求めよ.

(1) $\begin{pmatrix}1&2\\3&5\end{pmatrix}$ (行基本変形)　　(2) $\begin{pmatrix}1&2\\3&5\end{pmatrix}$ (列基本変形)

(3) $\begin{pmatrix}1&2&3\\3&4&8\\2&3&6\end{pmatrix}$

解　行列と単位行列を並べて，行列を単位行列に基本変形すると，逆行列が求まる. (1) と (2) では例 1(1) の結果と等しくなる.

(1) $$\left(\begin{array}{cc|cc} \boxed{\textcircled{1}} & 2 & 1 & 0\\ \boxed{3} & 5 & 0 & 1\end{array}\right) \longrightarrow \left(\begin{array}{cc|cc} 1 & 2 & 1 & 0\\ 0 & -1 & -3 & 1\end{array}\right) \xrightarrow[(-1)\times\textcircled{2}]{} \left(\begin{array}{cc|cc} 1 & \boxed{2} & 1 & 0\\ 0 & \boxed{\textcircled{1}} & 3 & -1\end{array}\right)$$

$$\longrightarrow \left(\begin{array}{cc|cc} 1 & 0 & -5 & 2\\ 0 & 1 & 3 & -1\end{array}\right)$$

より逆行列は

$$\begin{pmatrix} -5 & 2\\ 3 & -1\end{pmatrix}$$

(2) $$\left(\begin{array}{cc} \boxed{\textcircled{1}\ \ 2} & \\ 3 & 5\\ \hline 1 & 0\\ 0 & 1\end{array}\right) \longrightarrow \left(\begin{array}{cc} 1 & 0\\ 3 & -1\\ \hline 1 & -2\\ 0 & 1\end{array}\right) \xrightarrow{(-1)\times\boxed{2}} \left(\begin{array}{cc} \boxed{3\ \ \textcircled{1}} & \\ \hline 1 & 2\\ 0 & -1\end{array}\right) \longrightarrow \left(\begin{array}{cc} 1 & 0\\ 0 & 1\\ \hline -5 & 2\\ 3 & -1\end{array}\right)$$

より逆行列は

$$\begin{pmatrix} -5 & 2\\ 3 & -1\end{pmatrix}$$

(3) $$\left(\begin{array}{ccc|ccc} \boxed{\textcircled{1}} & 2 & 3 & 1 & 0 & 0\\ \boxed{3} & 4 & 8 & 0 & 1 & 0\\ \boxed{2} & 3 & 6 & 0 & 0 & 1\end{array}\right) \longrightarrow \left(\begin{array}{ccc|ccc} 1 & 2 & 3 & 1 & 0 & 0\\ 0 & -2 & -1 & -3 & 1 & 0\\ 0 & -1 & 0 & -2 & 0 & 1\end{array}\right) \xrightarrow[(-1)\times\textcircled{3}]{}$$

$$\left(\begin{array}{ccc|ccc} 1 & \boxed{2} & 3 & 1 & 0 & 0\\ 0 & \boxed{-2} & -1 & -3 & 1 & 0\\ 0 & \boxed{\textcircled{1}} & 0 & 2 & 0 & -1\end{array}\right) \longrightarrow \left(\begin{array}{ccc|ccc} 1 & 0 & 3 & -3 & 0 & 2\\ 0 & 0 & -1 & 1 & 1 & -2\\ 0 & 1 & 0 & 2 & 0 & -1\end{array}\right)$$

$$\xrightarrow{(-1)\times\textcircled{2}} \left(\begin{array}{ccc|ccc} 1 & 0 & \boxed{3} & -3 & 0 & 2\\ 0 & 0 & \boxed{\textcircled{1}} & -1 & -1 & 2\\ 0 & 1 & \boxed{0} & 2 & 0 & -1\end{array}\right)$$

$$\longrightarrow \left(\begin{array}{ccc|ccc} 1 & 0 & 0 & 0 & 3 & -4\\ 0 & 0 & 1 & -1 & -1 & 2\\ 0 & 1 & 0 & 2 & 0 & -1\end{array}\right) \longrightarrow \left(\begin{array}{ccc|ccc} 1 & 0 & 0 & 0 & 3 & -4\\ 0 & 1 & 0 & 2 & 0 & -1\\ 0 & 0 & 1 & -1 & -1 & 2\end{array}\right)$$

より逆行列は

$$\begin{pmatrix} 0 & 3 & -4\\ 2 & 0 & -1\\ -1 & -1 & 2\end{pmatrix}$$

∎

問 5.2 公式 5.3（丸と四角）を用いて逆行列を求めよ．

(1) $\begin{pmatrix} 2 & 1\\ 5 & 2\end{pmatrix}$　　(2) $\begin{pmatrix} 4 & 3\\ 3 & 2\end{pmatrix}$

(3) $\begin{pmatrix} 1 & 2 & 3\\ 0 & -1 & 4\\ 0 & 0 & -1\end{pmatrix}$　　(4) $\begin{pmatrix} 3 & 2 & 4\\ 1 & 1 & 5\\ 0 & 0 & -1\end{pmatrix}$

(5) $\begin{pmatrix} 3 & 2 & 3 \\ 2 & 1 & 8 \\ 3 & 2 & 4 \end{pmatrix}$　　(6) $\begin{pmatrix} -3 & 5 & 2 \\ 8 & -7 & -2 \\ -5 & 4 & 1 \end{pmatrix}$

(7) $\begin{pmatrix} 3 & 7 & 2 \\ 1 & 0 & 2 \\ 2 & 5 & 1 \end{pmatrix}$　　(8) $\begin{pmatrix} 1 & 3 & 2 \\ 2 & 9 & 7 \\ 3 & 8 & 5 \end{pmatrix}$

注意1 仕切りの左側や上側に丸を書く．

注意2 逆行列がない場合でも基本変形を利用できる．行基本変形ならば左側に 0 の行ができる．列基本変形ならば上側に 0 の列ができる．そのために行列を単位行列に変形できない．例 1 (2) の行列 A で計算すると，逆行列のないことがわかる．

$$\left(\begin{array}{cc|cc} \boxed{①} & 1 & 1 & 0 \\ \boxed{1} & 1 & 0 & 1 \end{array}\right) \longrightarrow \left(\begin{array}{cc|cc} 1 & 1 & 1 & 0 \\ 0 & 0 & -1 & 1 \end{array}\right), \quad \left(\begin{array}{cc} \boxed{① \quad 1} \\ 1 & 1 \\ \hline 1 & 0 \\ 0 & 1 \end{array}\right) \longrightarrow \left(\begin{array}{cc} 1 & 0 \\ 1 & 0 \\ \hline 1 & -1 \\ 0 & 1 \end{array}\right)$$

5.4 転置行列

行列で行と列を取りかえる．

行列 A の行と列を取りかえて**転置**という．${}^tA$ と書く．

例題 5.3 計算せよ．

(1) ${}^t\begin{pmatrix} 1 & 2 \\ 3 & 5 \end{pmatrix}$　　(2) ${}^t\begin{pmatrix} 1 & 2 & 3 \\ 4 & 5 & 6 \end{pmatrix}$

解 行列の行と列を取りかえる．

(1) ${}^t\begin{pmatrix} 1 & 2 \\ 3 & 5 \end{pmatrix} = \begin{pmatrix} 1 & 3 \\ 2 & 5 \end{pmatrix}$　　(2) ${}^t\begin{pmatrix} 1 & 2 & 3 \\ 4 & 5 & 6 \end{pmatrix} = \begin{pmatrix} 1 & 4 \\ 2 & 5 \\ 3 & 6 \end{pmatrix}$ ∎

問 5.3 計算せよ．

(1) ${}^t\begin{pmatrix} 2 & 1 \\ 3 & 4 \end{pmatrix}$　　(2) ${}^t\begin{pmatrix} 3 & 8 \\ 2 & 4 \\ 5 & 1 \end{pmatrix}$

(3) ${}^t\begin{pmatrix} 5 & 7 & 1 \\ 3 & 2 & 4 \end{pmatrix}$　　(4) ${}^t\begin{pmatrix} 1 & 2 & 3 \\ 4 & 5 & 6 \\ 7 & 8 & 9 \end{pmatrix}$

転置行列の性質をまとめておく．

公式 5.4　転置行列の性質，k は定数

(1)　${}^t({}^tA) = A$　　(2)　${}^t(kA) = k\,{}^tA$

(3)　${}^t(A+B) = {}^tA + {}^tB$　　(4)　${}^t(AB) = {}^tB\,{}^tA$

(5)　$({}^tA)^{-1} = {}^t(A^{-1}) = {}^tA^{-1}$　　(6)　A の階数 $=$ ${}^tA$ の階数

解説　(1) では行列を 2 回転置すると，始めの行列に戻る．(2)，(3) では定数を外に出し，行列の和を分けてから転置する．(4) では行列の積の転置は各転置行列の積になる．ただし，積の順序が逆転する．(5) では行列の逆と転置は順序によらないので ${}^tA^{-1}$ と書く．(6) では転置すると階数は等しい．

例 3　転置行列の性質を見る．

(1)　2 つの行列の積を転置する．

$$ {}^t(AB) = {}^t\left\{\begin{pmatrix} 1 & 2 \\ 3 & 5 \end{pmatrix}\begin{pmatrix} 0 & -1 \\ 1 & 0 \end{pmatrix}\right\} = {}^t\begin{pmatrix} 2 & -1 \\ 5 & -3 \end{pmatrix} = \begin{pmatrix} 2 & 5 \\ -1 & -3 \end{pmatrix} $$

$$ {}^tB\,{}^tA = {}^t\begin{pmatrix} 0 & -1 \\ 1 & 0 \end{pmatrix} {}^t\begin{pmatrix} 1 & 2 \\ 3 & 5 \end{pmatrix} = \begin{pmatrix} 0 & 1 \\ -1 & 0 \end{pmatrix}\begin{pmatrix} 1 & 3 \\ 2 & 5 \end{pmatrix} = \begin{pmatrix} 2 & 5 \\ -1 & -3 \end{pmatrix} $$

これより ${}^t(AB) = {}^tB\,{}^tA$ が成り立つ．

(2)　例題 5.2 (1) の逆行列を求める計算を転置する．

$$ \left(\frac{{}^tA}{E}\right) = \begin{pmatrix} \boxed{①\ \ 3} \\ 2 \quad 5 \\ \hline 1 \quad 0 \\ 0 \quad 1 \end{pmatrix} \longrightarrow \begin{pmatrix} 1 & 0 \\ 2 & -1 \\ \hline 1 & -3 \\ 0 & 1 \end{pmatrix} \xrightarrow{(-1)\times\boxed{2}} \begin{pmatrix} 1 \quad 0 \\ \boxed{2\ \ ①} \\ \hline 1 \quad 3 \\ 0 \quad -1 \end{pmatrix} $$

$$ \longrightarrow \begin{pmatrix} 1 & 0 \\ 0 & 1 \\ \hline -5 & 3 \\ 2 & -1 \end{pmatrix} = \left(\frac{E}{{}^tA^{-1}}\right) $$

これより $({}^tA)^{-1} = {}^t(A^{-1}) = {}^tA^{-1}$ が成り立つ．　∎

練習問題 5

1.　2 乗，3 乗，4 乗せよ．

(1)　$\begin{pmatrix} 0 & -1 \\ 1 & 0 \end{pmatrix}$　　(2)　$\begin{pmatrix} 3 & 2 \\ 0 & 1 \end{pmatrix}$

(3)　$\begin{pmatrix} 2 & 1 & 0 \\ 0 & 2 & 0 \\ 0 & 0 & 3 \end{pmatrix}$　　(4)　$\begin{pmatrix} 1 & 0 & 0 \\ 4 & 3 & 0 \\ 5 & 2 & 2 \end{pmatrix}$

2. 公式 5.3 (丸と四角) を用いて逆行列を求めよ.

(1) $\begin{pmatrix} 1 & 2 \\ 1 & 1 \end{pmatrix}$　(2) $\begin{pmatrix} 4 & 5 \\ 3 & 4 \end{pmatrix}$

(3) $\begin{pmatrix} 5 & 7 \\ 7 & 10 \end{pmatrix}$　(4) $\begin{pmatrix} 1 & -1 \\ 2 & -2 \end{pmatrix}$

(5) $\begin{pmatrix} 1 & 3 & 5 \\ 0 & -1 & 4 \\ 0 & 0 & 1 \end{pmatrix}$　(6) $\begin{pmatrix} 1 & 1 & -1 \\ 2 & 1 & 1 \\ 3 & 1 & 2 \end{pmatrix}$

(7) $\begin{pmatrix} 3 & 6 & -6 \\ 1 & 2 & -2 \\ 4 & 5 & 7 \end{pmatrix}$　(8) $\begin{pmatrix} 2 & 2 & 3 \\ 4 & 1 & 1 \\ 3 & 2 & 3 \end{pmatrix}$

(9) $\begin{pmatrix} 3 & -2 & 8 \\ 4 & 2 & 6 \\ 1 & -7 & 9 \end{pmatrix}$　(10) $\begin{pmatrix} 1 & 3 & 2 \\ 2 & 4 & 3 \\ 3 & 1 & 4 \end{pmatrix}$

(11) $\begin{pmatrix} 1 & 1 & 1 & 2 \\ 4 & 3 & -1 & 3 \\ 3 & 4 & 1 & 3 \\ 6 & 8 & 1 & 5 \end{pmatrix}$　(12) $\begin{pmatrix} 1 & 0 & 2 & 0 & 1 \\ 0 & 1 & 0 & -1 & 0 \\ 2 & 0 & 3 & 0 & 1 \\ 0 & -1 & 0 & 2 & 0 \\ 1 & 0 & 1 & 0 & 1 \end{pmatrix}$

3. 計算せよ.

(1) ${}^t\begin{pmatrix} 1 & 5 \\ 0 & 1 \end{pmatrix}^{-1}$　(2) $\begin{pmatrix} 1 & 3 \\ 2 & 4 \end{pmatrix} + {}^t\begin{pmatrix} 1 & 3 \\ 2 & 4 \end{pmatrix}$

(3) $\left\{ {}^t\begin{pmatrix} 2 & 5 \\ 3 & 1 \end{pmatrix} + {}^t\begin{pmatrix} 1 & 0 \\ 3 & -1 \end{pmatrix} \right\} \begin{pmatrix} 1 & 3 \\ -2 & 4 \end{pmatrix}$

(4) ${}^t\begin{pmatrix} 1 & -1 \\ 1 & 1 \end{pmatrix} \begin{pmatrix} 1 & 3 \\ 3 & 1 \end{pmatrix} \begin{pmatrix} 1 & -1 \\ 1 & 1 \end{pmatrix}$　(5) ${}^t\left\{ {}^t\begin{pmatrix} 1 & 2 \\ 3 & 4 \end{pmatrix} \begin{pmatrix} 5 & 6 \\ 7 & 8 \end{pmatrix} \right\}$

(6) ${}^t\begin{pmatrix} 2 & -1 \\ 1 & 3 \end{pmatrix} \begin{pmatrix} 1 & -1 \\ -2 & 4 \end{pmatrix} {}^t\begin{pmatrix} 0 & 6 \\ 1 & 5 \end{pmatrix}$

解答

問 5.1 (1) $\begin{pmatrix} 1 & 0 \\ 0 & 4 \end{pmatrix}$, $\begin{pmatrix} -1 & 0 \\ 0 & 8 \end{pmatrix}$　(2) $\begin{pmatrix} 25 & 10 \\ 0 & 25 \end{pmatrix}$, $\begin{pmatrix} 125 & 75 \\ 0 & 125 \end{pmatrix}$

(3) $\begin{pmatrix} 9 & 6 & 1 \\ 0 & 9 & 6 \\ 0 & 0 & 9 \end{pmatrix}$, $\begin{pmatrix} 27 & 27 & 9 \\ 0 & 27 & 27 \\ 0 & 0 & 27 \end{pmatrix}$　(4) $\begin{pmatrix} 1 & 0 & 1 \\ 0 & 2 & 0 \\ 1 & 0 & 1 \end{pmatrix}$, $\begin{pmatrix} 0 & 2 & 0 \\ 2 & 0 & 2 \\ 0 & 2 & 0 \end{pmatrix}$

問 5.2 (1) $\begin{pmatrix} -2 & 1 \\ 5 & -2 \end{pmatrix}$　(2) $\begin{pmatrix} -2 & 3 \\ 3 & -4 \end{pmatrix}$　(3) $\begin{pmatrix} 1 & 2 & 11 \\ 0 & -1 & -4 \\ 0 & 0 & -1 \end{pmatrix}$

(4) $\begin{pmatrix} 1 & -2 & -14 \\ -1 & 3 & 19 \\ 0 & 0 & -1 \end{pmatrix}$ (5) $\begin{pmatrix} 12 & 2 & -13 \\ -16 & -3 & 18 \\ -1 & 0 & 1 \end{pmatrix}$

(6) $\begin{pmatrix} 1 & 3 & 4 \\ 2 & 7 & 10 \\ -3 & -13 & -19 \end{pmatrix}$ (7) $\begin{pmatrix} -10 & 3 & 14 \\ 3 & -1 & -4 \\ 5 & -1 & -7 \end{pmatrix}$ (8) なし

問 5.3 (1) $\begin{pmatrix} 2 & 3 \\ 1 & 4 \end{pmatrix}$ (2) $\begin{pmatrix} 3 & 2 & 5 \\ 8 & 4 & 1 \end{pmatrix}$ (3) $\begin{pmatrix} 5 & 3 \\ 7 & 2 \\ 1 & 4 \end{pmatrix}$

(4) $\begin{pmatrix} 1 & 4 & 7 \\ 2 & 5 & 8 \\ 3 & 6 & 9 \end{pmatrix}$

練習問題 5

1. (1) $\begin{pmatrix} -1 & 0 \\ 0 & -1 \end{pmatrix}$, $\begin{pmatrix} 0 & 1 \\ -1 & 0 \end{pmatrix}$, $\begin{pmatrix} 1 & 0 \\ 0 & 1 \end{pmatrix}$

(2) $\begin{pmatrix} 9 & 8 \\ 0 & 1 \end{pmatrix}$, $\begin{pmatrix} 27 & 26 \\ 0 & 1 \end{pmatrix}$, $\begin{pmatrix} 81 & 80 \\ 0 & 1 \end{pmatrix}$

(3) $\begin{pmatrix} 4 & 4 & 0 \\ 0 & 4 & 0 \\ 0 & 0 & 9 \end{pmatrix}$, $\begin{pmatrix} 8 & 12 & 0 \\ 0 & 8 & 0 \\ 0 & 0 & 27 \end{pmatrix}$, $\begin{pmatrix} 16 & 32 & 0 \\ 0 & 16 & 0 \\ 0 & 0 & 81 \end{pmatrix}$

(4) $\begin{pmatrix} 1 & 0 & 0 \\ 16 & 9 & 0 \\ 23 & 10 & 4 \end{pmatrix}$, $\begin{pmatrix} 1 & 0 & 0 \\ 52 & 27 & 0 \\ 83 & 38 & 8 \end{pmatrix}$, $\begin{pmatrix} 1 & 0 & 0 \\ 160 & 81 & 0 \\ 275 & 130 & 16 \end{pmatrix}$

2. (1) $\begin{pmatrix} -1 & 2 \\ 1 & -1 \end{pmatrix}$ (2) $\begin{pmatrix} 4 & -5 \\ -3 & 4 \end{pmatrix}$ (3) $\begin{pmatrix} 10 & -7 \\ -7 & 5 \end{pmatrix}$

(4) なし (5) $\begin{pmatrix} 1 & 3 & -17 \\ 0 & -1 & 4 \\ 0 & 0 & 1 \end{pmatrix}$ (6) $\begin{pmatrix} 1 & -3 & 2 \\ -1 & 5 & -3 \\ -1 & 2 & -1 \end{pmatrix}$

(7) なし (8) $\begin{pmatrix} -1 & 0 & 1 \\ 9 & 3 & -10 \\ -5 & -2 & 6 \end{pmatrix}$ (9) なし

(10) $\begin{pmatrix} -13/4 & 5/2 & -1/4 \\ -1/4 & 1/2 & -1/4 \\ 5/2 & -2 & 1/2 \end{pmatrix}$ (11) $\begin{pmatrix} -10 & 2 & 23 & -11 \\ 4 & -1 & -10 & 5 \\ -7 & 1 & 17 & -8 \\ 7 & -1 & -15 & 7 \end{pmatrix}$

(12) $\begin{pmatrix} -2 & 0 & 1 & 0 & 1 \\ 0 & 2 & 0 & 1 & 0 \\ 1 & 0 & 0 & 0 & -1 \\ 0 & 1 & 0 & 1 & 0 \\ 1 & 0 & 1 & 0 & 1 \end{pmatrix}$

3. (1) $\begin{pmatrix} 1 & 0 \\ -5 & 1 \end{pmatrix}$ (2) $\begin{pmatrix} 2 & 5 \\ 5 & 8 \end{pmatrix}$ (3) $\begin{pmatrix} -9 & 33 \\ 5 & 15 \end{pmatrix}$

(4) $\begin{pmatrix} 8 & 0 \\ 0 & -4 \end{pmatrix}$ (5) $\begin{pmatrix} 26 & 38 \\ 30 & 44 \end{pmatrix}$ (6) $\begin{pmatrix} 12 & 10 \\ 78 & 58 \end{pmatrix}$

§6 行列式と計算

行列の応用として，行列とよく似た記号を使う行列式について考える．ここでは行列式を導入して計算の方法を調べる．

6.1 2次と3次の行列式

まず2次と3次の行列式を求める．

Aを正方行列とするとき，Aの**行列式**を$|A|$または$\det A$と書く．正方行列Aがn次ならば行列式$|A|$もn次といい，これを行列式の**次数**という．

● 2次の行列式

2次の行列式を計算する．

公式 6.1　2次の行列式

$$\begin{vmatrix} a & b \\ c & d \end{vmatrix} = \det\begin{pmatrix} a & b \\ c & d \end{pmatrix} = ad - bc$$

解説　2次の行列式では各成分を斜めに掛けて引く．

成分の積の順序と符号は次のように決める．

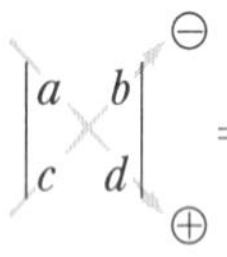

$$= +ad - bc$$

例題 6.1　公式6.1を用いて計算せよ．

$$\begin{vmatrix} 1 & 2 \\ 3 & 4 \end{vmatrix}$$

解　各成分を斜めに掛けて引く．

$$\begin{vmatrix} 1 & 2 \\ 3 & 4 \end{vmatrix} = 4 - 6 = -2$$

問 6.1　公式6.1を用いて計算せよ．

(1) $\begin{vmatrix} 1 & -1 \\ 1 & 1 \end{vmatrix}$　　(2) $\begin{vmatrix} 1 & 1 \\ 1 & 1 \end{vmatrix}$

(3) $\begin{vmatrix} 1 & 3 \\ 0 & 2 \end{vmatrix}$　　(4) $\begin{vmatrix} 4 & 3 \\ 7 & 5 \end{vmatrix}$

● 3次の行列式

3次の行列式はサラスの公式を用いて計算する．

公式 6.2　3次の行列式，サラスの公式

$$\begin{vmatrix} a_1 & b_1 & c_1 \\ a_2 & b_2 & c_2 \\ a_3 & b_3 & c_3 \end{vmatrix} = \det\begin{pmatrix} a_1 & b_1 & c_1 \\ a_2 & b_2 & c_2 \\ a_3 & b_3 & c_3 \end{pmatrix}$$
$$= a_1b_2c_3 + a_2b_3c_1 + a_3b_1c_2 - a_3b_2c_1 - a_2b_1c_3 - a_1b_3c_2$$

解説　3次の行列式では各成分を斜めに掛けて，たしたり引いたりする．成分の積の順序と符号は次のように決める．

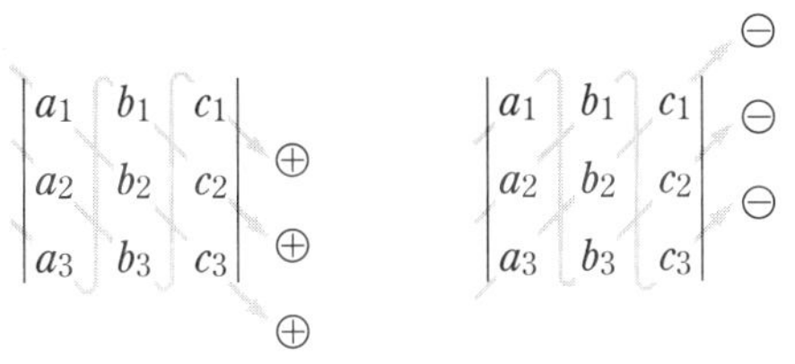

$$= +a_1b_2c_3 + a_2b_3c_1 + a_3b_1c_2 - a_3b_2c_1 - a_2b_1c_3 - a_1b_3c_2$$

例題 6.2　公式6.2を用いて計算せよ．

$$\begin{vmatrix} 1 & 2 & 3 \\ 3 & 4 & 8 \\ 2 & 3 & 6 \end{vmatrix}$$

解　各成分を斜めに掛けて，たしたり引いたりする．

$$\begin{vmatrix} 1 & 2 & 3 \\ 3 & 4 & 8 \\ 2 & 3 & 6 \end{vmatrix} = 24+27+32-24-36-24 = -1$$

問 6.2　公式6.2を用いて計算せよ．

(1) $\begin{vmatrix} 1 & -1 & 3 \\ 5 & 0 & 0 \\ 4 & 0 & 2 \end{vmatrix}$　　(2) $\begin{vmatrix} 2 & 5 & 3 \\ 0 & -3 & -1 \\ 0 & 1 & 4 \end{vmatrix}$

(3) $\begin{vmatrix} 0 & -2 & -1 \\ 6 & 1 & 3 \\ 5 & 2 & -4 \end{vmatrix}$　　(4) $\begin{vmatrix} -1 & 6 & 4 \\ 5 & 7 & -8 \\ 2 & -6 & 4 \end{vmatrix}$

注意　4次以上の行列式ではサラスの公式（公式6.2）が使えない．

6.2　余　因　子

高次の行列式の計算法を考える．

行列式から行や列を取り除いて新しい行列式（小行列式）を作る．行列 A の (i, j) 成分 a_{ij} の**余因子**（余因数）Δ_{ij} は，行列式 $|A|$ から第 i 行と第 j 列を取り除き $(-1)^{i+j}$ を掛ける．

例 1 行列の成分から余因子を求める．

$$A = \begin{pmatrix} a_{11} & a_{12} & a_{13} \\ a_{21} & a_{22} & a_{23} \\ a_{31} & a_{32} & a_{33} \end{pmatrix}$$

(1) $(3,1)$ 成分 a_{31} の余因子 $\varDelta_{31}$ は行列式 $|A|$ から第 3 行と第 1 列を取り除き $(-1)^{3+1}$ を掛ける．

$$|A| = \begin{vmatrix} a_{11} & a_{12} & a_{13} \\ a_{21} & a_{22} & a_{23} \\ a_{31} & a_{32} & a_{33} \end{vmatrix} \quad \text{取り除く}$$

$$\varDelta_{31} = (-1)^{3+1}\begin{vmatrix} a_{12} & a_{13} \\ a_{22} & a_{23} \end{vmatrix} = \begin{vmatrix} a_{12} & a_{13} \\ a_{22} & a_{23} \end{vmatrix}$$

(2) $(2,3)$ 成分 a_{23} の余因子 $\varDelta_{23}$ は行列式 $|A|$ から第 2 行と第 3 列を取り除き $(-1)^{2+3}$ を掛ける．

$$|A| = \begin{vmatrix} a_{11} & a_{12} & a_{13} \\ a_{21} & a_{22} & a_{23} \\ a_{31} & a_{32} & a_{33} \end{vmatrix} \quad \text{取り除く}$$

$$\varDelta_{23} = (-1)^{2+3}\begin{vmatrix} a_{11} & a_{12} \\ a_{31} & a_{32} \end{vmatrix} = -\begin{vmatrix} a_{11} & a_{12} \\ a_{31} & a_{32} \end{vmatrix}$$ ▮

以上をまめておく．

公式 6.3 行列の余因子

行列 A の (i,j) 成分 a_{ij} の余因子 $\varDelta_{ij}$ は，行列式 $|A|$ から第 i 行と第 j 列を取り除き $(-1)^{i+j}$ を掛ける．

$$\varDelta_{ij} = (-1)^{i+j}\begin{vmatrix} a_{11} & \cdots & a_{1j} & \cdots & a_{1n} \\ \vdots & & \vdots & & \vdots \\ a_{i1} & \cdots & a_{ij} & \cdots & a_{in} \\ \vdots & & \vdots & & \vdots \\ a_{n1} & \cdots & a_{nj} & \cdots & a_{nn} \end{vmatrix} \quad \text{取り除く}$$

解説 余因子は行列式 $|A|$ よりも行と列が 1 つ少ない小行列式に符号 $(-1)^{i+j}$ を掛けて計算する．

余因子の符号 $(-1)^{i+j}$ は各成分に対応して＋と－が順に現れるので，表 6.1 になる．

$$\varDelta_{11} \to +,\ \varDelta_{12} \to -,\ \varDelta_{13} \to +$$
$$\varDelta_{21} \to -,\ \varDelta_{22} \to +,\ \varDelta_{23} \to -$$
$$\varDelta_{31} \to +,\ \varDelta_{32} \to -,\ \varDelta_{33} \to +$$

表 6.1 余因子の符号．

$\varDelta_{11}$ ↓	$\varDelta_{12}$ ↓	$\varDelta_{13}$ ↓	
$+$	$-$	$+$	$\cdots$
$-$	$+$	$-$	$\cdots$
$+$	$-$	$+$	$\cdots$
$\vdots$	$\vdots$	$\vdots$	

例題 6.3　公式 6.3 を用いて各成分の余因子を求めよ.

$$\begin{pmatrix} 1 & 2 & 3 \\ 3 & 4 & 8 \\ 2 & 3 & 6 \end{pmatrix}$$

解　各成分から符号と小行列式を求めて掛ける.

$$\Delta_{11} = \begin{vmatrix} 4 & 8 \\ 3 & 6 \end{vmatrix} = 24-24 = 0, \qquad \Delta_{12} = -\begin{vmatrix} 3 & 8 \\ 2 & 6 \end{vmatrix} = -(18-16) = -2$$

$$\Delta_{13} = \begin{vmatrix} 3 & 4 \\ 2 & 3 \end{vmatrix} = 9-8 = 1, \qquad \Delta_{21} = -\begin{vmatrix} 2 & 3 \\ 3 & 6 \end{vmatrix} = -(12-9) = -3$$

$$\Delta_{22} = \begin{vmatrix} 1 & 3 \\ 2 & 6 \end{vmatrix} = 6-6 = 0, \qquad \Delta_{23} = -\begin{vmatrix} 1 & 2 \\ 2 & 3 \end{vmatrix} = -(3-4) = 1$$

$$\Delta_{31} = \begin{vmatrix} 2 & 3 \\ 4 & 8 \end{vmatrix} = 16-12 = 4, \qquad \Delta_{32} = -\begin{vmatrix} 1 & 3 \\ 3 & 8 \end{vmatrix} = -(8-9) = 1$$

$$\Delta_{33} = \begin{vmatrix} 1 & 2 \\ 3 & 4 \end{vmatrix} = 4-6 = -2$$

∎

問 6.3　公式 6.3 を用いて各成分の余因子を求めよ.

(1) $\begin{pmatrix} 1 & 3 & 4 \\ 5 & 2 & 8 \\ 7 & 6 & 9 \end{pmatrix}$　　(2) $\begin{pmatrix} 1 & -3 & -5 \\ -7 & 2 & 4 \\ 3 & -1 & 0 \end{pmatrix}$

6.3 行列式の展開

高次の行列式を求めるには展開を用いる.

まず，3 次の行列式で各成分と余因子を用いて行列式を展開する.

公式 6.4　3 次の行列式の展開，ラプラス展開

$$|A| = \begin{vmatrix} a_{11} & a_{12} & a_{13} \\ a_{21} & a_{22} & a_{23} \\ a_{31} & a_{32} & a_{33} \end{vmatrix} = \det\begin{pmatrix} a_{11} & a_{12} & a_{13} \\ a_{21} & a_{22} & a_{23} \\ a_{31} & a_{32} & a_{33} \end{pmatrix}$$

ならば，次が成り立つ.

(1)　第 i 行で展開 $(i = 1, 2, 3)$.

$$|A| = a_{i1}\Delta_{i1} + a_{i2}\Delta_{i2} + a_{i3}\Delta_{i3}$$

(2)　第 j 列で展開 $(j = 1, 2, 3)$.

$$|A| = a_{1j}\Delta_{1j} + a_{2j}\Delta_{2j} + a_{3j}\Delta_{3j}$$

解説　3 次の行列式は，各行や各列で成分と余因子を掛けてたし合わせれば値が求まる.

注意　どの行や列で展開しても値は等しくなる.

例題 6.4 公式 6.4 を用いて例題 6.2 の行列式を計算せよ．
(1) 第 1 行で展開　　(2) 第 2 列で展開

解 各行や各列で成分と余因子を掛けてたし合わせる．例題 6.2 の結果と等しくなる．

(1) $\begin{vmatrix} 1 & 2 & 3 \\ 3 & 4 & 8 \\ 2 & 3 & 6 \end{vmatrix} = 1\begin{vmatrix} 4 & 8 \\ 3 & 6 \end{vmatrix} - 2\begin{vmatrix} 3 & 8 \\ 2 & 6 \end{vmatrix} + 3\begin{vmatrix} 3 & 4 \\ 2 & 3 \end{vmatrix} = 1\times0-2\times2+3\times1 = -1$

(2) $\begin{vmatrix} 1 & 2 & 3 \\ 3 & 4 & 8 \\ 2 & 3 & 6 \end{vmatrix} = -2\begin{vmatrix} 3 & 8 \\ 2 & 6 \end{vmatrix} + 4\begin{vmatrix} 1 & 3 \\ 2 & 6 \end{vmatrix} - 3\begin{vmatrix} 1 & 3 \\ 3 & 8 \end{vmatrix} = -2\times2+4\times0-3\times(-1)$

$= -1$

問 6.4 公式 6.4 を用いて計算せよ．

(1) $\begin{vmatrix} 1 & 0 & 0 \\ 2 & 3 & -4 \\ 5 & -6 & 7 \end{vmatrix}$　(2) $\begin{vmatrix} 4 & -8 & -1 \\ 0 & 2 & 0 \\ 3 & -5 & 6 \end{vmatrix}$

(3) $\begin{vmatrix} 1 & 3 & -2 \\ -1 & 5 & 7 \\ 4 & 0 & -6 \end{vmatrix}$　(4) $\begin{vmatrix} 4 & 2 & -2 \\ 1 & 1 & 1 \\ 1 & 4 & 2 \end{vmatrix}$

注意 行列式は 0 の多い行や列で展開する．0 がないと計算が長くなる．

(1) $\begin{vmatrix} 0 & 0 & 1 \\ 5 & -4 & 3 \\ 2 & -1 & -2 \end{vmatrix} = 1\begin{vmatrix} 5 & -4 \\ 2 & -1 \end{vmatrix} = -5+8 = 3$

(2) $\begin{vmatrix} 0 & 0 & 1 \\ 5 & -4 & 3 \\ 2 & -1 & -2 \end{vmatrix} = 1\begin{vmatrix} 5 & -4 \\ 2 & -1 \end{vmatrix} - 3\begin{vmatrix} 0 & 0 \\ 2 & -1 \end{vmatrix} - 2\begin{vmatrix} 0 & 0 \\ 5 & -4 \end{vmatrix}$

$= 1\times3-3\times0-2\times0 = 3$

6.4 4 次以上の行列式

次に，4 次以上の行列式を計算する．

4 次以上の行列式ではサラスの公式（公式 6.2）が使えないので，展開を用いる．

公式 6.5 行列式の展開，ラプラス展開

$$|A| = \begin{vmatrix} a_{11} & \cdots & a_{1n} \\ \vdots & & \vdots \\ a_{n1} & \cdots & a_{nn} \end{vmatrix} = \det\begin{pmatrix} a_{11} & \cdots & a_{1n} \\ \vdots & & \vdots \\ a_{n1} & \cdots & a_{nn} \end{pmatrix}$$

ならば次が成り立つ．

(1) 第 i 行で展開 ($i = 1, 2, \cdots, n$)

$$|A| = a_{i1}\Delta_{i1} + a_{i2}\Delta_{i2} + \cdots + a_{in}\Delta_{in}$$

(2) 第 j 列で展開 ($j = 1, 2, \cdots, n$)

$$|A| = a_{1j}\Delta_{1j} + a_{2j}\Delta_{2j} + \cdots + a_{nj}\Delta_{nj}$$

解説 4次以上の行列式でも，各行や各列で成分と余因子を掛けてたし合わせれば値が求まる．

例題 6.5 公式 6.5 を用いて計算せよ．

$$\begin{vmatrix} 2 & 1 & 3 & -1 \\ 1 & 1 & -1 & 0 \\ 0 & 4 & 0 & 1 \\ 0 & -5 & 1 & 3 \end{vmatrix}$$

解 0の多い行や列で成分と余因子を掛けてたし合わせる．

$$\begin{vmatrix} 2 & 1 & 3 & 1 \\ 1 & 1 & -1 & 0 \\ 0 & 4 & 0 & 1 \\ 0 & -5 & 1 & 3 \end{vmatrix} = 2\begin{vmatrix} 1 & -1 & 0 \\ 4 & 0 & 1 \\ -5 & 1 & 3 \end{vmatrix} - 1\begin{vmatrix} 1 & 3 & -1 \\ 4 & 0 & 1 \\ -5 & 1 & 3 \end{vmatrix}$$

$$= 2(0+0+5-0+12-1) - 1(0-4-15-0-36-1)$$

$$= 2\times16+56 = 88$$

問 6.5 公式 6.2, 6.5 を用いて計算せよ．

(1) $\begin{vmatrix} 0 & 0 & 1 & 2 \\ 0 & 0 & -8 & 7 \\ 0 & 3 & 5 & 7 \\ 1 & 3 & 1 & 4 \end{vmatrix}$ (2) $\begin{vmatrix} 1 & 1 & 0 & 0 \\ 2 & -1 & -2 & 1 \\ 3 & 4 & 1 & -1 \\ 1 & 2 & -3 & 0 \end{vmatrix}$

(3) $\begin{vmatrix} 1 & 5 & 2 & 3 \\ 0 & 2 & -3 & 2 \\ -1 & 3 & 4 & -1 \\ 2 & 1 & 0 & 1 \end{vmatrix}$ (4) $\begin{vmatrix} 1 & 2 & 3 & 4 \\ 2 & 3 & 4 & 1 \\ 3 & 4 & 1 & 2 \\ 4 & 1 & 2 & 3 \end{vmatrix}$

例 2 特殊な行列式を計算する．

(1) 三角行列では対角成分の積になる．

$$\begin{vmatrix} 1 & * & * & * \\ 0 & 2 & * & * \\ 0 & 0 & 3 & * \\ 0 & 0 & 0 & 4 \end{vmatrix} = 1\begin{vmatrix} 2 & * & * \\ 0 & 3 & * \\ 0 & 0 & 4 \end{vmatrix} = 1\times2\begin{vmatrix} 3 & * \\ 0 & 4 \end{vmatrix} = 1\times2\times3\times4$$

$$= 24$$

(2) 三角ブロック行列では対角ブロックの積になる.

$$\left|\begin{array}{cc|cc} 1 & 2 & * & * \\ 2 & 3 & * & * \\ \hline 0 & 0 & 5 & 9 \\ 0 & 0 & 4 & 7 \end{array}\right| = \begin{vmatrix} 1 & 2 \\ 2 & 3 \end{vmatrix}\begin{vmatrix} 5 & 9 \\ 4 & 7 \end{vmatrix} = (-1)\times(-1) = 1$$ ▮

練習問題 6

1. 計算せよ.

(1) $\begin{vmatrix} 3 & -5 \\ 2 & 6 \end{vmatrix}$　(2) $\begin{vmatrix} 5 & 4 \\ 0 & 3 \end{vmatrix}$　(3) $\begin{vmatrix} 2 & 7 \\ 6 & 21 \end{vmatrix}$　(4) $\begin{vmatrix} 1 & 1 \\ 2 & 3 \end{vmatrix}$

(5) $\begin{vmatrix} 1 & 7 \\ 3 & 5 \end{vmatrix}$　(6) $\begin{vmatrix} \frac{\sqrt{3}}{2} & -\frac{1}{2} \\ \frac{1}{2} & \frac{\sqrt{3}}{2} \end{vmatrix}$　(7) $\begin{vmatrix} 3 & 0 & 0 \\ 4 & -2 & 5 \\ 3 & 7 & 3 \end{vmatrix}$

(8) $\begin{vmatrix} 1 & 2 & 3 \\ 0 & 2 & 3 \\ 0 & 0 & 3 \end{vmatrix}$　(9) $\begin{vmatrix} 1 & 2 & 3 \\ 0 & 5 & 1 \\ 0 & 4 & 2 \end{vmatrix}$　(10) $\begin{vmatrix} 0 & 1 & 0 \\ 3 & 5 & 2 \\ 7 & 4 & 4 \end{vmatrix}$

(11) $\begin{vmatrix} 1 & 3 & 2 \\ 1 & 9 & 5 \\ 1 & 2 & 8 \end{vmatrix}$　(12) $\begin{vmatrix} 1 & 2 & 3 \\ 4 & 7 & 9 \\ 8 & 6 & 1 \end{vmatrix}$　(13) $\begin{vmatrix} 1 & 3 & 2 & -3 \\ 0 & -5 & 1 & 4 \\ 0 & 1 & -3 & 2 \\ 0 & 6 & -2 & 3 \end{vmatrix}$

(14) $\begin{vmatrix} 1 & -1 & 2 & 4 \\ 0 & 0 & 3 & 0 \\ -2 & 5 & -6 & 1 \\ 7 & 1 & 4 & -4 \end{vmatrix}$　(15) $\begin{vmatrix} 1 & 5 & 0 & 0 \\ 2 & -6 & 0 & 0 \\ -4 & -3 & 2 & -3 \\ 7 & 5 & -1 & 4 \end{vmatrix}$

(16) $\begin{vmatrix} 1 & 5 & 7 & 1 \\ 0 & 3 & 6 & 8 \\ 1 & 9 & 1 & 4 \\ 0 & 4 & 6 & 9 \end{vmatrix}$　(17) $\begin{vmatrix} 0 & 1 & 1 & 1 \\ 1 & 0 & 1 & 1 \\ 1 & 1 & 0 & 1 \\ 1 & 1 & 1 & 0 \end{vmatrix}$

(18) $\begin{vmatrix} 1 & 1 & 1 & 1 \\ -2 & -1 & 1 & 2 \\ 4 & 1 & 1 & 4 \\ -8 & -1 & 1 & 8 \end{vmatrix}$　(19) $\begin{vmatrix} a & b \\ b & a \end{vmatrix}$　(20) $\begin{vmatrix} a & b & c \\ c & a & b \\ b & c & a \end{vmatrix}$

解答

問 6.1 (1) 2　(2) 0　(3) 2　(4) -1

問 6.2 (1) 10　(2) -22　(3) -85　(4) -372

問 6.3 (1) $\Delta_{11} = -30$, $\Delta_{12} = 11$, $\Delta_{13} = 16$, $\Delta_{21} = -3$, $\Delta_{22} = -19$, $\Delta_{23} = 15$, $\Delta_{31} = 16$, $\Delta_{32} = 12$, $\Delta_{33} = -13$

(2) $\Delta_{11} = 4$, $\Delta_{12} = 12$, $\Delta_{13} = 1$, $\Delta_{21} = 5$, $\Delta_{22} = 15$, $\Delta_{23} = -8$, $\Delta_{31} = -2$, $\Delta_{32} = 31$, $\Delta_{33} = -19$

問 6.4 (1) -3　(2) 54　(3) 76　(4) -16

問 6.5 (1) -69　(2) 7　(3) -66　(4) 160

練習問題 6

1. (1) 28　(2) 15　(3) 0　(4) 1　(5) -16

(6) 1　(7) -123　(8) 6　(9) 6　(10) 2

(11) 39　(12) -7　(13) 98　(14) 504　(15) -80

(16) 24　(17) -3　(18) 72　(19) a^2-b^2

(20) $a^3+b^3+c^3-3abc$

§7 行列式の性質

行列式を効率よく計算するには，その性質をさらに詳しく調べる必要がある．ここでは行列式の性質とそれを用いた計算法をまとめておく．

7.1 行列式の性質

行列式の基本的な性質を見ていく．

行列と行列式の記号は似ているが，計算のやり方は異なっている．しかし両者ではよく似た性質が成り立つ．

行列式を転置するとどうなるか調べる．

公式 7.1 行列式の転置

A が正方行列ならば

$$|{}^{t}A| = |A|$$

解説 行と列を取りかえても値は等しくなる．これより行の計算を列に，列の計算を行に直せる．

例 1 行列式を転置する．

(1) 転置前

$$\begin{vmatrix} 2 & 3 & 4 \\ 3 & 4 & 6 \\ 2 & 2 & 3 \end{vmatrix} = 24+24+36-32-27-24 = 1$$

(2) 転置後

$$\begin{vmatrix} 2 & 3 & 2 \\ 3 & 4 & 2 \\ 4 & 6 & 3 \end{vmatrix} = 24+36+24-32-27-24 = 1$$

行や列の交換について次が成り立つ．

公式 7.2 2つの行や列の交換

2 つの行や列同士を交換すると符号が逆になる．

解説 行列式では行や列同士を交換すると，−（マイナス）が現れる．

例 2　2 つの行を交換する.

(1)　行の交換前

$$\begin{vmatrix} 2 & 3 & 4 \\ 3 & 4 & 6 \\ 2 & 2 & 3 \end{vmatrix} = 24+24+36-32-27-24 = 1$$

(2)　行の交換 (②↔③) 後

$$\begin{vmatrix} 2 & 3 & 4 \\ 2 & 2 & 3 \\ 3 & 4 & 6 \end{vmatrix} = 24+32+27-24-36-24 = -1$$

同じ行や列がある場合は次がすぐにわかる.

公式 7.3　同じ行や列を含む行列式

同じ行や列があれば 0 になる.

解説　行列式の中に同じ行や列があるときは, 計算しなくても値が 0 になることがわかる.

例 3　同じ行を含む.

$$\begin{vmatrix} 2 & 3 & 4 \\ 2 & 2 & 3 \\ 2 & 2 & 3 \end{vmatrix} = 12+16+18-16-18-12 = 0$$

ある行や列に共通因数がある場合は次が成り立つ.

公式 7.4　共通因数

ある行や列の共通因数は外に出せる.

解説　ある行や列にある共通因数を行列式の外から掛けても値は等しくなる.

例 4　ある行の共通因数を外に出す.

(1)　第 2 行の共通因数

$$\begin{vmatrix} 2 & 3 & 4 \\ 2\cdot 3 & 2\cdot 4 & 2\cdot 6 \\ 2 & 2 & 3 \end{vmatrix} = \begin{vmatrix} 2 & 3 & 4 \\ 6 & 8 & 12 \\ 2 & 2 & 3 \end{vmatrix} = 48+48+72-64-54-48 = 2$$

(2)　共通因数を外に出す.

$$2\begin{vmatrix} 2 & 3 & 4 \\ 3 & 4 & 6 \\ 2 & 2 & 3 \end{vmatrix} = 2(24+24+36-32-27-24) = 2\times 1 = 2$$

2つの行列式をたすとどうなるか調べる.

公式 7.5　和の法則

行列式のある行や列を分け，他の成分はそのままにして，2つの行列式の和に表せる.

解説　行列式のある行や列だけを分けると，和の式になる.

例5　ある行を分ける.

(1)　第1行を分けない.

$$\begin{vmatrix} 2+0 & 2+1 & 2+2 \\ 3 & 4 & 6 \\ 2 & 2 & 3 \end{vmatrix} = \begin{vmatrix} 2 & 3 & 4 \\ 3 & 4 & 6 \\ 2 & 2 & 3 \end{vmatrix} = 24+24+36-32-27-24 = 1$$

(2)　第1行を分ける.

$$\begin{vmatrix} 2 & 2 & 2 \\ 3 & 4 & 6 \\ 2 & 2 & 3 \end{vmatrix} + \begin{vmatrix} 0 & 1 & 2 \\ 3 & 4 & 6 \\ 2 & 2 & 3 \end{vmatrix} = (24+12+24-16-18-24) + (12+12-16-9) = 2-1 = 1$$

注意　2つ以上の行や列を同時に分けられない. 例5(1)の行列式で第1行と第2行を分けると，値が異なる.

$$\begin{vmatrix} 2 & 2 & 2 \\ 1 & 2 & 3 \\ 2 & 2 & 3 \end{vmatrix} + \begin{vmatrix} 0 & 1 & 2 \\ 2 & 2 & 3 \\ 2 & 2 & 3 \end{vmatrix} = (12+4+12-8-6-12)+(8+6-8-6)$$

$$= 2+0 = 2$$

行列式でも行列と同様な**基本変形**ができる.

公式 7.6　行列式の基本変形

ある行(列)に別の行(列)の定数倍をたすと値は等しい.

解説　たとえば例1(1)の行列式で第2行に第3行の(−2)倍をたすのは，公式7.5より次のように書ける.

$$\begin{vmatrix} 2 & 3 & 4 \\ 3-2\cdot2 & 4-2\cdot2 & 6-2\cdot3 \\ 2 & 2 & 3 \end{vmatrix} = \begin{vmatrix} 2 & 3 & 4 \\ 3 & 4 & 6 \\ 2 & 2 & 3 \end{vmatrix} + \begin{vmatrix} 2 & 3 & 4 \\ -2\cdot2 & -2\cdot2 & -2\cdot3 \\ 2 & 2 & 3 \end{vmatrix}$$

ところで，公式7.3，7.4より次式のように右辺の第2項は0なので，基本変形しても値は等しくなる.

$$\begin{vmatrix} 2 & 3 & 4 \\ -2\cdot2 & -2\cdot2 & -2\cdot3 \\ 2 & 2 & 3 \end{vmatrix} = -2\begin{vmatrix} 2 & 3 & 4 \\ 2 & 2 & 3 \\ 2 & 2 & 3 \end{vmatrix} = 0$$

例 6　行列式を基本変形する．

(1)　基本変形前

$$\begin{vmatrix} 2 & 3 & 4 \\ 3 & 4 & 6 \\ 2 & 2 & 3 \end{vmatrix} = 24+24+36-32-27-24 = 1$$

(2)　基本変形（②−2×③）後

$$\begin{vmatrix} 2 & 3 & 4 \\ -1 & 0 & 0 \\ 2 & 2 & 3 \end{vmatrix} = -8+9 = 1$$

2 つの行列式を掛けるとどうなるか調べる．

公式 7.7　積の法則

A, B が正方行列ならば

$$|A||B| = |AB|$$

解説　行列式の積は行列の積の行列式になる．つまり，行列と同じように積が計算できる．

例 7　積の法則を見る．

(1)　各行列式の積

$$\begin{vmatrix} 2 & 3 & 4 \\ 3 & 4 & 6 \\ 2 & 2 & 3 \end{vmatrix}\begin{vmatrix} 3 & 0 & 0 \\ -2 & 2 & 0 \\ 1 & -1 & 1 \end{vmatrix} = (24+24+36-32-27-24)6$$

$$= 1 \times 6 = 6$$

(2)　行列の積の行列式

$$\begin{vmatrix} 6-6+4 & 6-4 & 4 \\ 9-8+6 & 8-6 & 6 \\ 6-4+3 & 4-3 & 3 \end{vmatrix} = \begin{vmatrix} 4 & 2 & 4 \\ 7 & 2 & 6 \\ 5 & 1 & 3 \end{vmatrix} = 24+28+60-40-42-24 = 6$$

7.2　行列式の基本変形

行列と同様な基本変形を用いて行列式を変形し，値を求める．

行列式の基本変形では次の 3 種類の計算法を用いる．

公式 7.8　行列式の基本変形

(1)　ある行や列で展開する．

(2)　ある行や列から共通因数を出す．

(3)　ある行（列）に別の行（列）の定数倍をたす．

解説　これらの計算法を組み合わせて行列式を変形する．

行列式を基本変形して最後に次の形にする．

公式 7.9　基本変形の目標，k は定数

行と列の基本変形を用いると行列式の値が求まる．

$$\begin{vmatrix} a_{11} & \cdots & a_{1n} \\ \vdots & & \vdots \\ a_{n1} & \cdots & a_{nn} \end{vmatrix} = \cdots = k\begin{vmatrix} a & b \\ c & d \end{vmatrix} = k(ad-bc)$$

解説　基本変形で行列式の次数を下げる．最後に 2 次か 3 次の行列式に変形してから，公式 6.1，6.2（サラスの公式）を用いて値を求める．

注意　行列式では行と列の基本変形を両方とも用いる．また，行列式同士を矢印ではなく等号「＝」で結ぶ．

丸と四角による計算法

基本変形をうまく使いこなすための方法を考える．

行列式の基本変形では，やはり 0 を増やす計算が中心である．行列と同様に 1 を用いて効率的に 0 を増やす．

例 8　1 を利用して 0 を増やす．

(1)　1 に 2 と 4 を掛けて 2 つの成分を 0 にする．

$$\begin{vmatrix} 2 & 5 & 2 \\ 1 & 1 & 0 \\ 4 & 6 & 3 \end{vmatrix} \underset{③-4\times②}{\overset{①-2\times②}{=\!=\!=\!=}} \begin{vmatrix} 0 & 3 & 2 \\ 1 & 1 & 0 \\ 0 & 2 & 3 \end{vmatrix}$$

(2)　2 を用いると分数が現れて複雑になる．

$$\begin{vmatrix} 2 & 5 & 2 \\ 1 & 1 & 0 \\ 4 & 6 & 3 \end{vmatrix} \underset{③-2\times①}{\overset{②-(1/2)\times①}{=\!=\!=\!=}} \begin{vmatrix} 2 & 5 & 2 \\ 0 & -3/2 & -1 \\ 0 & -4 & -1 \end{vmatrix}$$

例 9　1 がなければ基本変形（公式 7.8）を用いて 1 を作る．

(1)　公式 7.8 (2) を用いる．

$$\begin{vmatrix} 2 & 5 & 2 \\ -1 & 3 & 4 \\ 2 & 0 & 3 \end{vmatrix} = \begin{vmatrix} 2 & 5 & 2 \\ -1\cdot 1 & -1\cdot(-3) & -1\cdot(-4) \\ 2 & 0 & 3 \end{vmatrix} = -\begin{vmatrix} 2 & 5 & 2 \\ 1 & -3 & -4 \\ 2 & 0 & 3 \end{vmatrix}$$

(2)　公式 7.8 (2) を用いる．

$$\begin{vmatrix} 2 & 5 & 2 \\ 3 & -6 & -3 \\ 2 & 0 & 3 \end{vmatrix} = \begin{vmatrix} 2 & 5 & 2 \\ 3\cdot 1 & 3\cdot(-2) & 3\cdot(-1) \\ 2 & 0 & 3 \end{vmatrix} = 3\begin{vmatrix} 2 & 5 & 2 \\ 1 & -2 & -1 \\ 2 & 0 & 3 \end{vmatrix}$$

(3)　公式 7.8 (3) を用いる．

$$\begin{vmatrix}2&5&2\\3&2&4\\2&0&3\end{vmatrix}\overset{②-①}{=\!=\!=\!=}\begin{vmatrix}2&5&2\\1&-3&2\\2&0&3\end{vmatrix}\qquad\blacksquare$$

以上を踏まえて基本変形の計算法をまとめておく．

公式 7.10　丸と四角による計算法，k は定数

(1)〜(5) の手順に従って基本変形する．

(1)　行列式の中に 1 がなければ 1 を作る．

(2)　どれかの 1 に丸を書き，その 1 を含む列（行）を四角で囲む．

(3)　丸を書いた行（列）を定数倍して，四角の中で丸がない成分を 0 に変形する．

(4)　丸を書いた列（行）で展開する．

(5)　(1) に戻ってこの手順を繰り返し，2 次か 3 次の行列式に変形する．

$$k\begin{vmatrix}\cdots&*&\cdots\\\cdots&1&\cdots\\\cdots&*&\cdots\\\cdots&*&\cdots\end{vmatrix}=k\begin{vmatrix}\cdots&\boxed{*}&\cdots\\\cdots&①&\cdots\\\cdots&*&\cdots\\\cdots&*&\cdots\end{vmatrix}=k\begin{vmatrix}\cdots&\boxed{0}&\cdots\\\cdots&1&\cdots\\\cdots&0&\cdots\\\cdots&0&\cdots\end{vmatrix}=\pm k\begin{vmatrix}\cdots&\cdots\\\cdots&\cdots\\\cdots&\cdots\end{vmatrix}$$

解説　この手順に従って基本変形していけば，効率的に行列式の値が求まる．

例 10　公式 6.1，7.8〜7.10（丸と四角）を用いて値を求める．

$$\begin{vmatrix}2&\boxed{①}&4\\5&1&6\\2&2&3\end{vmatrix}\overset{②-①}{\underset{③-2\times①}{=\!=\!=\!=}}\begin{vmatrix}2&1&4\\3&0&2\\-2&0&-5\end{vmatrix}=-1\begin{vmatrix}3&2\\-2&-5\end{vmatrix}=-(-15+4)=11\qquad\blacksquare$$

0 を増やす．　展開する．　公式 6.1

注意1　展開するとき，1 の場所によっては −（マイナス）が現れる．

注意2　0 だけの行や列が現れたら行列式の値は 0 になる．

$$\begin{vmatrix}\boxed{①}&2&3\\2&4&6\\3&5&4\end{vmatrix}=\begin{vmatrix}1&2&3\\0&0&0\\0&-1&-5\end{vmatrix}=0$$

注意3 ③−2×①などの手順を書くのは省略してもよい．ただし，丸と四角は必ず書く．

> **例題 7.1** 公式6.1，7.8〜7.10（丸と四角）を用いて値を求めよ．ただし，公式6.2（サラスの公式）は用いない．
>
> (1) $\begin{vmatrix} 1 & 2 & 3 \\ 3 & 4 & 8 \\ 2 & 3 & 6 \end{vmatrix}$　　(2) $\begin{vmatrix} 2 & 1 & 3 & -1 \\ 1 & 1 & -1 & 0 \\ 0 & 4 & 0 & 1 \\ 0 & -5 & 1 & 3 \end{vmatrix}$

解 1に丸を書き，四角の中の他の成分を0に変形してから展開する．次は例題6.2，6.5の結果と等しくなる．

(1) $$\begin{vmatrix} \boxed{\textcircled{1} \;\; 2 \;\; 3} & & \\ 3 & 4 & 8 \\ 2 & 3 & 6 \end{vmatrix} = \begin{vmatrix} 1 & 0 & 0 \\ 3 & -2 & -1 \\ 2 & -1 & 0 \end{vmatrix} = \begin{vmatrix} -2 & -1 \\ -1 & 0 \end{vmatrix} = -1$$

(2) $$\begin{vmatrix} \boxed{2} & 1 & 3 & -1 \\ \textcircled{1} & 1 & -1 & 0 \\ 0 & 4 & 0 & 1 \\ 0 & -5 & 1 & 3 \end{vmatrix} = \begin{vmatrix} 0 & -1 & 5 & -1 \\ 1 & 1 & -1 & 0 \\ 0 & 4 & 0 & 1 \\ 0 & -5 & 1 & 3 \end{vmatrix} = -\begin{vmatrix} -1 & \boxed{5} & -1 \\ 4 & 0 & 1 \\ -5 & \textcircled{1} & 3 \end{vmatrix}$$

$$= -\begin{vmatrix} 24 & 0 & -16 \\ 4 & 0 & 1 \\ -5 & 1 & 3 \end{vmatrix} = \begin{vmatrix} 24 & -16 \\ 4 & 1 \end{vmatrix} = 24+64 = 88$$ ▮

問 7.1 公式6.1，7.8〜7.10（丸と四角）を用いて値を求めよ．ただし，公式6.2（サラスの公式）は用いない．

(1) $\begin{vmatrix} 1 & 3 & 2 \\ 0 & 2 & -3 \\ -1 & 4 & 2 \end{vmatrix}$　　(2) $\begin{vmatrix} -1 & 2 & 6 \\ 2 & 0 & -3 \\ 5 & 1 & 2 \end{vmatrix}$

(3) $\begin{vmatrix} 1 & 0 & 3 \\ 2 & -2 & 3 \\ 1 & 5 & -2 \end{vmatrix}$　　(4) $\begin{vmatrix} 1 & 5 & 6 \\ 4 & -4 & -3 \\ 7 & 1 & 2 \end{vmatrix}$

(5) $\begin{vmatrix} -2 & 5 & 3 \\ 4 & 7 & -1 \\ -3 & -2 & 4 \end{vmatrix}$　　(6) $\begin{vmatrix} 3 & 3 & 9 \\ 2 & 5 & 6 \\ 4 & -2 & 7 \end{vmatrix}$

(7) $\begin{vmatrix} -4 & 4 & 6 & -2 \\ 0 & -1 & 2 & 1 \\ 9 & -5 & 4 & 2 \\ 4 & -3 & -2 & 2 \end{vmatrix}$　　(8) $\begin{vmatrix} 2 & 1 & 1 & 1 \\ 1 & 2 & 1 & 1 \\ 1 & 1 & 2 & 1 \\ 1 & 1 & 1 & 2 \end{vmatrix}$

$$(9)\ \begin{vmatrix} -1 & -4 & 2 & 4 \\ 3 & -3 & 1 & 3 \\ 3 & -6 & 2 & 9 \\ -4 & 4 & -1 & -6 \end{vmatrix} \qquad (10)\ \begin{vmatrix} 2 & 1 & -1 & 2 \\ -4 & -1 & 3 & -3 \\ 4 & 2 & 5 & -1 \\ -1 & 2 & 4 & -1 \end{vmatrix}$$

練習問題7

1. 公式6.1，7.8〜7.10（丸と四角）を用いて値を求めよ．ただし，公式6.2（サラスの公式）は用いない．

$$(1)\ \begin{vmatrix} 1 & 3 & 4 \\ 5 & 7 & 2 \\ -1 & 6 & 1 \end{vmatrix} \qquad (2)\ \begin{vmatrix} 1 & 4 & 6 \\ 2 & 5 & 7 \\ 2 & 7 & 3 \end{vmatrix}$$

$$(3)\ \begin{vmatrix} 1 & 1 & 1 \\ 5 & 3 & 6 \\ 2 & 9 & 4 \end{vmatrix} \qquad (4)\ \begin{vmatrix} 7 & 6 & -2 \\ -8 & 2 & 4 \\ 1 & 0 & -3 \end{vmatrix}$$

$$(5)\ \begin{vmatrix} 1 & 2 & 3 \\ 2 & 4 & 6 \\ 3 & 6 & 9 \end{vmatrix} \qquad (6)\ \begin{vmatrix} 7 & 5 & 1 \\ -3 & -6 & 2 \\ -4 & 2 & -1 \end{vmatrix}$$

$$(7)\ \begin{vmatrix} 3 & 1 & -2 \\ 4 & 2 & -3 \\ -1 & 5 & 2 \end{vmatrix} \qquad (8)\ \begin{vmatrix} 1 & -5 & -3 \\ 4 & 2 & 8 \\ 3 & -7 & 5 \end{vmatrix}$$

$$(9)\ \begin{vmatrix} 3 & 6 & -5 \\ -1 & 2 & 7 \\ 1 & -7 & 8 \end{vmatrix} \qquad (10)\ \begin{vmatrix} -3 & 3 & -2 \\ 7 & -2 & 5 \\ 4 & 1 & 3 \end{vmatrix}$$

$$(11)\ \begin{vmatrix} 3 & 4 & -7 \\ -2 & 6 & 5 \\ 5 & -1 & 3 \end{vmatrix} \qquad (12)\ \begin{vmatrix} 3 & 2 & 5 \\ 5 & -2 & -6 \\ 4 & 1 & -3 \end{vmatrix}$$

$$(13)\ \begin{vmatrix} 5 & 6 & 2 & 9 \\ 3 & 1 & 4 & 1 \\ 9 & 3 & 9 & 7 \\ 5 & 8 & 5 & 3 \end{vmatrix} \qquad (14)\ \begin{vmatrix} 1 & 7 & 3 & 2 \\ 2 & 0 & 5 & 0 \\ 1 & 8 & 7 & 2 \\ 2 & 6 & 4 & 1 \end{vmatrix}$$

$$(15)\ \begin{vmatrix} 4 & 2 & 1 & 5 \\ 1 & 3 & -4 & 0 \\ 1 & 1 & -6 & 1 \\ 5 & 1 & 2 & 2 \end{vmatrix} \qquad (16)\ \begin{vmatrix} 3 & -2 & -1 & 0 \\ 0 & 3 & -2 & -1 \\ 1 & 0 & 3 & -2 \\ -2 & -1 & 0 & 3 \end{vmatrix}$$

(17) $\begin{vmatrix} -5 & 3 & -9 & 1 \\ 2 & 4 & 1 & 3 \\ 1 & -3 & 4 & -2 \\ 2 & 5 & 7 & 3 \end{vmatrix}$　　(18) $\begin{vmatrix} 7 & 2 & 3 & 3 \\ 3 & 1 & 1 & 3 \\ 4 & -1 & 2 & 1 \\ 1 & 7 & 1 & 3 \end{vmatrix}$

(19) $\begin{vmatrix} 1 & 1 \\ x & y \end{vmatrix}$　　(20) $\begin{vmatrix} 1 & 1 & 1 \\ x & y & z \\ x^2 & y^2 & z^2 \end{vmatrix}$

解答

問 7.1 (1) 29　(2) -29　(3) 25　(4) 42　(5) -78
(6) -45　(7) 66　(8) 5　(9) -3　(10) -25

練習問題 7

1. (1) 122　(2) 22　(3) -11　(4) -158　(5) 0
(6) -71　(7) 8　(8) 148　(9) 260　(10) 0
(11) 389　(12) 83　(13) -98　(14) 45　(15) 270
(16) 0　(17) -22　(18) -38　(19) $y-x$
(20) $(x-y)(y-z)(z-x)$

§8 行列式と連立1次方程式，逆行列

§4，5では行列の基本変形を用いて連立1次方程式の解と逆行列を求めた．ここでは行列式を用いて連立1次方程式の解と逆行列を求める．

8.1 連立1次方程式の解の公式

行列式を用いて連立1次方程式を解く．

2元連立1次方程式で行列式による解の公式を作る．

公式 8.1 2元連立1次方程式の解の公式，クラメルの公式

$$\begin{cases} ax+by=p \\ cx+dy=q, \end{cases} \quad |A|=\begin{vmatrix} a & b \\ c & d \end{vmatrix} \neq 0 \text{ ならば}$$

$$x=\frac{\begin{vmatrix} p & b \\ q & d \end{vmatrix}}{\begin{vmatrix} a & b \\ c & d \end{vmatrix}}, \quad y=\frac{\begin{vmatrix} a & p \\ c & q \end{vmatrix}}{\begin{vmatrix} a & b \\ c & d \end{vmatrix}}$$

解説 2元連立1次方程式の係数行列 A の行列式が $|A| \neq 0$ ならば，方程式は正則になり1組の解が求まる．分子の行列式は，方程式の各未知数の係数を右辺の数値でおきかえて作る．行列式が $|A|=0$ ならば方程式は不定または不能になり，この公式は使えない．

例題 8.1 公式8.1を用いて解け．

$$\begin{cases} x+2y=1 \\ 3x+5y=4 \end{cases}$$

解 方程式の各未知数の係数と右辺の数値から，行列式を作って解を求める．次は例題4.1(1)の解と等しくなる．

$$\begin{vmatrix} 1 & 2 \\ 3 & 5 \end{vmatrix} = 5-6 = -1$$

$$x = \frac{1}{-1}\begin{vmatrix} 1 & 2 \\ 4 & 5 \end{vmatrix} = -(5-8) = 3$$

$$y = \frac{1}{-1}\begin{vmatrix} 1 & 1 \\ 3 & 4 \end{vmatrix} = -(4-3) = -1$$

問 8.1 公式8.1を用いて解け．

(1) $\begin{cases} 3x-4y=5 \\ 5x-6y=9 \end{cases}$ (2) $\begin{cases} 2x+5y=1 \\ 3x+4y=-2 \end{cases}$

次に3元連立1次方程式で行列式による解の公式を作る.

公式 8.2　3元連立1次方程式の解の公式，クラメルの公式

$$\begin{cases} a_1x+b_1y+c_1z=p_1 \\ a_2x+b_2y+c_2z=p_2, \\ a_3x+b_3y+c_3z=p_3 \end{cases} \quad |A|=\begin{vmatrix} a_1 & b_1 & c_1 \\ a_2 & b_2 & c_2 \\ a_3 & b_3 & c_3 \end{vmatrix} \neq 0 \text{ ならば}$$

$$x=\frac{\begin{vmatrix} p_1 & b_1 & c_1 \\ p_2 & b_2 & c_2 \\ p_3 & b_3 & c_3 \end{vmatrix}}{\begin{vmatrix} a_1 & b_1 & c_1 \\ a_2 & b_2 & c_2 \\ a_3 & b_3 & c_3 \end{vmatrix}}, \quad y=\frac{\begin{vmatrix} a_1 & p_1 & c_1 \\ a_2 & p_2 & c_2 \\ a_3 & p_3 & c_3 \end{vmatrix}}{\begin{vmatrix} a_1 & b_1 & c_1 \\ a_2 & b_2 & c_2 \\ a_3 & b_3 & c_3 \end{vmatrix}}, \quad z=\frac{\begin{vmatrix} a_1 & b_1 & p_1 \\ a_2 & b_2 & p_2 \\ a_3 & b_3 & p_3 \end{vmatrix}}{\begin{vmatrix} a_1 & b_1 & c_1 \\ a_2 & b_2 & c_2 \\ a_3 & b_3 & c_3 \end{vmatrix}}$$

解説　3元連立1次方程式の係数行列 A の行列式が $|A|\neq 0$ ならば，方程式は正則になり1組の解が求まる．分子の行列式は方程式の各未知数の係数を右辺の数値でおきかえて作る．行列式が $|A|=0$ ならば方程式は不定または不能になり，この公式は使えない．

例題 8.2　公式8.2を用いて解け．

$$\begin{cases} x+2y+3z=2 \\ 3x+4y+8z=1 \\ 2x+3y+6z=-1 \end{cases}$$

解　方程式の各未知数の係数と右辺の数値から，行列式を作って解を求める．次は例題4.2(1)の解と等しくなる．

$$\begin{vmatrix} 1 & 2 & 3 \\ 3 & 4 & 8 \\ 2 & 3 & 6 \end{vmatrix} = 24+27+32-24-36-24=-1$$

$$\begin{vmatrix} 2 & 2 & 3 \\ 1 & 4 & 8 \\ -1 & 3 & 6 \end{vmatrix} = 48+9-16+12-12-48=-7, \quad x=\frac{-7}{-1}=7$$

$$\begin{vmatrix} 1 & 2 & 3 \\ 3 & 1 & 8 \\ 2 & -1 & 6 \end{vmatrix} = 6-9+32-6-36+8=-5, \quad y=\frac{-5}{-1}=5$$

$$\begin{vmatrix} 1 & 2 & 2 \\ 3 & 4 & 1 \\ 2 & 3 & -1 \end{vmatrix} = -4+18+4-16+6-3=5, \quad z=\frac{5}{-1}=-5$$ ▮

問 8.2　公式 8.2 を用いて解け．

(1) $\begin{cases} x+2y+2z=-1 \\ 2x+4y+3z=1 \\ 3x+8y+5z=6 \end{cases}$　　(2) $\begin{cases} 4x+\ y-5z=15 \\ x+\ y-2z=3 \\ 2x-3y+2z=10 \end{cases}$

最後に，一般の連立 1 次方程式で行列式による解の公式を作る．

公式 8.3　n 元連立 1 次方程式の解の公式，クラメルの公式

$$\begin{cases} a_{11}x_1+\cdots+a_{1n}x_n=p_1 \\ \vdots \qquad\qquad \vdots \qquad\qquad \vdots \\ a_{n1}x_1+\cdots+a_{nn}x_n=p_n \end{cases},\ |A|=\begin{vmatrix} a_{11} & \cdots & a_{1n} \\ \vdots & & \vdots \\ a_{n1} & \cdots & a_{nn} \end{vmatrix} \neq 0 \text{ ならば}$$

$$x_1=\frac{\begin{vmatrix} p_1 & a_{12} & \cdots & a_{1n} \\ \vdots & \vdots & & \vdots \\ p_n & a_{n2} & \cdots & a_{nn} \end{vmatrix}}{\begin{vmatrix} a_{11} & a_{12} & \cdots & a_{1n} \\ \vdots & \vdots & & \vdots \\ a_{n1} & a_{n2} & \cdots & a_{nn} \end{vmatrix}},\quad x_2=\frac{\begin{vmatrix} a_{11} & p_1 & \cdots & a_{1n} \\ \vdots & \vdots & & \vdots \\ a_{n1} & p_n & \cdots & a_{nn} \end{vmatrix}}{\begin{vmatrix} a_{11} & a_{12} & \cdots & a_{1n} \\ \vdots & \vdots & & \vdots \\ a_{n1} & a_{n2} & \cdots & a_{nn} \end{vmatrix}},$$

$$\cdots,\ x_n=\frac{\begin{vmatrix} a_{11} & a_{12} & \cdots & p_1 \\ \vdots & \vdots & & \vdots \\ a_{n1} & a_{n2} & \cdots & p_n \end{vmatrix}}{\begin{vmatrix} a_{11} & a_{12} & \cdots & a_{1n} \\ \vdots & \vdots & & \vdots \\ a_{n1} & a_{n2} & \cdots & a_{nn} \end{vmatrix}}$$

解説　n 元連立 1 次方程式の係数行列 A の行列式が $|A|\neq 0$ ならば，方程式は正則になり 1 組の解が求まる．分子の行列式は方程式の各未知数の係数を右辺の数値でおきかえて作る．行列式が $|A|=0$ ならば方程式は不定または不能になり，この公式は使えない．

8.2　逆行列の公式

行列式を用いて逆行列を求める．

2 次の正方行列で行列式による逆行列の公式を作る．

公式 8.4　2 次の正方行列の逆行列

正方行列 $A=\begin{pmatrix} a & b \\ c & d \end{pmatrix}$ の逆行列は

$$A^{-1}=\frac{1}{|A|}\begin{pmatrix} d & -b \\ -c & a \end{pmatrix}$$

解説　行列式が $|A|\neq 0$ ならば行列 A は正則になり，逆行列が求まる．各成

分は a と d を交換し，b と c に (-1) を掛ける．行列式が $|A|=0$ ならば逆行列はない．

例題 8.3　公式 8.4 を用いて逆行列を求めよ．

$$A=\begin{pmatrix}1 & 2\\ 3 & 5\end{pmatrix}$$

解　行列から行列式を作り，各成分を並べて逆行列を求める．次は例題 5.2 (1),(2) の逆行列と等しくなる．

$$A^{-1}=\frac{1}{5-6}\begin{pmatrix}5 & -2\\ -3 & 1\end{pmatrix}=\begin{pmatrix}-5 & 2\\ 3 & -1\end{pmatrix}$$ ∎

問 8.3　公式 8.4 を用いて逆行列を求めよ．

(1) $\begin{pmatrix}4 & 5\\ 5 & 6\end{pmatrix}$　　(2) $\begin{pmatrix}3 & 8\\ 2 & 6\end{pmatrix}$

次に 3 次の正方行列で行列式による逆行列の公式を作る．

公式 8.5　3 次の正方行列の逆行列

正方行列 $A=\begin{pmatrix}a_{11} & a_{12} & a_{13}\\ a_{21} & a_{22} & a_{23}\\ a_{31} & a_{32} & a_{33}\end{pmatrix}$ の逆行列は a_{ij} の余因子 $\varDelta_{ij}$ を用いて

$$A^{-1}=\frac{1}{|A|}\,{}^t\!\begin{pmatrix}\varDelta_{11} & \varDelta_{12} & \varDelta_{13}\\ \varDelta_{21} & \varDelta_{22} & \varDelta_{23}\\ \varDelta_{31} & \varDelta_{32} & \varDelta_{33}\end{pmatrix}$$

解説　行列式が $|A|\neq 0$ ならば行列 A は正則になり，逆行列が求まる．各成分は a_{ij} の余因子 $\varDelta_{ij}$ を並べてから転置する．行列式が $|A|=0$ ならば逆行列はない．

例題 8.4　公式 8.5 を用いて逆行列を求めよ．

$$A=\begin{pmatrix}1 & 2 & 3\\ 3 & 4 & 8\\ 2 & 3 & 6\end{pmatrix}$$

解　行列から行列式を作り，各成分の余因子を並べて転置する．次は例題 5.2 (3) の逆行列と等しくなる．

$$|A|=24+27+32-24-36-24=-1$$

$$\varDelta_{11}=\begin{vmatrix}4 & 8\\ 3 & 6\end{vmatrix}=24-24=0,\qquad \varDelta_{12}=-\begin{vmatrix}3 & 8\\ 2 & 6\end{vmatrix}=-(18-16)=-2$$

$$\Delta_{13} = \begin{vmatrix} 3 & 4 \\ 2 & 3 \end{vmatrix} = 9-8 = 1, \qquad \Delta_{21} = -\begin{vmatrix} 2 & 3 \\ 3 & 6 \end{vmatrix} = -(12-9) = -3$$

$$\Delta_{22} = \begin{vmatrix} 1 & 3 \\ 2 & 6 \end{vmatrix} = 6-6 = 0, \qquad \Delta_{23} = -\begin{vmatrix} 1 & 2 \\ 2 & 3 \end{vmatrix} = -(3-4) = 1$$

$$\Delta_{31} = \begin{vmatrix} 2 & 3 \\ 4 & 8 \end{vmatrix} = 16-12 = 4, \qquad \Delta_{32} = -\begin{vmatrix} 1 & 3 \\ 3 & 8 \end{vmatrix} = -(8-9) = 1$$

$$\Delta_{33} = \begin{vmatrix} 1 & 2 \\ 3 & 4 \end{vmatrix} = 4-6 = -2,$$

$$A^{-1} = \frac{1}{-1} {}^t\!\begin{pmatrix} 0 & -2 & 1 \\ -3 & 0 & 1 \\ 4 & 1 & -2 \end{pmatrix} = \begin{pmatrix} 0 & 3 & -4 \\ 2 & 0 & -1 \\ -1 & -1 & 2 \end{pmatrix}$$ ▮

問 8.4 公式 8.5 を用いて逆行列を求めよ．

(1) $\begin{pmatrix} 1 & -1 & -1 \\ 2 & 1 & -1 \\ 3 & -1 & -2 \end{pmatrix}$ (2) $\begin{pmatrix} 1 & 1 & 1 \\ 2 & 1 & 1 \\ 1 & 1 & 3 \end{pmatrix}$

最後に一般の正方行列で行列式による逆行列の公式を作る．

公式 8.6 *n* 次の正方行列の逆行列

正方行列 $A = \begin{pmatrix} a_{11} & \cdots & a_{1n} \\ \vdots & & \vdots \\ a_{n1} & \cdots & a_{nn} \end{pmatrix}$ の逆行列は a_{ij} の余因子 Δ_{ij} を用いて

$$A^{-1} = \frac{1}{|A|} {}^t\!\begin{pmatrix} \Delta_{11} & \cdots & \Delta_{1n} \\ \vdots & & \vdots \\ \Delta_{n1} & \cdots & \Delta_{nn} \end{pmatrix}$$

解説 行列式が $|A| \neq 0$ ならば行列 A は正則になり，逆行列が求まる．各成分は a_{ij} の余因子 Δ_{ij} を並べてから転置する．行列式が $|A| = 0$ ならば逆行列はない．

練習問題 8

1. 公式 8.1～8.3 を用いて解け．

(1) $\begin{cases} x+3y = 3 \\ 2x+5y = 4 \end{cases}$ (2) $\begin{cases} 4x+8y = -1 \\ 3x+7y = 2 \end{cases}$

(3) $\begin{cases} 4x+2y = 5 \\ 5x+3y = -3 \end{cases}$ (4) $\begin{cases} 4x+7y = 0 \\ 2x+3y = 1 \end{cases}$

(5) $\begin{cases} -x+y+z=3 \\ x+y+z=-1 \\ 2x \quad +z=-2 \end{cases}$ (6) $\begin{cases} x+2y-\ z=4 \\ x+\ y+2z=-5 \\ 2x+4y-3z=-3 \end{cases}$

(7) $\begin{cases} x+y+\ z=2 \\ 2x+y+\ z=-4 \\ x+y+3z=6 \end{cases}$ (8) $\begin{cases} y+z=1 \\ x \quad +z=1 \\ x+y \quad =1 \end{cases}$

(9) $\begin{cases} x+2y-z-2w=1 \\ 2x+2y-z+\ w=2 \\ -x-\ y+z-\ w=1 \\ 2x+\ y-z+2w=2 \end{cases}$ (10) $\begin{cases} x+2y-\ z-2w=1 \\ 3x+4y-3z-4w=1 \\ 3x+5y+3z+5w=-6 \\ 2x+5y+2z+5w=-9 \end{cases}$

2. 公式 8.4, 8.5 を用いて逆行列を求めよ．

(1) $\begin{pmatrix} 7 & 11 \\ 5 & 8 \end{pmatrix}$ (2) $\begin{pmatrix} 6 & 7 \\ 7 & 8 \end{pmatrix}$

(3) $\begin{pmatrix} 2 & 1 \\ -4 & 4 \end{pmatrix}$ (4) $\begin{pmatrix} \cos\theta & -\sin\theta \\ \sin\theta & \cos\theta \end{pmatrix}$

(5) $\begin{pmatrix} 1 & 2 & 1 \\ -1 & -1 & 3 \\ 2 & 4 & 3 \end{pmatrix}$ (6) $\begin{pmatrix} 4 & 2 & 5 \\ 7 & 1 & 8 \\ 2 & -1 & 2 \end{pmatrix}$

(7) $\begin{pmatrix} 4 & 6 & 2 \\ 3 & 5 & 1 \\ 2 & 3 & 6 \end{pmatrix}$ (8) $\begin{pmatrix} 5 & 2 & 4 \\ 6 & 1 & 2 \\ 3 & 7 & 5 \end{pmatrix}$

(9) $\begin{pmatrix} 4 & 2 & 7 \\ 1 & -3 & 5 \\ 5 & -1 & 2 \end{pmatrix}$ (10) $\begin{pmatrix} 2 & -1 & 0 \\ 3 & a & -1 \\ 4 & 0 & a \end{pmatrix}$

解答

問 8.1 (1) $x=3,\ y=1$ (2) $x=-2,\ y=1$

問 8.2 (1) $x=-1,\ y=3,\ z=-3$ (2) $x=3,\ y=-2,\ z=-1$

問 8.3 (1) $\begin{pmatrix} -6 & 5 \\ 5 & -4 \end{pmatrix}$ (2) $\begin{pmatrix} 3 & -4 \\ -1 & 3/2 \end{pmatrix}$

問 8.4 (1) $\begin{pmatrix} -3 & -1 & 2 \\ 1 & 1 & -1 \\ -5 & -2 & 3 \end{pmatrix}$ (2) $\begin{pmatrix} -1 & 1 & 0 \\ 5/2 & -1 & -1/2 \\ -1/2 & 0 & 1/2 \end{pmatrix}$

練習問題 8

1. (1) $x=-3,\ y=2$ (2) $x=-\dfrac{23}{4},\ y=\dfrac{11}{4}$

(3) $x=\dfrac{21}{2},\ y=-\dfrac{37}{2}$ (4) $x=\dfrac{7}{2},\ y=-2$

(5) $x=-2,\ y=-1,\ z=2$ (6) $x=-69,\ y=42,\ z=11$

(7) $x=-6,\ y=6,\ z=2$ (8) $x=\frac{1}{2},\ y=\frac{1}{2},\ z=\frac{1}{2}$

(9) $x=4,\ y=-1,\ z=3,\ w=-1$

(10) $x=1,\ y=-1,\ z=2,\ w=-2$

2. (1) $\begin{pmatrix} 8 & -11 \\ -5 & 7 \end{pmatrix}$ (2) $\begin{pmatrix} -8 & 7 \\ 7 & -6 \end{pmatrix}$ (3) $\begin{pmatrix} 1/3 & -1/12 \\ 1/3 & 1/6 \end{pmatrix}$

(4) $\begin{pmatrix} \cos\theta & \sin\theta \\ -\sin\theta & \cos\theta \end{pmatrix}$ (5) $\begin{pmatrix} -15 & -2 & 7 \\ 9 & 1 & -4 \\ -2 & 0 & 1 \end{pmatrix}$

(6) $\begin{pmatrix} -10 & 9 & -11 \\ -2 & 2 & -3 \\ 9 & -8 & 10 \end{pmatrix}$ (7) $\begin{pmatrix} 27/10 & -3 & -2/5 \\ -8/5 & 2 & 1/5 \\ -1/10 & 0 & 1/5 \end{pmatrix}$

(8) $\begin{pmatrix} -1/7 & 2/7 & 0 \\ -8/21 & 13/63 & 2/9 \\ 13/21 & -29/63 & -1/9 \end{pmatrix}$

(9) $\begin{pmatrix} -1/140 & -11/140 & 31/140 \\ 23/140 & -27/140 & -13/140 \\ 1/10 & 1/10 & -1/10 \end{pmatrix}$

(10) $\dfrac{1}{2a^2+3a+4}\begin{pmatrix} a^2 & a & 1 \\ -3a-4 & 2a & 2 \\ -4a & -4 & 2a+3 \end{pmatrix}$

§9 ベクトルと計算

これまで行列とその応用についていろいろな角度から調べてきた．ここではベクトルを導入し，和と積について考える．

9.1 ベクトル

まずベクトルとは何かを見ていく．

平面や空間の線分 AB に**向き**をつけて**ベクトル**（有向線分）という．$\overrightarrow{\mathrm{AB}}$ や $\boldsymbol{a}$ と書く．点 A を始点，点 B を終点という．線分 AB の長さをベクトル $\overrightarrow{\mathrm{AB}}$，$\boldsymbol{a}$ の**大きさ**という．$|\overrightarrow{\mathrm{AB}}|$，$|\boldsymbol{a}|$ と書く．

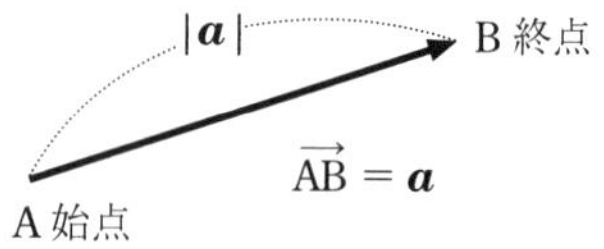

図 9.1　ベクトルの大きさ．

大きさが $|\boldsymbol{a}| = 1$ ならば $\boldsymbol{a}$ を**単位ベクトル**という．

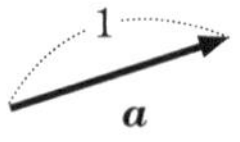

図 9.2　単位ベクトル．

大きさが $|\boldsymbol{a}| = 0$ ならば**零**（ゼロ）**ベクトル**といい，$\mathbf{0}$ と書く．

図 9.3　零ベクトル．

x 軸，y 軸，z 軸方向の単位ベクトル $\boldsymbol{e}_1, \boldsymbol{e}_2, \boldsymbol{e}_3$ を**基本ベクトル**という．

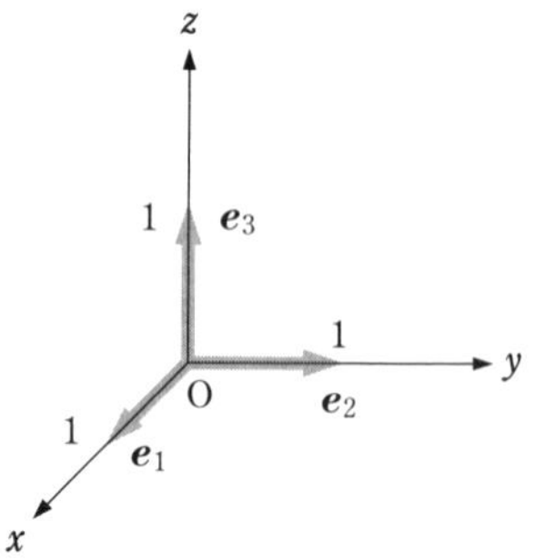

図 9.4　基本ベクトル．

2 つのベクトル $\boldsymbol{a}, \boldsymbol{b}$ で，大きさと向きが等しいならば，$\boldsymbol{a} = \boldsymbol{b}$ と書く．

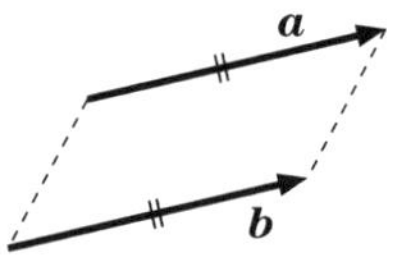

図 9.5　大きさと向きが等しいベクトル．

ベクトル $\boldsymbol{a}$ と大きさが等しく向きが逆ならば，$-\boldsymbol{a}$ と書く．

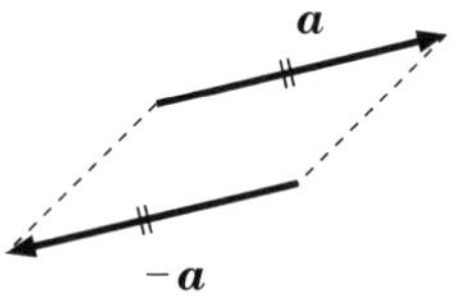

図 9.6　大きさが等しく，向きが逆のベクトル．

例題 9.1　正方形の頂点 O, A, C, B と中心 D を始点か終点とするベクトルを求めよ．

(1)　ベクトル $\overrightarrow{OA}$ と大きさが等しいベクトル．

(2)　ベクトル $\overrightarrow{OD}$ と向きが等しいベクトル．

(3)　ベクトル $\overrightarrow{OB}$ と等しいベクトル．

(4)　ベクトル $-\overrightarrow{AD}$ と等しいベクトル．

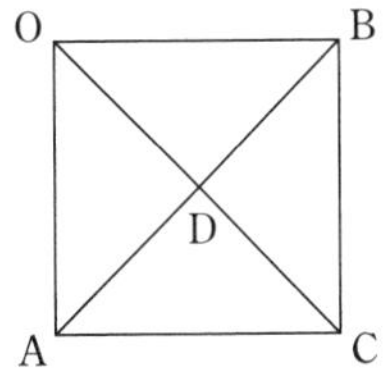

図 9.7　正方形 OACB と中心 D.

解　ベクトルの大きさと向きを調べ，当てはまる 2 点を結ぶベクトルを見つける．

(1)　$\overrightarrow{AO}$, $\overrightarrow{OB}$, $\overrightarrow{BO}$, $\overrightarrow{AC}$, $\overrightarrow{CA}$, $\overrightarrow{BC}$, $\overrightarrow{CB}$

(2)　$\overrightarrow{OC}$, $\overrightarrow{DC}$

(3)　$\overrightarrow{AC}$

(4)　$\overrightarrow{DA}$, $\overrightarrow{BD}$

問 9.1　正六角形の頂点 A, B, C, D, E, F と中心 O を始点か終点とするベクトルを求めよ．

(1)　ベクトル $\overrightarrow{AB}$ と大きさが等しいベクトル．

(2)　ベクトル $\overrightarrow{BC}$ と向きが等しいベクトル．

(3)　ベクトル $\overrightarrow{CD}$ と等しいベクトル．

(4)　ベクトル $-\overrightarrow{OC}$ と等しいベクトル．

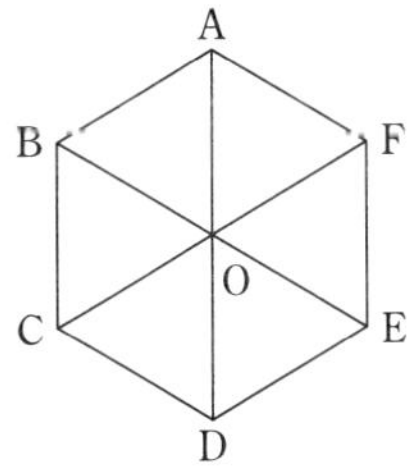

9.2　ベクトルの定数倍と和，差

ベクトルの定数倍と和や差を求める．

● ベクトルの定数倍

ベクトルに実数を掛ける．

正の実数 k に対して，ベクトル $\boldsymbol{a}$ と向きが等しく，大きさが k 倍のベクトルを $k\boldsymbol{a}$ と書く．負の実数 k に対してベクトル $\boldsymbol{a}$ と向きが逆で大きさが $|k|$ 倍のベクトルを $k\boldsymbol{a}$ と書く．$(-1)\boldsymbol{a} = -\boldsymbol{a}$ となる．$0\boldsymbol{a} = \boldsymbol{0}$ とする．これらをベクトルの**定数倍**といい，k を**スカラー**ともいう．

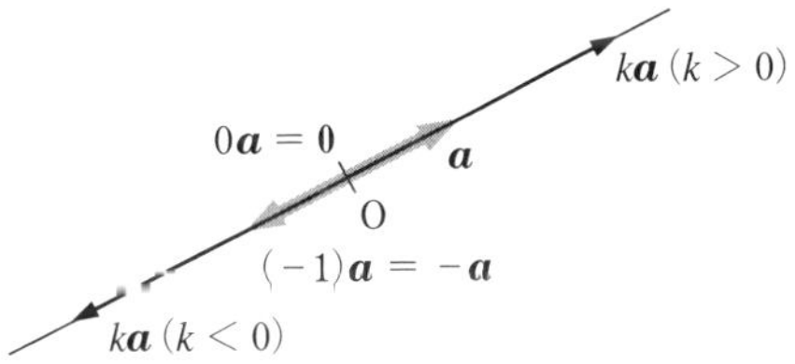

図 9.8　ベクトルの定数倍.

注意　2 つのベクトル $\boldsymbol{a}, \boldsymbol{b}$ の向きが等しいか逆ならば平行といい，$\boldsymbol{a} /\!/ \boldsymbol{b}$ と書く．このときある定数 k に対して $k\boldsymbol{a} = \boldsymbol{b}$ となる．

ベクトルの和

ベクトルの和を考える.

2つのベクトル $\overrightarrow{\mathrm{AB}} = \boldsymbol{a}$, $\overrightarrow{\mathrm{BC}} = \boldsymbol{b}$ に対してベクトルの**和**は, $\overrightarrow{\mathrm{AC}} = \boldsymbol{a}+\boldsymbol{b}$ と書く(図9.9, 三角形の法則). あるいは平行四辺形を用いて, 2つのベクトル $\overrightarrow{\mathrm{OA}} = \boldsymbol{a}$, $\overrightarrow{\mathrm{OB}} = \boldsymbol{b}$ に対して和を $\overrightarrow{\mathrm{OC}} = \boldsymbol{a}+\boldsymbol{b}$ としても同じである(図9.10, 平行四辺形の法則).

これとは逆に平行四辺形を用いると, ベクトル $\boldsymbol{c}$ は向きを決めた2つのベクトル $\boldsymbol{a}, \boldsymbol{b}$ の和に分解できる(図9.11).

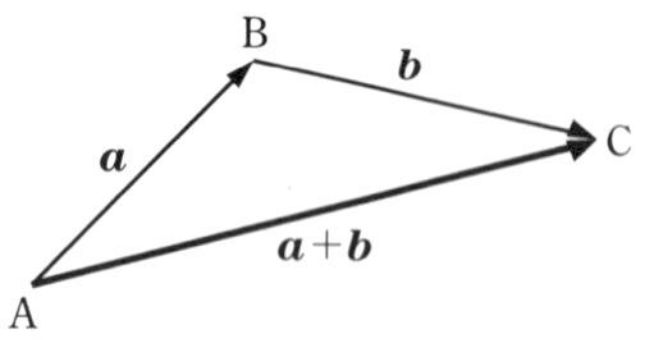

図 9.9　$\overrightarrow{\mathrm{AB}}$ と $\overrightarrow{\mathrm{BC}}$ の和.

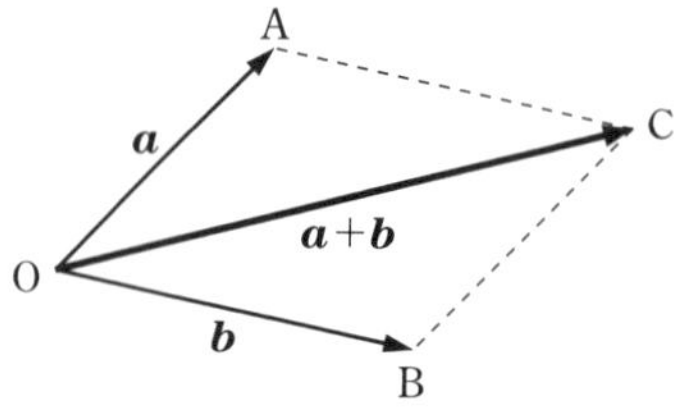

図 9.10　$\overrightarrow{\mathrm{OA}}$ と $\overrightarrow{\mathrm{OB}}$ の和.

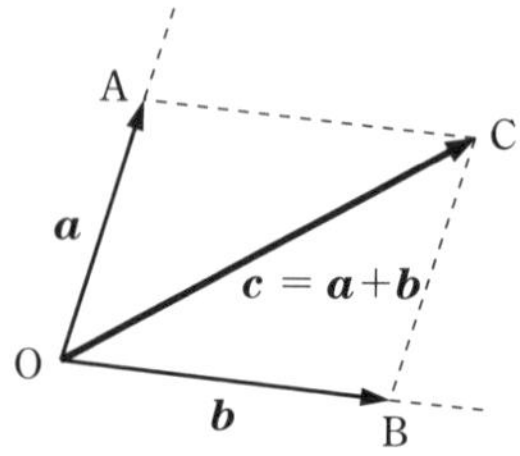

図 9.11　$\boldsymbol{c}$ を $\boldsymbol{a}$ と $\boldsymbol{b}$ の和に分解する.

ベクトルの差

ベクトルの差を考える.

2つのベクトル $\overrightarrow{\mathrm{OA}} = \boldsymbol{a}$, $\overrightarrow{\mathrm{OB}} = \boldsymbol{b}$ に対してベクトルの**差**を $\overrightarrow{\mathrm{AB}} = \boldsymbol{b}-\boldsymbol{a}$ と書く(図9.12).

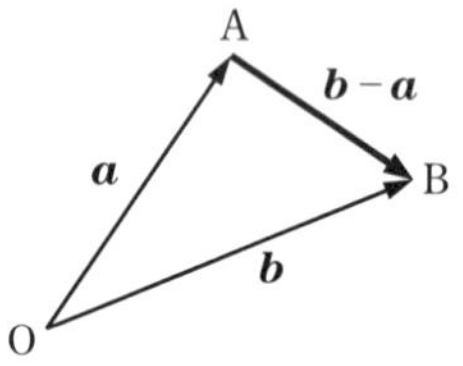

図 9.12　$\overrightarrow{\mathrm{OA}}$ と $\overrightarrow{\mathrm{OB}}$ の差.

これとは逆に三角形を用いると, ベクトル $\boldsymbol{c}$ は点Pを始点とする2つのベクトル $\boldsymbol{a}, \boldsymbol{b}$ の差に分解できる(図9.13).

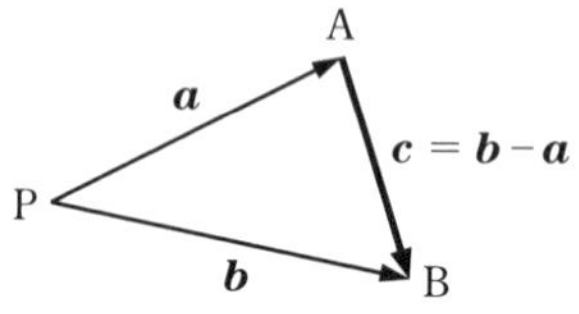

図 9.13　$\boldsymbol{c}$ を $\boldsymbol{a}$ と $\boldsymbol{b}$ の差に分解する.

注意　ベクトルの差 $\boldsymbol{b}-\boldsymbol{a}$ では後ろの文字から前の文字へ矢印を引く(尻取り).

$$\boldsymbol{b}-\boldsymbol{a} = \overrightarrow{\mathrm{OB}}-\overrightarrow{\mathrm{OA}} = \overrightarrow{\mathrm{AB}}$$

例題 9.2　図9.14のベクトル $\boldsymbol{a}, \boldsymbol{b}, \boldsymbol{c}$ を用いて図示せよ.

(1)　$2\boldsymbol{a}+\boldsymbol{b}$　　(2)　$\boldsymbol{a}-2\boldsymbol{b}$

(3)　ベクトル $\boldsymbol{c}$ をベクトル $\boldsymbol{a}, \boldsymbol{b}$ に平行なベクトル $\boldsymbol{a}', \boldsymbol{b}'$ の和に分解する.

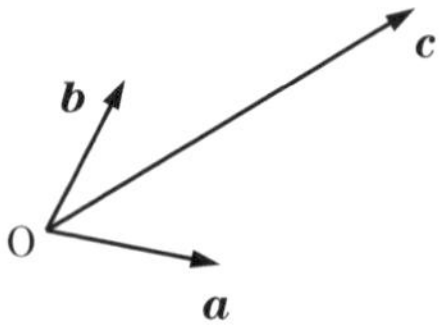

図 9.14　ベクトル $\boldsymbol{a}, \boldsymbol{b}, \boldsymbol{c}$.

解　ベクトルの定数倍と和や差の図をかく．

(1)

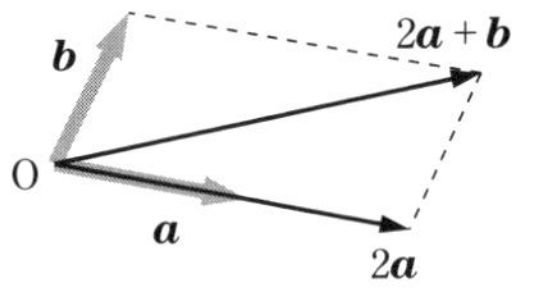

図 9.15　$2\boldsymbol{a}+\boldsymbol{b}$ の図示．

(2)

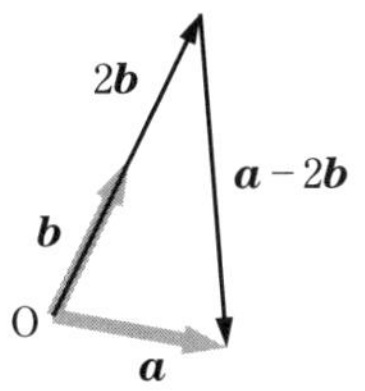

図 9.16　$\boldsymbol{a}-2\boldsymbol{b}$ の図示．

(3)

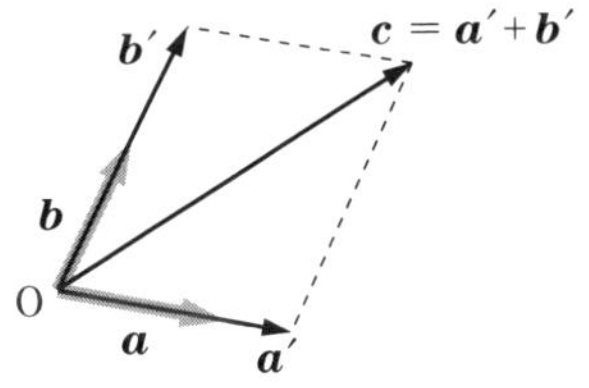

図 9.17　$\boldsymbol{c}$ を $\boldsymbol{a}'$ と $\boldsymbol{b}'$ の和に分解する．

問 9.2　図のベクトル $\boldsymbol{a}, \boldsymbol{b}, \boldsymbol{c}$ を用いて図示せよ．

(1)　$3\boldsymbol{a}+2\boldsymbol{b}$　　(2)　$3\boldsymbol{b}-2\boldsymbol{a}$

(3)　$-\boldsymbol{a}-2\boldsymbol{b}$

(4)　ベクトル $\boldsymbol{c}$ をベクトル $\boldsymbol{a}, \boldsymbol{b}$ に平行なベクトル $\boldsymbol{a}', \boldsymbol{b}'$ の和に分解する．

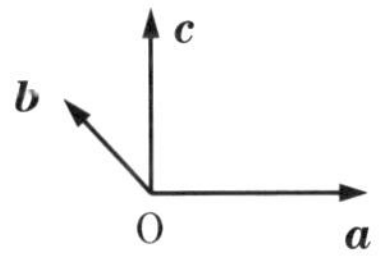

ベクトルの定数倍と和の性質をまとめておく．

公式 9.1　ベクトルの定数倍と和の性質，k, l は定数

(1)　$\boldsymbol{a}+\boldsymbol{b}=\boldsymbol{b}+\boldsymbol{a}$　　(2)　$(\boldsymbol{a}+\boldsymbol{b})+\boldsymbol{c}=\boldsymbol{a}+(\boldsymbol{b}+\boldsymbol{c})$

(3)　$\boldsymbol{a}+\boldsymbol{0}=\boldsymbol{0}+\boldsymbol{a}=\boldsymbol{a}$　　(4)　$\boldsymbol{a}+(-\boldsymbol{a})=(-\boldsymbol{a})+\boldsymbol{a}=\boldsymbol{0}$

(5)　$(-1)\boldsymbol{a}=-\boldsymbol{a}$　　(6)　$k(\boldsymbol{a}+\boldsymbol{b})=k\boldsymbol{a}+k\boldsymbol{b}$

(7)　$(k+l)\boldsymbol{a}=k\boldsymbol{a}+l\boldsymbol{a}$　　(8)　$(kl)\boldsymbol{a}=k(l\boldsymbol{a})$

解説　ベクトルの定数倍と和では実数と似た性質が成り立つ．

例題 9.3　正方形 OACB の中心を D とする．次のベクトルをベクトル $\overrightarrow{\mathrm{OA}}$，$\overrightarrow{\mathrm{OB}}$ の定数倍，和，差で表せ．

(1)　$\overrightarrow{\mathrm{OC}}$　　(2)　$\overrightarrow{\mathrm{AB}}$

(3)　$\overrightarrow{\mathrm{CD}}$　　(4)　$\overrightarrow{\mathrm{DA}}$

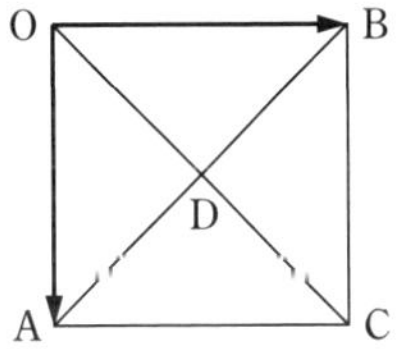

図 9.18　正方形 OACB と中心 D．

解 ベクトル $\overrightarrow{\mathrm{OA}}$, $\overrightarrow{\mathrm{OB}}$ の定数倍や和や差の式になるように変形する.

(1) $\overrightarrow{\mathrm{OC}} = \overrightarrow{\mathrm{OA}}+\overrightarrow{\mathrm{OB}}$

(2) $\overrightarrow{\mathrm{AB}} = \overrightarrow{\mathrm{OB}}-\overrightarrow{\mathrm{OA}}$

(3) $\overrightarrow{\mathrm{CD}} = \dfrac{1}{2}\overrightarrow{\mathrm{CO}} = -\dfrac{1}{2}\overrightarrow{\mathrm{OC}} = -\dfrac{1}{2}\overrightarrow{\mathrm{OA}}-\dfrac{1}{2}\overrightarrow{\mathrm{OB}}$

(4) $\overrightarrow{\mathrm{DA}} = \dfrac{1}{2}\overrightarrow{\mathrm{BA}} = \dfrac{1}{2}\overrightarrow{\mathrm{OA}}-\dfrac{1}{2}\overrightarrow{\mathrm{OB}}$ ▮

問 9.3 平行四辺形OACBの対角線の交点をDとし, 2辺OA, OBの中点をE, Fとする. 次のベクトルをベクトル $\overrightarrow{\mathrm{OA}}$, $\overrightarrow{\mathrm{OB}}$ の定数倍, 和, 差で表せ.

(1) $\overrightarrow{\mathrm{OE}}$　　(2) $\overrightarrow{\mathrm{BF}}$

(3) $\overrightarrow{\mathrm{OD}}$　　(4) $\overrightarrow{\mathrm{EF}}$

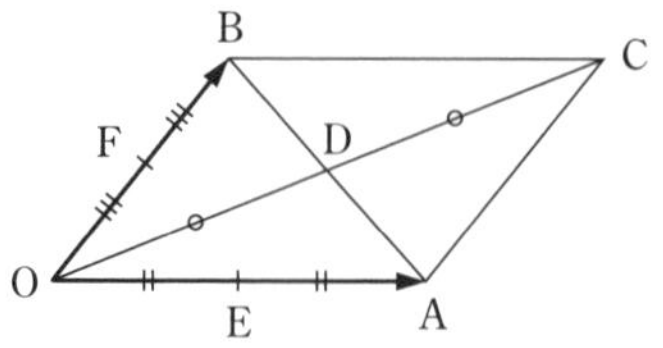

9.3 ベクトルの内積

ベクトルの内積を求める.

2つの $\mathbf{0}$ でないベクトル $\boldsymbol{a}, \boldsymbol{b}$ とそのなす角 θ に対して, **内積**または**スカラー積** $\boldsymbol{a}\cdot\boldsymbol{b}$ は実数(スカラー)になる.

$$\boldsymbol{a}\cdot\boldsymbol{b} = |\boldsymbol{a}||\boldsymbol{b}|\cos\theta$$

$\boldsymbol{a} = \mathbf{0}$ または $\boldsymbol{b} = \mathbf{0}$ ならば $\boldsymbol{a}\cdot\boldsymbol{b} = 0$ とする.

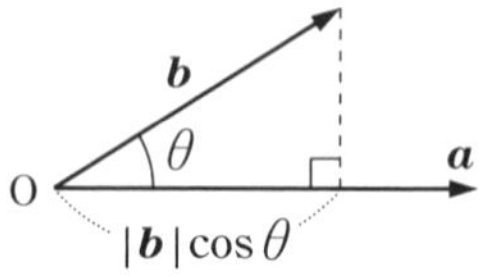

図 9.19 $\boldsymbol{a}$ と $\boldsymbol{b}$ の内積と直角三角形の底辺の長さ $|\boldsymbol{b}|\cos\theta$.

例 1 基本ベクトの内積を求める.

(1) $\boldsymbol{e}_1\cdot\boldsymbol{e}_1 = |\boldsymbol{e}_1||\boldsymbol{e}_1|\cos 0^\circ = 1$

(2) $\boldsymbol{e}_2\cdot\boldsymbol{e}_2 = |\boldsymbol{e}_2||\boldsymbol{e}_2|\cos 0^\circ = 1$

(3) $\boldsymbol{e}_3\cdot\boldsymbol{e}_3 = |\boldsymbol{e}_3||\boldsymbol{e}_3|\cos 0^\circ = 1$

(4) $\boldsymbol{e}_1\cdot\boldsymbol{e}_2 = |\boldsymbol{e}_1||\boldsymbol{e}_2|\cos 90^\circ = 0$

(5) $\boldsymbol{e}_2\cdot\boldsymbol{e}_1 = |\boldsymbol{e}_2||\boldsymbol{e}_1|\cos 90^\circ = 0$

(6) $\boldsymbol{e}_2\cdot\boldsymbol{e}_3 = |\boldsymbol{e}_2||\boldsymbol{e}_3|\cos 90^\circ = 0$

(7) $\boldsymbol{e}_3\cdot\boldsymbol{e}_2 = |\boldsymbol{e}_3||\boldsymbol{e}_2|\cos 90^\circ = 0$

(8) $\boldsymbol{e}_3\cdot\boldsymbol{e}_1 = |\boldsymbol{e}_3||\boldsymbol{e}_1|\cos 90^\circ = 0$

(9) $\boldsymbol{e}_1\cdot\boldsymbol{e}_3 = |\boldsymbol{e}_1||\boldsymbol{e}_3|\cos 90^\circ = 0$

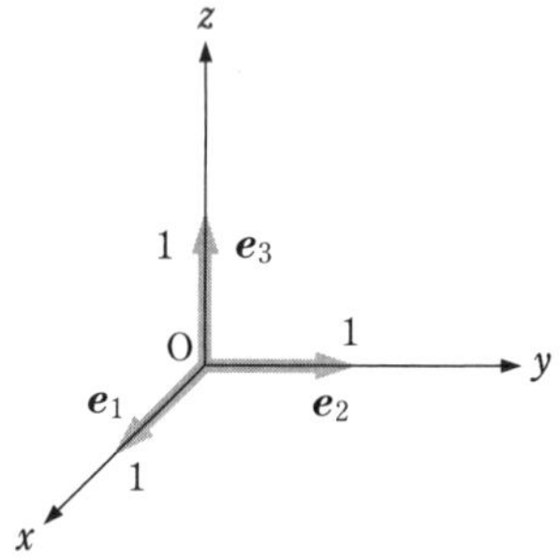

図 9.20 基本ベクトルと内積.

注意 ベクトルのなす角を求めるときは始点をそろえる.

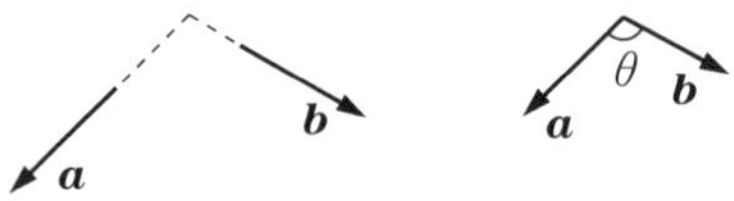

図 9.21 始点が離れているベクトルのなす角.

ベクトルの内積の性質をまとめておく.

公式 9.2　ベクトルの内積の性質，k は定数

(1)　$\boldsymbol{a}\cdot\boldsymbol{a} = |\boldsymbol{a}|^2$　　(2)　$\boldsymbol{a}\cdot\boldsymbol{b} = \boldsymbol{b}\cdot\boldsymbol{a}$

(3)　$\boldsymbol{a}\cdot(\boldsymbol{b}+\boldsymbol{c}) = \boldsymbol{a}\cdot\boldsymbol{b}+\boldsymbol{a}\cdot\boldsymbol{c}$　　(4)　$(\boldsymbol{a}+\boldsymbol{b})\cdot\boldsymbol{c} = \boldsymbol{a}\cdot\boldsymbol{c}+\boldsymbol{b}\cdot\boldsymbol{c}$

(5)　$(k\boldsymbol{a})\cdot\boldsymbol{b} = \boldsymbol{a}\cdot(k\boldsymbol{b}) = k(\boldsymbol{a}\cdot\boldsymbol{b})$

(6)　$\boldsymbol{a} \perp \boldsymbol{b}$ ならば $\boldsymbol{a}\cdot\boldsymbol{b} = 0$

解説　ベクトルの内積では実数と似た性質が成り立つ．(6) では 2 つのベクトルが垂直ならば内積が 0 になる．

注意　ベクトルの内積を $\boldsymbol{a}^2$ や $\boldsymbol{ab}$ とは書かない．$\boldsymbol{a}\cdot\boldsymbol{a} = |\boldsymbol{a}|^2$ や $\boldsymbol{a}\cdot\boldsymbol{b}$ と書く．

例題 9.4　例 1 と公式 9.2 を用いて計算せよ．

(1)　$(\boldsymbol{e}_1-\boldsymbol{e}_2+\boldsymbol{e}_3)\cdot\boldsymbol{e}_1$　　(2)　$(\boldsymbol{e}_1+\boldsymbol{e}_2)\cdot(\boldsymbol{e}_1-\boldsymbol{e}_3)$

解　展開してから例 1 と公式 9.2 (3)，(4) を用いて基本ベクトルの内積を求める．

(1)　$(\boldsymbol{e}_1-\boldsymbol{e}_2+\boldsymbol{e}_3)\cdot\boldsymbol{e}_1 = \boldsymbol{e}_1\cdot\boldsymbol{e}_1-\boldsymbol{e}_2\cdot\boldsymbol{e}_1+\boldsymbol{e}_3\cdot\boldsymbol{e}_1 = 1-0+0 = 1$

(2)　$(\boldsymbol{e}_1+\boldsymbol{e}_2)\cdot(\boldsymbol{e}_1-\boldsymbol{e}_3) = \boldsymbol{e}_1\cdot\boldsymbol{e}_1+\boldsymbol{e}_2\cdot\boldsymbol{e}_1-\boldsymbol{e}_1\cdot\boldsymbol{e}_3-\boldsymbol{e}_2\cdot\boldsymbol{e}_3 = 1+0-0-0 = 1$ ∎

問 9.4　例 1 と公式 9.2 を用いて計算せよ．

(1)　$(\boldsymbol{e}_1+\boldsymbol{e}_2)\cdot\boldsymbol{e}_3$　　(2)　$(\boldsymbol{e}_1+\boldsymbol{e}_2)\cdot(\boldsymbol{e}_1-\boldsymbol{e}_2)$

(3)　$(\boldsymbol{e}_1+\boldsymbol{e}_2)\cdot(\boldsymbol{e}_1+\boldsymbol{e}_2)$　　(4)　$(\boldsymbol{e}_1+\boldsymbol{e}_3)\cdot(\boldsymbol{e}_2-\boldsymbol{e}_3)$

9.4 ベクトルの外積

ベクトルの外積を求める．

2 つの $\boldsymbol{0}$ でないベクトル $\boldsymbol{a}, \boldsymbol{b}$ とそのなす角 θ に対して，**外積**または**ベクトル積** $\boldsymbol{a}\times\boldsymbol{b}$ はベクトルになる．

(1)　大きさは $|\boldsymbol{a}||\boldsymbol{b}|\sin\theta$（図 9.22 の平行四辺形の面積）になる．

(2)　向きはベクトル $\boldsymbol{a}$ と $\boldsymbol{b}$ に垂直で図 9.22 の向き（$\boldsymbol{a}$ を右手の親指，$\boldsymbol{b}$ を人差し指の向きにすると $\boldsymbol{a}\times\boldsymbol{b}$ は中指の向き）になる．

$\boldsymbol{a} = \boldsymbol{0}$ または $\boldsymbol{b} = \boldsymbol{0}$ ならば $\boldsymbol{a}\times\boldsymbol{b} = \boldsymbol{0}$ とする．

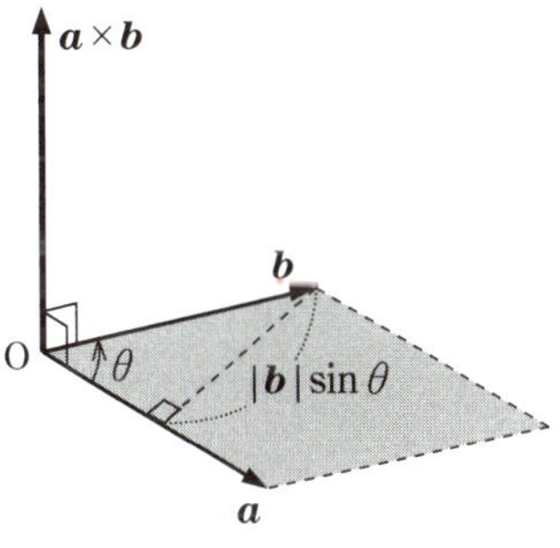

図 9.22　$\boldsymbol{a}$ と $\boldsymbol{b}$ の外積と平行四辺形の高さ $|\boldsymbol{b}|\sin\theta$.

例 2　基本ベクトルの外積を求める．

(1)　$|\boldsymbol{e}_1\times\boldsymbol{e}_1|=|\boldsymbol{e}_1||\boldsymbol{e}_1|\sin 0^\circ=0$　より　$\boldsymbol{e}_1\times\boldsymbol{e}_1=\boldsymbol{0}$

(2)　$|\boldsymbol{e}_2\times\boldsymbol{e}_2|=|\boldsymbol{e}_2||\boldsymbol{e}_2|\sin 0^\circ=0$　より　$\boldsymbol{e}_2\times\boldsymbol{e}_2=\boldsymbol{0}$

(3)　$|\boldsymbol{e}_3\times\boldsymbol{e}_3|=|\boldsymbol{e}_3||\boldsymbol{e}_3|\sin 0^\circ=0$　より　$\boldsymbol{e}_3\times\boldsymbol{e}_3=\boldsymbol{0}$

(4)　$|\boldsymbol{e}_1\times\boldsymbol{e}_2|=|\boldsymbol{e}_1||\boldsymbol{e}_2|\sin 90^\circ=1$　より　$\boldsymbol{e}_1\times\boldsymbol{e}_2=\boldsymbol{e}_3$

(5)　$|\boldsymbol{e}_2\times\boldsymbol{e}_1|=|\boldsymbol{e}_2||\boldsymbol{e}_1|\sin 90^\circ=1$　より　$\boldsymbol{e}_2\times\boldsymbol{e}_1=-\boldsymbol{e}_3$

(6)　$|\boldsymbol{e}_2\times\boldsymbol{e}_3|=|\boldsymbol{e}_2||\boldsymbol{e}_3|\sin 90^\circ=1$　より　$\boldsymbol{e}_2\times\boldsymbol{e}_3=\boldsymbol{e}_1$

(7)　$|\boldsymbol{e}_3\times\boldsymbol{e}_2|=|\boldsymbol{e}_3||\boldsymbol{e}_2|\sin 90^\circ=1$　より　$\boldsymbol{e}_3\times\boldsymbol{e}_2=-\boldsymbol{e}_1$

(8)　$|\boldsymbol{e}_3\times\boldsymbol{e}_1|=|\boldsymbol{e}_3||\boldsymbol{e}_1|\sin 90^\circ=1$　より　$\boldsymbol{e}_3\times\boldsymbol{e}_1=\boldsymbol{e}_2$

(9)　$|\boldsymbol{e}_1\times\boldsymbol{e}_3|=|\boldsymbol{e}_1||\boldsymbol{e}_3|\sin 90^\circ=1$　より　$\boldsymbol{e}_1\times\boldsymbol{e}_3=-\boldsymbol{e}_2$

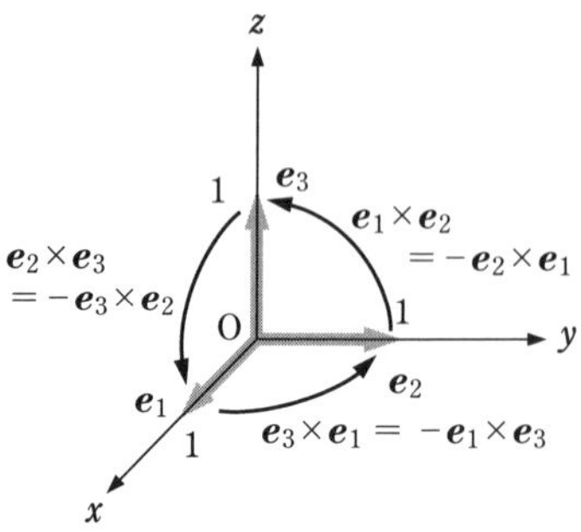

図 9.23　基本ベクトルと外積．$\boldsymbol{e}_1\to\boldsymbol{e}_2\to\boldsymbol{e}_3\to\boldsymbol{e}_1$ の順に外積が求まる．

ベクトルの外積の性質をまとめておく．

公式 9.3　ベクトルの外積の性質，k は定数

(1)　$\boldsymbol{a}\times\boldsymbol{a}=\boldsymbol{0}$　　(2)　$\boldsymbol{a}\times\boldsymbol{b}=-\boldsymbol{b}\times\boldsymbol{a}$

(3)　$\boldsymbol{a}\times(\boldsymbol{b}+\boldsymbol{c})=\boldsymbol{a}\times\boldsymbol{b}+\boldsymbol{a}\times\boldsymbol{c}$

(4)　$(\boldsymbol{a}+\boldsymbol{b})\times\boldsymbol{c}=\boldsymbol{a}\times\boldsymbol{c}+\boldsymbol{b}\times\boldsymbol{c}$

(5)　$(k\boldsymbol{a})\times\boldsymbol{b}=\boldsymbol{a}\times(k\boldsymbol{b})=k(\boldsymbol{a}\times\boldsymbol{b})$

(6)　$\boldsymbol{a}\parallel\boldsymbol{b}$ ならば $\boldsymbol{a}\times\boldsymbol{b}=\boldsymbol{0}$

解説　ベクトルの外積では実数と似た性質が成り立つ．(2) では掛ける順序を逆にすると，−（マイナス）が現れる．(6) では 2 つのベクトルが平行ならば外積が $\boldsymbol{0}$ になる．

注意　外積では $(\boldsymbol{a}\times\boldsymbol{b})\times\boldsymbol{c}\neq\boldsymbol{a}\times(\boldsymbol{b}\times\boldsymbol{c})$ となる．

$$(\boldsymbol{e}_1\times\boldsymbol{e}_1)\times\boldsymbol{e}_2=\boldsymbol{0}\times\boldsymbol{e}_2=\boldsymbol{0},\qquad \boldsymbol{e}_1\times(\boldsymbol{e}_1\times\boldsymbol{e}_2)=\boldsymbol{e}_1\times\boldsymbol{e}_3=-\boldsymbol{e}_2$$

例題 9.5　例 2 と公式 9.3 を用いて計算せよ．

(1)　$(\boldsymbol{e}_1-\boldsymbol{e}_2+\boldsymbol{e}_3)\times\boldsymbol{e}_1$　　(2)　$(\boldsymbol{e}_1+\boldsymbol{e}_2)\times(\boldsymbol{e}_1-\boldsymbol{e}_3)$

解　展開してから例 2 と公式 9.3 (3)，(4) を用いて基本ベクトルの外積を求める．

(1)　$(\boldsymbol{e}_1-\boldsymbol{e}_2+\boldsymbol{e}_3)\times\boldsymbol{e}_1=\boldsymbol{e}_1\times\boldsymbol{e}_1-\boldsymbol{e}_2\times\boldsymbol{e}_1+\boldsymbol{e}_3\times\boldsymbol{e}_1=\boldsymbol{0}+\boldsymbol{e}_3+\boldsymbol{e}_2=\boldsymbol{e}_3+\boldsymbol{e}_2$

(2)　$(\boldsymbol{e}_1+\boldsymbol{e}_2)\times(\boldsymbol{e}_1-\boldsymbol{e}_3)=\boldsymbol{e}_1\times\boldsymbol{e}_1+\boldsymbol{e}_2\times\boldsymbol{e}_1-\boldsymbol{e}_1\times\boldsymbol{e}_3-\boldsymbol{e}_2\times\boldsymbol{e}_3$

$$=\boldsymbol{0}-\boldsymbol{e}_3+\boldsymbol{e}_2-\boldsymbol{e}_1=-\boldsymbol{e}_3+\boldsymbol{e}_2-\boldsymbol{e}_1$$

問 9.5　例 2 と公式 9.3 を用いて計算せよ．

(1)　$(\boldsymbol{e}_1+\boldsymbol{e}_2)\times\boldsymbol{e}_3$　　(2)　$(\boldsymbol{e}_1+\boldsymbol{e}_2)\times(\boldsymbol{e}_1-\boldsymbol{e}_2)$

(3)　$\boldsymbol{e}_1\times(\boldsymbol{e}_2\times\boldsymbol{e}_3)$　　(4)　$(\boldsymbol{e}_1\times\boldsymbol{e}_2)\times(\boldsymbol{e}_1\times\boldsymbol{e}_3)$

練習問題 9

1. 直方体の頂点 A, B, …, H を始点か終点とするベクトルを求めよ．

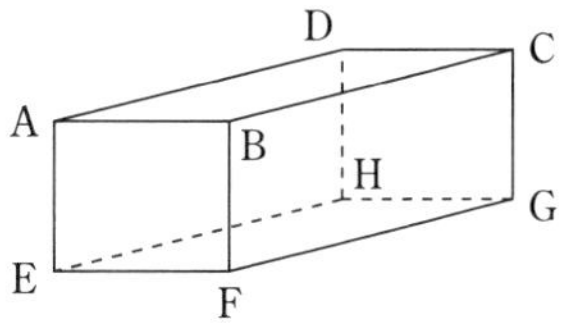

(1) ベクトル $\overrightarrow{AG}$ と大きさが等しいベクトル．

(2) ベクトル $\overrightarrow{BF}$ と向きが等しいベクトル．

(3) ベクトル $\overrightarrow{CD}$ と等しいベクトル．

(4) ベクトル $-\overrightarrow{FG}$ と等しいベクトル．

2. 図のベクトル $\boldsymbol{a}, \boldsymbol{b}, \boldsymbol{c}$ を用いて図示せよ．

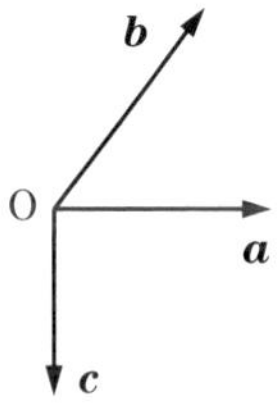

(1) $\dfrac{1}{2}\boldsymbol{a}-\boldsymbol{b}$ (2) $-2\boldsymbol{a}+\dfrac{1}{2}\boldsymbol{b}$ (3) $-\dfrac{1}{2}\boldsymbol{a}-2\boldsymbol{b}$

(4) ベクトル $\boldsymbol{c}$ をベクトル $\boldsymbol{a}, \boldsymbol{b}$ に平行なベクトル $\boldsymbol{a}', \boldsymbol{b}'$ の和に分解する．

3. 1 辺の長さ 1 の立方体の頂点を O, A, …, G とする．ベクトルを基本ベクトル $\boldsymbol{e}_1, \boldsymbol{e}_2, \boldsymbol{e}_3$ の定数倍，和，差で表せ．

(1) $\overrightarrow{DG}$ (2) $\overrightarrow{GF}$ (3) $\overrightarrow{CB}$ (4) $\overrightarrow{OG}$

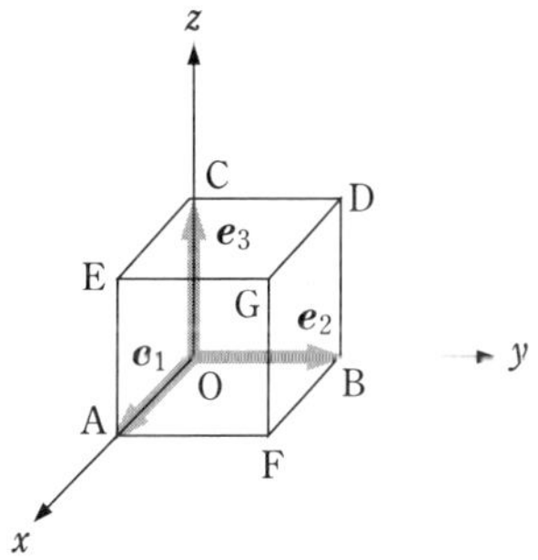

4. 問題 ***3*** の立方体でベクトルを基本ベクトル $\boldsymbol{e}_1, \boldsymbol{e}_2, \boldsymbol{e}_3$ の定数倍，和，差で表してから，計算せよ．

(1) $\overrightarrow{AC}\cdot\overrightarrow{OF}$ (2) $\overrightarrow{AD}\cdot\overrightarrow{ED}$ (3) $\overrightarrow{CF}\cdot\overrightarrow{GB}$

(4) $\overrightarrow{EB}\cdot\overrightarrow{AD}$

5. 問題 ***3*** の立方体でベクトルを基本ベクトル $\boldsymbol{e}_1, \boldsymbol{e}_2, \boldsymbol{e}_3$ の定数倍，和，差で表してから，計算せよ．

(1) $\overrightarrow{AC}\times\overrightarrow{OF}$ (2) $\overrightarrow{AD}\times\overrightarrow{ED}$ (3) $\overrightarrow{CF}\times\overrightarrow{GB}$

(4) $\overrightarrow{EB}\times\overrightarrow{AD}$

解答

問 9.1 (1) $\overrightarrow{BA}$, $\overrightarrow{BC}$, $\overrightarrow{CB}$, $\overrightarrow{CD}$, $\overrightarrow{DC}$, $\overrightarrow{DE}$, $\overrightarrow{ED}$, $\overrightarrow{EF}$, $\overrightarrow{FE}$, $\overrightarrow{FA}$, $\overrightarrow{AF}$, $\overrightarrow{OA}$, $\overrightarrow{AO}$, $\overrightarrow{OB}$, $\overrightarrow{BO}$, $\overrightarrow{OC}$, $\overrightarrow{CO}$, $\overrightarrow{OD}$, $\overrightarrow{DO}$, $\overrightarrow{OE}$, $\overrightarrow{EO}$, $\overrightarrow{OF}$, $\overrightarrow{FO}$

(2) $\overrightarrow{AO}$, $\overrightarrow{OD}$, $\overrightarrow{AD}$, $\overrightarrow{FE}$

(3) $\overrightarrow{BO}$, $\overrightarrow{OE}$, $\overrightarrow{AF}$

(4) $\overrightarrow{CO}$, $\overrightarrow{OF}$, $\overrightarrow{BA}$, $\overrightarrow{DE}$

問 9.2 (1)

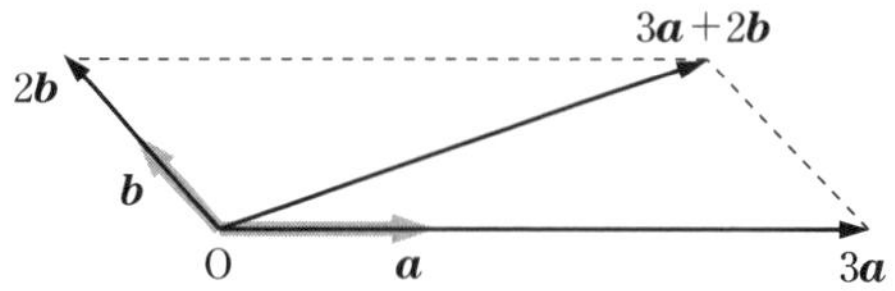

(2)

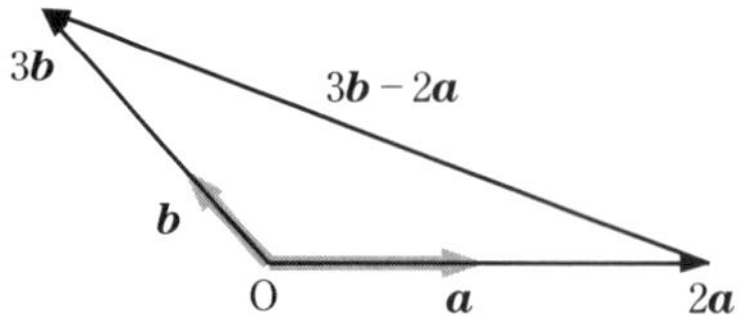

(3)

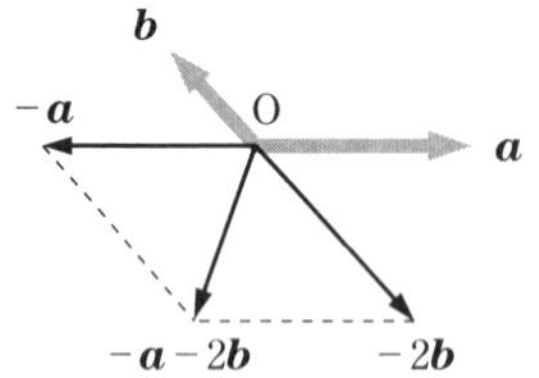

(4)

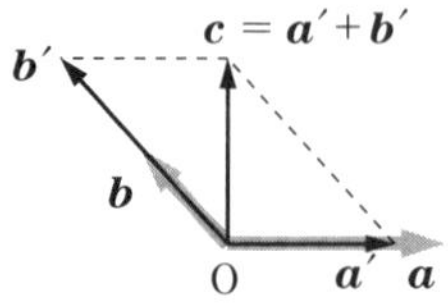

問 9.3 (1) $\frac{1}{2}\overrightarrow{\mathrm{OA}}$ (2) $-\frac{1}{2}\overrightarrow{\mathrm{OB}}$ (3) $\frac{1}{2}\overrightarrow{\mathrm{OA}}+\frac{1}{2}\overrightarrow{\mathrm{OB}}$

(4) $-\frac{1}{2}\overrightarrow{\mathrm{OA}}+\frac{1}{2}\overrightarrow{\mathrm{OB}}$

問 9.4 (1) 0 (2) 0 (3) 2 (4) −1

問 9.5 (1) $\boldsymbol{e}_1-\boldsymbol{e}_2$ (2) $-2\boldsymbol{e}_3$ (3) $\boldsymbol{0}$ (4) $\boldsymbol{e}_1$

練習問題 9

1. (1) $\overrightarrow{\mathrm{GA}}$, $\overrightarrow{\mathrm{BH}}$, $\overrightarrow{\mathrm{HB}}$, $\overrightarrow{\mathrm{CE}}$, $\overrightarrow{\mathrm{EC}}$, $\overrightarrow{\mathrm{DF}}$, $\overrightarrow{\mathrm{FD}}$

(2) $\overrightarrow{\mathrm{AE}}$, $\overrightarrow{\mathrm{CG}}$, $\overrightarrow{\mathrm{DH}}$

(3) $\overrightarrow{\mathrm{BA}}$, $\overrightarrow{\mathrm{FE}}$, $\overrightarrow{\mathrm{GH}}$

(4) $\overrightarrow{\mathrm{DA}}$, $\overrightarrow{\mathrm{CB}}$, $\overrightarrow{\mathrm{GF}}$, $\overrightarrow{\mathrm{HE}}$

2. (1)

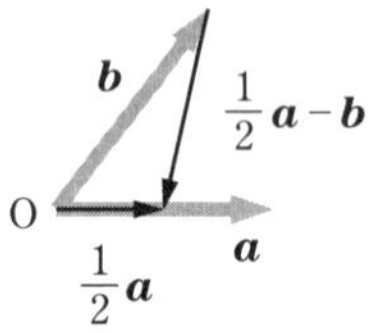

(2)

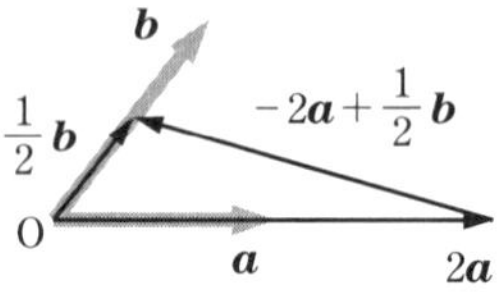

(3)

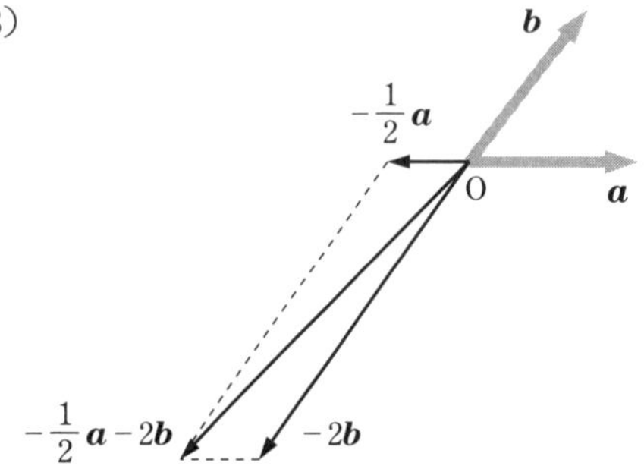

(4)

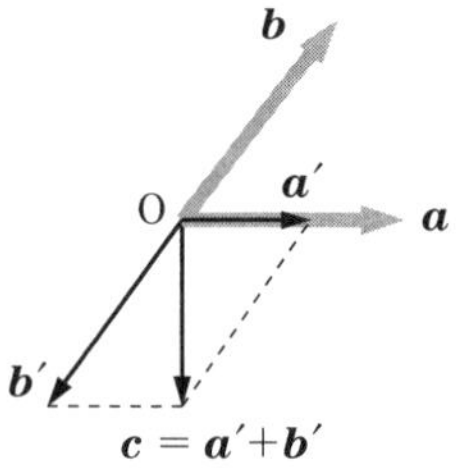

3. (1) $\boldsymbol{e}_1$ (2) $-\boldsymbol{e}_3$ (3) $\boldsymbol{e}_2-\boldsymbol{e}_3$ (4) $\boldsymbol{e}_1+\boldsymbol{e}_2+\boldsymbol{e}_3$

4. (1) −1 (2) 2 (3) 0 (4) 1

5. (1) $-\boldsymbol{e}_1+\boldsymbol{e}_2-\boldsymbol{e}_3$ (2) $-\boldsymbol{e}_1-\boldsymbol{e}_2$ (3) $-\boldsymbol{e}_1+2\boldsymbol{e}_2+\boldsymbol{e}_3$

(4) $2\boldsymbol{e}_1+2\boldsymbol{e}_2$

§10　平面ベクトルと成分表示

行列と同じくベクトルも数字や文字を並べて表すと，和や積の計算が簡単になる．ここでは平面のベクトルとその成分表示について調べる．

10.1　平面ベクトルの成分

平面の点の座標を用いて**平面ベクトル**に**成分**を導入する．

原点 O と点 A(a_1, a_2) を結ぶベクトル $\overrightarrow{\mathrm{OA}}$ を次のように表す（**成分表示**）．a_1, a_2 を成分という．

$$\overrightarrow{\mathrm{OA}} = \boldsymbol{a} = \begin{pmatrix} a_1 \\ a_2 \end{pmatrix}$$

始点が原点にないベクトル $\overrightarrow{\mathrm{BC}}$ は，平行移動して始点を原点に移してから成分を求める（図 10.1）．

ベクトル $\boldsymbol{a}$ の大きさ $|\boldsymbol{a}|$ は成分から計算する．

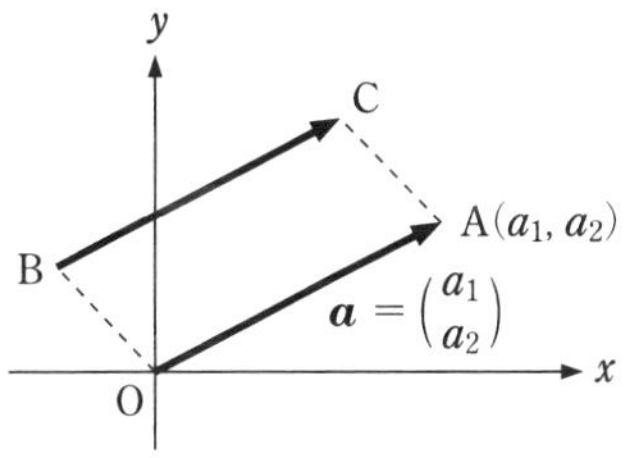

図 10.1　平面ベクトルと成分．

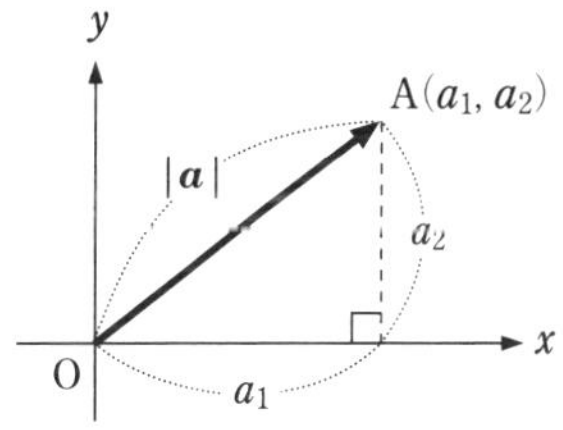

図 10.2　ベクトルの大きさと成分．

公式 10.1　ベクトルの大きさと成分

$$|\boldsymbol{a}| = \left|\begin{pmatrix} a_1 \\ a_2 \end{pmatrix}\right| = \sqrt{{a_1}^2 + {a_2}^2}$$

解説　平面ベクトルの大きさはピタゴラスの定理を用いて，各成分の 2 乗和の正の平方根になる．

例題 10.1　公式 10.1 を用いて大きさ求めよ．

$$\begin{pmatrix} -1 \\ 3 \end{pmatrix}$$

解　ベクトルの各成分を 2 乗してたし合わせ，平方根を計算する．

$$\left|\begin{pmatrix} -1 \\ 3 \end{pmatrix}\right| = \sqrt{1+9} = \sqrt{10}$$

問 10.1　公式 10.1 を用いて大きさを求めよ．

(1) $\begin{pmatrix} 3 \\ -2 \end{pmatrix}$　　(2) $\begin{pmatrix} -2 \\ 4 \end{pmatrix}$

2 つのベクトル $\boldsymbol{a}, \boldsymbol{b}$ の対応する成分同士がすべて等しいならば $\boldsymbol{a} = \boldsymbol{b}$ となる．

例 1 ベクトルの等式を考える.

$$\begin{pmatrix} a_1 \\ a_2 \end{pmatrix} = \begin{pmatrix} 1 \\ 2 \end{pmatrix} \quad \text{ならば} \quad a_1 = 1,\ a_2 = 2$$

10.2 ベクトルの定数倍，和，差と成分

成分を用いてベクトルの定数倍，和，差を計算する.

> **公式 10.2 ベクトルの定数倍と和の成分，k は定数**
>
> (1) $k\begin{pmatrix} a_1 \\ a_2 \end{pmatrix} = \begin{pmatrix} ka_1 \\ ka_2 \end{pmatrix}$
>
> (2) $\begin{pmatrix} a_1 \\ a_2 \end{pmatrix} + \begin{pmatrix} b_1 \\ b_2 \end{pmatrix} = \begin{pmatrix} a_1 + b_1 \\ a_2 + b_2 \end{pmatrix}$

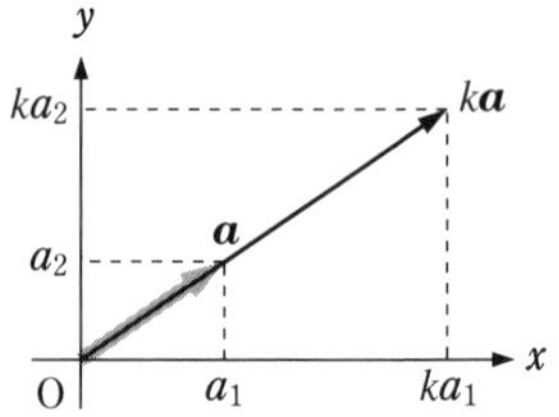

図 10.3 ベクトルの定数倍と成分.

解説 (1) ではベクトルの k 倍は各成分に定数 k を掛ける. (2) ではベクトルの和は対応する成分同士をたす.

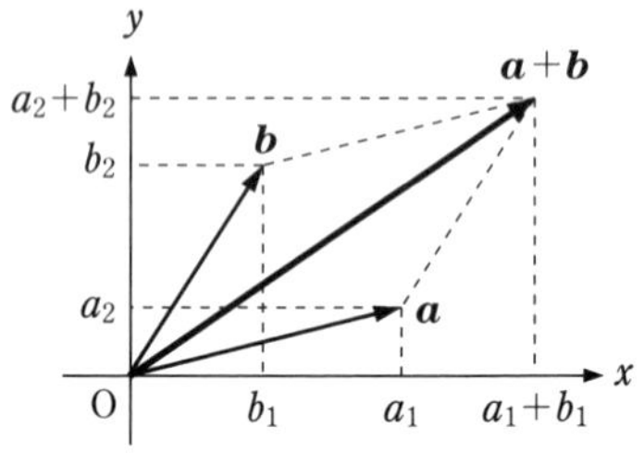

図 10.4 ベクトルの和と成分.

例 2 ベクトルの定数倍と和を計算する.

(1) $3\begin{pmatrix} 1 \\ 2 \end{pmatrix} = \begin{pmatrix} 3 \\ 6 \end{pmatrix}$ (2) $\begin{pmatrix} 1 \\ 2 \end{pmatrix} + \begin{pmatrix} 3 \\ 4 \end{pmatrix} = \begin{pmatrix} 4 \\ 6 \end{pmatrix}$

基本ベクトル $\boldsymbol{e}_1, \boldsymbol{e}_2$ の成分は点 $(1, 0)$ と $(0, 1)$ を用いて，次のように表せる.

$$\boldsymbol{e}_1 = \begin{pmatrix} 1 \\ 0 \end{pmatrix}, \quad \boldsymbol{e}_2 = \begin{pmatrix} 0 \\ 1 \end{pmatrix}$$

平面のベクトル $\boldsymbol{a}$ は基本ベクトルで表せる（**基本ベクトル表示**）.

$$\boldsymbol{a} = \begin{pmatrix} a_1 \\ a_2 \end{pmatrix} = a_1\begin{pmatrix} 1 \\ 0 \end{pmatrix} + a_2\begin{pmatrix} 0 \\ 1 \end{pmatrix} = a_1\boldsymbol{e}_1 + a_2\boldsymbol{e}_2$$

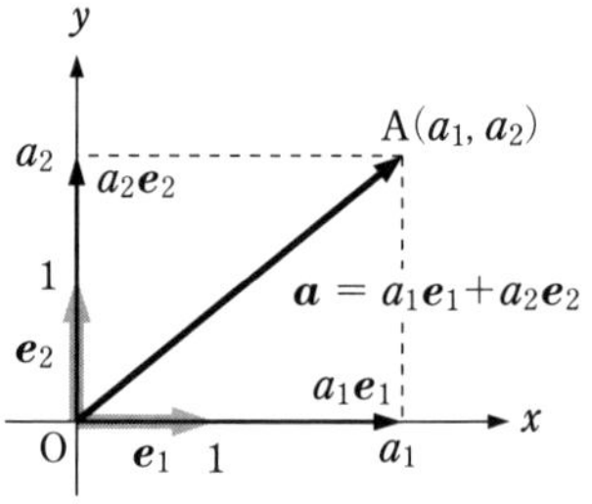

図 10.5 ベクトル $\boldsymbol{a}$ の基本ベクトル表示.

例題 10.2　公式 10.1，10.2 を用いて成分と大きさを求めよ．

(1)　$3\begin{pmatrix}1\\2\end{pmatrix}+2\begin{pmatrix}4\\-3\end{pmatrix}+\begin{pmatrix}-5\\2\end{pmatrix}$

(2)　$\left|3\begin{pmatrix}1\\2\end{pmatrix}+2\begin{pmatrix}4\\-3\end{pmatrix}+\begin{pmatrix}-5\\2\end{pmatrix}\right|$

解　(1) ではベクトルの各成分に定数を掛けて，対応する成分同士をたしたり，引いたりする．(2) では (1) で求めたベクトルの各成分を 2 乗してたし合わせ，平方根を計算する．

(1)　$3\begin{pmatrix}1\\2\end{pmatrix}+2\begin{pmatrix}4\\-3\end{pmatrix}+\begin{pmatrix}-5\\2\end{pmatrix}=\begin{pmatrix}3\\6\end{pmatrix}+\begin{pmatrix}8\\-6\end{pmatrix}+\begin{pmatrix}-5\\2\end{pmatrix}=\begin{pmatrix}6\\2\end{pmatrix}$

(2)　$\left|3\begin{pmatrix}1\\2\end{pmatrix}+2\begin{pmatrix}4\\-3\end{pmatrix}+\begin{pmatrix}-5\\2\end{pmatrix}\right|=\left|\begin{pmatrix}6\\2\end{pmatrix}\right|=\sqrt{36+4}=\sqrt{40}=2\sqrt{10}$　■

問 10.2　ベクトル $\boldsymbol{a}=\begin{pmatrix}-1\\2\end{pmatrix}$，$\boldsymbol{b}=\begin{pmatrix}3\\5\end{pmatrix}$，$\boldsymbol{c}=\begin{pmatrix}2\\-1\end{pmatrix}$ から，公式 10.1，10.2 を用いて成分と大きさを求めよ．

(1)　$2\boldsymbol{a}-\boldsymbol{b}$　　　(2)　$|2\boldsymbol{a}-\boldsymbol{b}|$

(3)　$-3\boldsymbol{a}+2\boldsymbol{c}$　　　(4)　$|-3\boldsymbol{a}+2\boldsymbol{c}|$

(5)　$-\boldsymbol{a}+2\boldsymbol{b}+3\boldsymbol{c}$　　　(6)　$|-\boldsymbol{a}+2\boldsymbol{b}+3\boldsymbol{c}|$

(7)　$2(\boldsymbol{a}-3\boldsymbol{b})-3(2\boldsymbol{a}+\boldsymbol{c})$　　　(8)　$|2(\boldsymbol{a}-3\boldsymbol{b})-3(2\boldsymbol{a}+\boldsymbol{c})|$

注意　2 つのベクトル $\boldsymbol{a}, \boldsymbol{b}$ が平行 $\boldsymbol{a} /\!/ \boldsymbol{b}$ ならばある定数 k に対して $k\boldsymbol{a}=\boldsymbol{b}$ となる．これより

$$k\begin{pmatrix}a_1\\a_2\end{pmatrix}=\begin{pmatrix}b_1\\b_2\end{pmatrix}$$

$$ka_1=b_1,\qquad ka_2=b_2$$

$$\frac{b_1}{a_1}=\frac{b_2}{a_2}$$

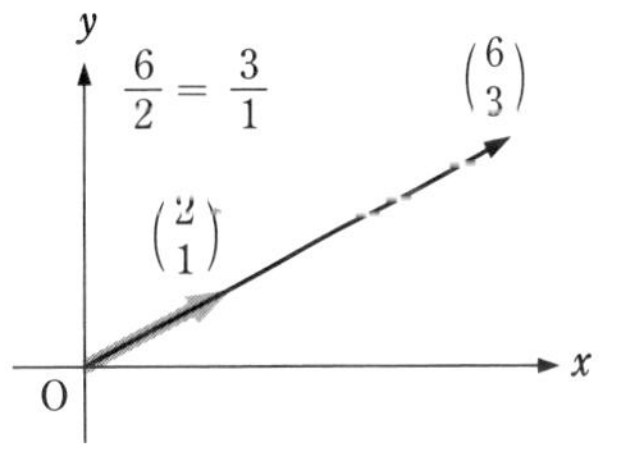

図 10.6　平行なベクトルと成分．

● 2 点を結ぶベクトル

始点と終点の座標からベクトルの成分を計算する．

ベクトルの差と成分を用いて，2 点 $\mathrm{A}(a_1, a_2)$，$\mathrm{B}(b_1, b_2)$ を結ぶベクトル $\overrightarrow{\mathrm{AB}}$ を求める．

$$\overrightarrow{\mathrm{AB}}=\overrightarrow{\mathrm{OB}}-\overrightarrow{\mathrm{OA}}=\begin{pmatrix}b_1\\b_2\end{pmatrix}-\begin{pmatrix}a_1\\a_2\end{pmatrix}=\begin{pmatrix}b_1-a_1\\b_2-a_2\end{pmatrix}$$

また，2 点 A, B 間の**距離** AB はベクトル $\overrightarrow{\mathrm{AB}}$ の大きさ $|\overrightarrow{\mathrm{AB}}|$ になる．

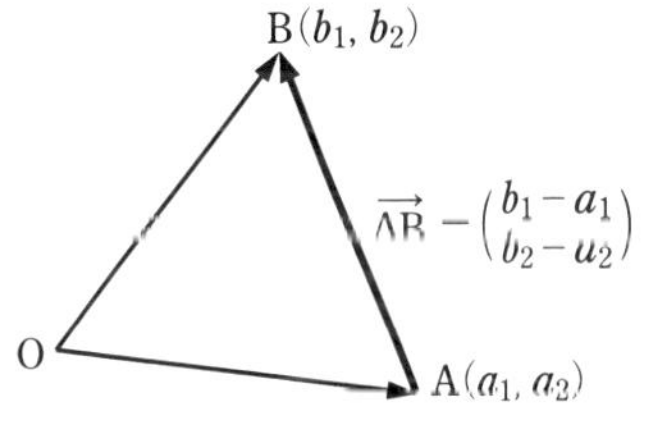

図 10.7　2 点 A, B を結ぶベクトルと成分．

これらをまとめておく．

公式 10.3　2点を結ぶベクトルと距離

2点 $A(a_1, a_2)$，$B(b_1, b_2)$ を結ぶベクトル $\overrightarrow{AB}$ と2点間の距離 $\overline{AB}$ は

(1)　$\overrightarrow{AB} = \begin{pmatrix} b_1 \\ b_2 \end{pmatrix} - \begin{pmatrix} a_1 \\ a_2 \end{pmatrix} = \begin{pmatrix} b_1 - a_1 \\ b_2 - a_2 \end{pmatrix}$

(2)　$\overline{AB} = \sqrt{(b_1 - a_1)^2 + (b_2 - a_2)^2}$

解説　(1) では2点 A, B を結ぶベクトル $\overrightarrow{AB}$ の成分は点 B の座標から点 A の座標を引く．(2) では2点 A, B の距離はベクトル $\overrightarrow{AB}$ の大きさになる．

注意　ベクトル $\overrightarrow{AB}$ をベクトルの差で表すとき，後ろの文字から前の文字を引く（尻取り）．

$$\overrightarrow{AB} = \overrightarrow{OB} - \overrightarrow{OA} = \boldsymbol{b} - \boldsymbol{a}$$

例題 10.3　公式 10.3 を用いてベクトル $\overrightarrow{AB}$ の成分と距離 $\overline{AB}$ を求めよ．

$A(1, 2)$，　$B(4, -3)$

解　(1) では2点の座標の差を計算する．(2) では (1) のベクトルの大きさを計算する．

(1)　$\overrightarrow{AB} = \begin{pmatrix} 4 \\ -3 \end{pmatrix} - \begin{pmatrix} 1 \\ 2 \end{pmatrix} = \begin{pmatrix} 3 \\ -5 \end{pmatrix}$

(2)　$\overline{AB} = \left| \begin{pmatrix} 3 \\ -5 \end{pmatrix} \right| = \sqrt{9 + 25} = \sqrt{34}$

問 10.3　公式 10.3 を用いてベクトル $\overrightarrow{AB}$ の成分と距離 $\overline{AB}$ を求めよ．

(1)　$A(3, 2)$，$B(4, -1)$　　(2)　$A(-2, 4)$，$B(-3, -5)$

10.3　ベクトルの内積と成分

成分を用いてベクトルの内積を計算する．

公式 10.4　ベクトルの内積，なす角 $\boldsymbol{\theta}$ と成分

(1)　$\boldsymbol{a} \cdot \boldsymbol{b} = \begin{pmatrix} a_1 \\ a_2 \end{pmatrix} \cdot \begin{pmatrix} b_1 \\ b_2 \end{pmatrix} = a_1 b_1 + a_2 b_2$

(2)　$\cos\theta = \dfrac{\boldsymbol{a} \cdot \boldsymbol{b}}{|\boldsymbol{a}||\boldsymbol{b}|} = \dfrac{a_1 b_1 + a_2 b_2}{\sqrt{{a_1}^2 + {a_2}^2}\sqrt{{b_1}^2 + {b_2}^2}}$

解説　(1) ではベクトルの内積は，対応する成分同士を掛けてたす．(2) ではベクトルのなす角 θ の $\cos\theta$ は，内積 $\boldsymbol{a} \cdot \boldsymbol{b}$ を大きさ $|\boldsymbol{a}|, |\boldsymbol{b}|$ で割る．

注意　対応する成分同士を掛けても内積でない．

$$\begin{pmatrix} a_1 \\ a_2 \end{pmatrix}\cdot\begin{pmatrix} b_1 \\ b_2 \end{pmatrix} = \begin{pmatrix} a_1 b_1 \\ a_2 b_2 \end{pmatrix} \quad ✗$$

例題 10.4　公式 10.4 を用いて内積となす角 θ の $\cos\theta$ を求めよ．

(1)　$\boldsymbol{e}_1 = \begin{pmatrix} 1 \\ 0 \end{pmatrix},\ \boldsymbol{e}_1 = \begin{pmatrix} 1 \\ 0 \end{pmatrix}$　　(2)　$\boldsymbol{e}_1 = \begin{pmatrix} 1 \\ 0 \end{pmatrix},\ \boldsymbol{e}_2 = \begin{pmatrix} 0 \\ 1 \end{pmatrix}$

(3)　$\begin{pmatrix} 1 \\ 2 \end{pmatrix},\ \begin{pmatrix} 4 \\ -3 \end{pmatrix}$

解　ベクトルの対応する成分同士を掛けてたし，内積を計算する．それをベクトルの大きさで割り，$\cos\theta$ を計算する．(1),(2) の内積は §9 例 1 (1),(4) と等しくなる．

(1)　$\boldsymbol{e}_1\cdot\boldsymbol{e}_1 = \begin{pmatrix} 1 \\ 0 \end{pmatrix}\cdot\begin{pmatrix} 1 \\ 0 \end{pmatrix} = 1+0 = 1$

$$\cos\theta = \frac{\boldsymbol{e}_1\cdot\boldsymbol{e}_1}{|\boldsymbol{e}_1||\boldsymbol{e}_1|} = 1, \qquad \theta = 0^\circ$$

(2)　$\boldsymbol{e}_1\cdot\boldsymbol{e}_2 = \begin{pmatrix} 1 \\ 0 \end{pmatrix}\cdot\begin{pmatrix} 0 \\ 1 \end{pmatrix} = 0+0 = 0$

$$\cos\theta = \frac{\boldsymbol{e}_1\cdot\boldsymbol{e}_2}{|\boldsymbol{e}_1||\boldsymbol{e}_2|} = 0, \qquad \theta = 90^\circ$$

(3)　$\begin{pmatrix} 1 \\ 2 \end{pmatrix}\cdot\begin{pmatrix} 4 \\ -3 \end{pmatrix} = 4-6 = -2$

$$\cos\theta = \frac{-2}{\sqrt{1+4}\sqrt{16+9}} = \frac{2}{\sqrt{5}\sqrt{25}} = -\frac{2}{5\sqrt{5}}$$ ▮

問 10.4　公式 10.4 を用いて内積となす角 θ の $\cos\theta$ を求めよ．

(1)　$\begin{pmatrix} 1 \\ 2 \end{pmatrix},\ \begin{pmatrix} -1 \\ 3 \end{pmatrix}$　　(2)　$\begin{pmatrix} 2 \\ 3 \end{pmatrix},\ \begin{pmatrix} -3 \\ 2 \end{pmatrix}$

例題 10.5　公式 10.2，10.4 を用いて計算せよ．

$$\left\{\begin{pmatrix} 1 \\ 2 \end{pmatrix}+\begin{pmatrix} 4 \\ -3 \end{pmatrix}\right\}\cdot\left\{\begin{pmatrix} 1 \\ 2 \end{pmatrix}-\begin{pmatrix} -2 \\ 5 \end{pmatrix}\right\}$$

解　各ベクトルの定数倍や和，差を計算してから，内積を求める．

$$\left\{\begin{pmatrix} 1 \\ 2 \end{pmatrix}+\begin{pmatrix} 4 \\ -3 \end{pmatrix}\right\}\cdot\left\{\begin{pmatrix} 1 \\ 2 \end{pmatrix}-\begin{pmatrix} -2 \\ 5 \end{pmatrix}\right\} = \begin{pmatrix} 5 \\ -1 \end{pmatrix}\cdot\begin{pmatrix} 3 \\ -3 \end{pmatrix} = 15+3 = 18$$ ▮

問 10.5　問 10.2 のベクトル $\boldsymbol{a}, \boldsymbol{b}, \boldsymbol{c}$ から公式 10.2，10.4 を用いて計算せよ．

(1)　$\boldsymbol{a}\cdot(\boldsymbol{b}-\boldsymbol{c})$　　(2)　$(\boldsymbol{a}+\boldsymbol{c})\cdot(\boldsymbol{a}-\boldsymbol{b})$

(3)　$(2\boldsymbol{a}-\boldsymbol{c})\cdot(\boldsymbol{b}+3\boldsymbol{c})$

(4)　$(3\boldsymbol{a}-\boldsymbol{b}+2\boldsymbol{c})\cdot(4\boldsymbol{a}+2\boldsymbol{b}-3\boldsymbol{c})$

注意 1　内積では展開しない．展開すると計算が長くなる．

$$(\boldsymbol{a}+\boldsymbol{b})\cdot(\boldsymbol{a}-\boldsymbol{c}) = \boldsymbol{a}\cdot\boldsymbol{a}+\boldsymbol{b}\cdot\boldsymbol{a}-\boldsymbol{a}\cdot\boldsymbol{c}-\boldsymbol{b}\cdot\boldsymbol{c}$$

注意 2　2 つのベクトル $\boldsymbol{a}, \boldsymbol{b}$ が垂直 $\boldsymbol{a} \perp \boldsymbol{b}$ ならば $\boldsymbol{a}\cdot\boldsymbol{b} = 0$ となる．これより

$$\begin{pmatrix} a_1 \\ a_2 \end{pmatrix}\cdot\begin{pmatrix} b_1 \\ b_2 \end{pmatrix} = 0$$

$$a_1b_1+a_2b_2 = 0$$

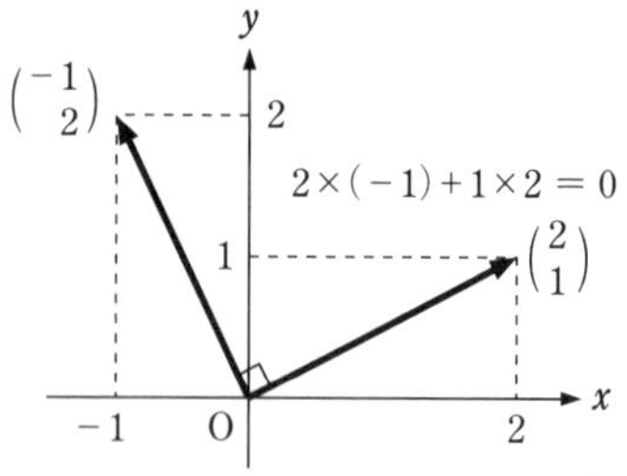

図 10.8　垂直なベクトルと成分．

練習問題 10

1.　公式 10.1 を用いて大きさを求めよ．

(1)　$\begin{pmatrix} 3 \\ 3 \end{pmatrix}$　　(2)　$\begin{pmatrix} 5 \\ 12 \end{pmatrix}$

2.　ベクトル $\boldsymbol{a} = \begin{pmatrix} 1 \\ 3 \end{pmatrix}$，$\boldsymbol{b} = \begin{pmatrix} 1 \\ -1 \end{pmatrix}$，$\boldsymbol{c} = \begin{pmatrix} -2 \\ 1 \end{pmatrix}$ から，公式 10.1，10.2 を用いて成分と大きさを求めよ．

(1)　$2\boldsymbol{a}+\boldsymbol{b}+3\boldsymbol{c}$　　(2)　$2\boldsymbol{a}-3\boldsymbol{b}-\boldsymbol{c}$

(3)　$3(\boldsymbol{c}-\boldsymbol{b}-\boldsymbol{a})+2\boldsymbol{a}$　　(4)　$3(\boldsymbol{a}-\boldsymbol{b})+2(\boldsymbol{b}+\boldsymbol{c})$

(5)　$|\boldsymbol{a}+\boldsymbol{b}|$　　(6)　$|3\boldsymbol{a}+2\boldsymbol{c}|$

(7)　$|\boldsymbol{a}+\boldsymbol{b}-\boldsymbol{c}|$　　(8)　$|\boldsymbol{a}-3\boldsymbol{b}+2\boldsymbol{c}|$

3.　公式 10.3 を用いてベクトル $\overrightarrow{\mathrm{AB}}$ の成分と距離 $\overline{\mathrm{AB}}$ を求めよ．

(1)　A(2, 0)，B(−3, −1)　　(2)　A(−1, 3)，B(2, −5)

4.　公式 10.4 を用いて内積となす角 θ の $\cos\theta$ を求めよ．

(1)　$\begin{pmatrix} 2 \\ 1 \end{pmatrix}$, $\begin{pmatrix} 4 \\ 2 \end{pmatrix}$　　(2)　$\begin{pmatrix} -3 \\ -4 \end{pmatrix}$, $\begin{pmatrix} 3 \\ -4 \end{pmatrix}$

(3)　$\begin{pmatrix} 1 \\ -2 \end{pmatrix}$, $\begin{pmatrix} -1 \\ 2 \end{pmatrix}$　　(4)　$\begin{pmatrix} 3 \\ 4 \end{pmatrix}$, $\begin{pmatrix} 3 \\ -1 \end{pmatrix}$

5.　問題 ***2*** のベクトル $\boldsymbol{a}, \boldsymbol{b}, \boldsymbol{c}$ から，公式 10.2，10.4 を用いて計算せよ．

(1)　$(-\boldsymbol{a}+\boldsymbol{b}+\boldsymbol{c})\cdot\boldsymbol{a}$　　(2)　$(\boldsymbol{b}-\boldsymbol{c})\cdot(\boldsymbol{a}+\boldsymbol{c})$

(3)　$(2\boldsymbol{a}+\boldsymbol{b}+3\boldsymbol{c})\cdot(3\boldsymbol{b}+2\boldsymbol{c})$

(4)　$(3\boldsymbol{a}-4\boldsymbol{b}+2\boldsymbol{c})\cdot(-2\boldsymbol{a}+3\boldsymbol{b}+5\boldsymbol{c})$

解答

問 10.1 (1) $\sqrt{13}$ (2) $2\sqrt{5}$

問 10.2 (1) $\begin{pmatrix} -5 \\ -1 \end{pmatrix}$ (2) $\sqrt{26}$ (3) $\begin{pmatrix} 7 \\ -8 \end{pmatrix}$ (4) $\sqrt{113}$

(5) $\begin{pmatrix} 13 \\ 5 \end{pmatrix}$ (6) $\sqrt{194}$ (7) $\begin{pmatrix} -20 \\ -35 \end{pmatrix}$ (8) $5\sqrt{65}$

問 10.3 (1) $\begin{pmatrix} 1 \\ -3 \end{pmatrix}$, $\sqrt{10}$ (2) $\begin{pmatrix} -1 \\ -9 \end{pmatrix}$, $\sqrt{82}$

問 10.4 (1) 5, $\dfrac{1}{\sqrt{2}}$ (2) 0, 0

問 10.5 (1) 11 (2) −7 (3) −26 (4) −13

練習問題10

1. (1) $3\sqrt{2}$ (2) 13

2. (1) $\begin{pmatrix} -3 \\ 8 \end{pmatrix}$ (2) $\begin{pmatrix} 1 \\ 8 \end{pmatrix}$ (3) $\begin{pmatrix} -10 \\ 3 \end{pmatrix}$ (4) $\begin{pmatrix} -2 \\ 12 \end{pmatrix}$

(5) $2\sqrt{2}$ (6) $\sqrt{122}$ (7) $\sqrt{17}$ (8) 10

3. (1) $\begin{pmatrix} -5 \\ 1 \end{pmatrix}$, $\sqrt{26}$ (2) $\begin{pmatrix} 3 \\ -8 \end{pmatrix}$, $\sqrt{73}$

4. (1) 10, 1 (2) 7, $\dfrac{7}{25}$ (3) −5, −1 (4) 5, $\dfrac{1}{\sqrt{10}}$

5. (1) −11 (2) −11 (3) −5 (4) −15

§11　空間ベクトルと成分表示

行列と同じくベクトルも数字や文字を並べて表すと，和や積の計算が簡単になる．ここでは空間のベクトルとその成分表示について調べる．

11.1　空間ベクトルの成分

空間の点の座標を用いて**空間ベクトル**に**成分**を導入する．

原点 O と点 $\mathrm{A}(a_1, a_2, a_3)$ を結ぶベクトル $\overrightarrow{\mathrm{OA}}$ を次のように表す (**成分表示**)．a_1, a_2, a_3 を成分という．

$$\overrightarrow{\mathrm{OA}} = \boldsymbol{a} = \begin{pmatrix} a_1 \\ a_2 \\ a_3 \end{pmatrix}$$

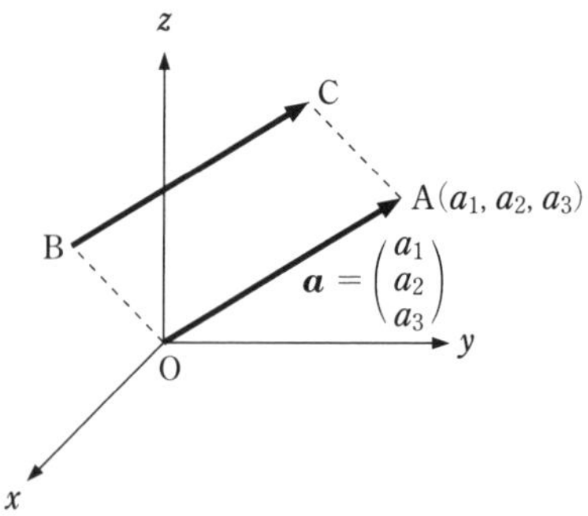

図 11.1　空間ベクトルと成分．

始点が原点にないベクトル $\overrightarrow{\mathrm{BC}}$ は，平行移動して始点を原点に移してから成分を求める (図 11.1)．

ベクトル $\boldsymbol{a}$ の大きさ $|\boldsymbol{a}|$ は成分から計算する．

公式 11.1　ベクトルの大きさと成分

$$|\boldsymbol{a}| = \left|\begin{pmatrix} a_1 \\ a_2 \\ a_3 \end{pmatrix}\right| = \sqrt{a_1{}^2 + a_2{}^2 + a_3{}^2}$$

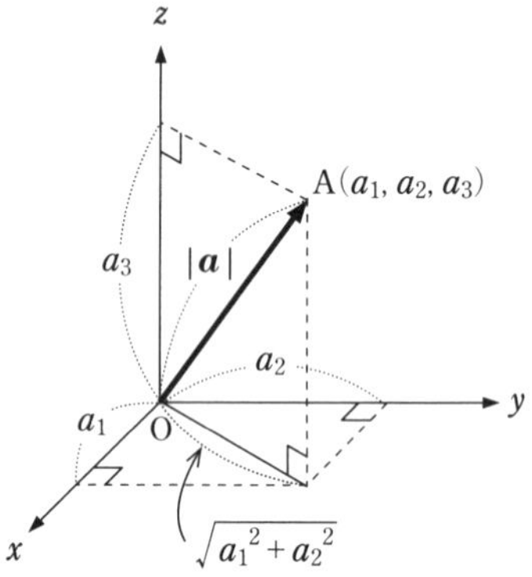

図 11.2　ベクトルの大きさと成分．

解説　空間ベクトルの大きさはピタゴラスの定理を用いて，各成分の 2 乗和の正の平方根になる．

例題 11.1　公式 11.1 を用いて大きさを求めよ．

$$\begin{pmatrix} 1 \\ -2 \\ 3 \end{pmatrix}$$

解　ベクトルの各成分を 2 乗してたし合わせ，平方根を計算する．

$$\left|\begin{pmatrix} 1 \\ -2 \\ 3 \end{pmatrix}\right| = \sqrt{1+4+9} = \sqrt{14}$$

問 11.1　公式 11.1 を用いて大きさを求めよ．

(1) $\begin{pmatrix} 2 \\ 0 \\ 1 \end{pmatrix}$　　(2) $\begin{pmatrix} -1 \\ 1 \\ 4 \end{pmatrix}$

2 つのベクトル $\boldsymbol{a}, \boldsymbol{b}$ の対応する成分同士がすべて等しいならば，$\boldsymbol{a} = \boldsymbol{b}$ となる．

例 1　ベクトルの等式を考える．

$$\begin{pmatrix} a_1 \\ a_2 \\ a_3 \end{pmatrix} = \begin{pmatrix} 1 \\ 2 \\ 3 \end{pmatrix} \text{ ならば } \quad a_1 = 1,\ a_2 = 2,\ a_3 = 3$$

11.2　ベクトルの定数倍，和，差と成分

成分を用いてベクトルの定数倍，和，差を計算する．

公式 11.2　ベクトルの定数倍と和の成分，$\boldsymbol{k}$ は定数

(1) $k\begin{pmatrix} a_1 \\ a_2 \\ a_3 \end{pmatrix} = \begin{pmatrix} ka_1 \\ ka_2 \\ ka_3 \end{pmatrix}$

(2) $\begin{pmatrix} a_1 \\ a_2 \\ a_3 \end{pmatrix} + \begin{pmatrix} b_1 \\ b_2 \\ b_3 \end{pmatrix} = \begin{pmatrix} a_1 + b_1 \\ a_2 + b_2 \\ a_3 + b_3 \end{pmatrix}$

解説　(1) ではベクトルの k 倍は各成分に定数 k を掛ける．(2) ではベクトルの和は対応する成分同士をたす．

例 2　ベクトルの定数倍と和を計算する．

(1) $4\begin{pmatrix} 1 \\ 2 \\ 3 \end{pmatrix} = \begin{pmatrix} 4 \\ 8 \\ 12 \end{pmatrix}$　　(2) $\begin{pmatrix} 1 \\ 2 \\ 3 \end{pmatrix} + \begin{pmatrix} 4 \\ 5 \\ 6 \end{pmatrix} = \begin{pmatrix} 5 \\ 7 \\ 9 \end{pmatrix}$

基本ベクトル $\boldsymbol{e}_1, \boldsymbol{e}_2, \boldsymbol{e}_3$ の成分は点 $(1, 0, 0)$，$(0, 1, 0)$，$(0, 0, 1)$ を用いて，次のように表せる．

$$\boldsymbol{e}_1 = \begin{pmatrix} 1 \\ 0 \\ 0 \end{pmatrix}, \quad \boldsymbol{e}_2 = \begin{pmatrix} 0 \\ 1 \\ 0 \end{pmatrix}, \quad \boldsymbol{e}_3 = \begin{pmatrix} 0 \\ 0 \\ 1 \end{pmatrix}$$

空間のベクトル $\boldsymbol{a}$ は基本ベクトルで表せる（**基本ベクトル表示**）.

$$\boldsymbol{a} = \begin{pmatrix} a_1 \\ a_2 \\ a_3 \end{pmatrix} = a_1 \begin{pmatrix} 1 \\ 0 \\ 0 \end{pmatrix} + a_2 \begin{pmatrix} 0 \\ 1 \\ 0 \end{pmatrix} + a_3 \begin{pmatrix} 0 \\ 0 \\ 1 \end{pmatrix}$$
$$= a_1\boldsymbol{e}_1 + a_2\boldsymbol{e}_2 + a_3\boldsymbol{e}_3$$

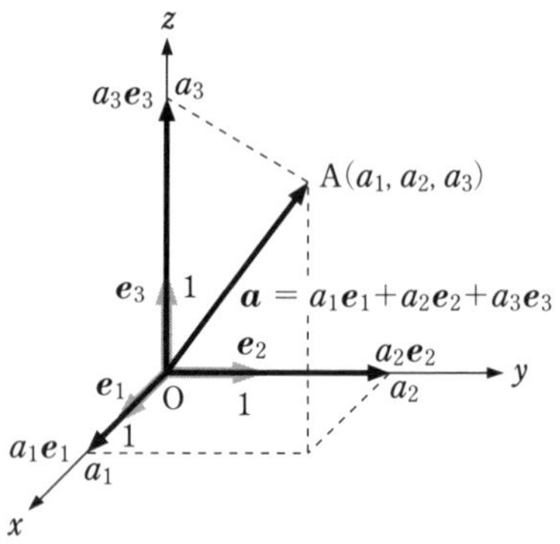

図 11.3　ベクトル $\boldsymbol{a}$ の基本ベクトル表示.

> **例題 11.2**　公式 11.1，11.2 を用いて成分と大きさを求めよ.
>
> (1)　$3\begin{pmatrix} 1 \\ -2 \\ 3 \end{pmatrix} + 2\begin{pmatrix} -2 \\ 2 \\ 1 \end{pmatrix} + \begin{pmatrix} 3 \\ 0 \\ -4 \end{pmatrix}$
>
> (2)　$\left| 3\begin{pmatrix} 1 \\ -2 \\ 3 \end{pmatrix} + 2\begin{pmatrix} -2 \\ 2 \\ 1 \end{pmatrix} + \begin{pmatrix} 3 \\ 0 \\ -4 \end{pmatrix} \right|$

解　(1) ではベクトルの各成分に定数を掛けて，対応する成分同士をたしたり，引いたりする. (2) では (1) で求めたベクトルの各成分を 2 乗してたし合わせ，平方根を計算する.

(1)　$3\begin{pmatrix} 1 \\ -2 \\ 3 \end{pmatrix} + 2\begin{pmatrix} -2 \\ 2 \\ 1 \end{pmatrix} + \begin{pmatrix} 3 \\ 0 \\ -4 \end{pmatrix} = \begin{pmatrix} 3 \\ -6 \\ 9 \end{pmatrix} + \begin{pmatrix} -4 \\ 4 \\ 2 \end{pmatrix} + \begin{pmatrix} 3 \\ 0 \\ -4 \end{pmatrix} = \begin{pmatrix} 2 \\ -2 \\ 7 \end{pmatrix}$

(2)　$\left| 3\begin{pmatrix} 1 \\ -2 \\ 3 \end{pmatrix} + 2\begin{pmatrix} -2 \\ 2 \\ 1 \end{pmatrix} + \begin{pmatrix} 3 \\ 0 \\ -4 \end{pmatrix} \right| = \left| \begin{pmatrix} 2 \\ -2 \\ 7 \end{pmatrix} \right| = \sqrt{4+4+49} = \sqrt{57}$　∎

> **問 11.2**　ベクトル $\boldsymbol{a} = \begin{pmatrix} 2 \\ 5 \\ -1 \end{pmatrix}$，$\boldsymbol{b} = \begin{pmatrix} 1 \\ -1 \\ 2 \end{pmatrix}$，$\boldsymbol{c} = \begin{pmatrix} 3 \\ 2 \\ 3 \end{pmatrix}$ から，公式 11.1，11.2 を用いて成分と大きさを求めよ.
>
> (1)　$2\boldsymbol{a}+3\boldsymbol{b}$　　(2)　$|2\boldsymbol{a}+3\boldsymbol{b}|$
>
> (3)　$-3\boldsymbol{a}+\boldsymbol{c}$　　(4)　$|-3\boldsymbol{a}+\boldsymbol{c}|$
>
> (5)　$3\boldsymbol{a}-\boldsymbol{b}+2\boldsymbol{c}$　　(6)　$|3\boldsymbol{a}-\boldsymbol{b}+2\boldsymbol{c}|$
>
> (7)　$2(\boldsymbol{a}-\boldsymbol{b})-3(\boldsymbol{a}-2\boldsymbol{c})$　　(8)　$|2(\boldsymbol{a}-\boldsymbol{b})-3(\boldsymbol{a}-2\boldsymbol{c})|$

注意　2 つのベクトル $\boldsymbol{a}, \boldsymbol{b}$ が平行 $\boldsymbol{a} /\!/ \boldsymbol{b}$ ならばある定数 k に対して $k\boldsymbol{a} = \boldsymbol{b}$ となる．これより

$$k\begin{pmatrix} a_1 \\ a_2 \\ a_3 \end{pmatrix} = \begin{pmatrix} b_1 \\ b_2 \\ b_3 \end{pmatrix}$$

$$ka_1 = b_1, \quad ka_2 = b_2, \quad ka_3 = b_3$$

$$\frac{b_1}{a_1} = \frac{b_2}{a_2} = \frac{b_3}{a_3}$$

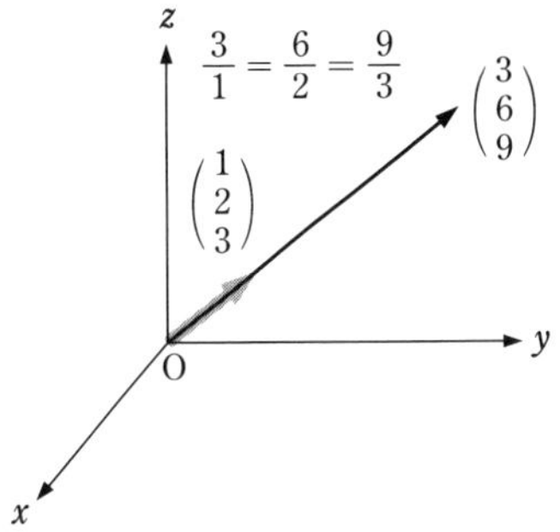

図 11.4　平行なベクトルと成分．

● 2点を結ぶベクトル

始点と終点の座標からベクトルの成分を計算する．

ベクトルの差と成分を用いて，2点 $\mathrm{A}(a_1, a_2, a_3)$, $\mathrm{B}(b_1, b_2, b_3)$ を結ぶ**ベクトル** $\overrightarrow{\mathrm{AB}}$ を求める．

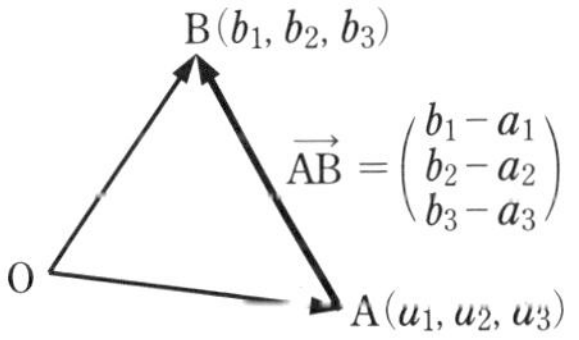

図 11.5　2点 A, B を結ぶベクトルと成分．

$$\overrightarrow{\mathrm{AB}} = \overrightarrow{\mathrm{OB}} - \overrightarrow{\mathrm{OA}} = \begin{pmatrix} b_1 \\ b_2 \\ b_3 \end{pmatrix} - \begin{pmatrix} a_1 \\ a_2 \\ a_3 \end{pmatrix} = \begin{pmatrix} b_1 - a_1 \\ b_2 - a_2 \\ b_3 - a_3 \end{pmatrix}$$

また2点 A, B 間の**距離** $\overline{\mathrm{AB}}$ はベクトル $\overrightarrow{\mathrm{AB}}$ の大きさ $|\overrightarrow{\mathrm{AB}}|$ になる．

これらをまとめておく．

> **公式 11.3　2点を結ぶベクトルと距離**
>
> 2点 $\mathrm{A}(a_1, a_2, a_3)$, $\mathrm{B}(b_1, b_2, b_3)$ を結ぶベクトル $\overrightarrow{\mathrm{AB}}$ と2点間の距離 $\overline{\mathrm{AB}}$ は
>
> (1) $\overrightarrow{\mathrm{AB}} = \begin{pmatrix} b_1 \\ b_2 \\ b_3 \end{pmatrix} - \begin{pmatrix} a_1 \\ a_2 \\ a_3 \end{pmatrix} = \begin{pmatrix} b_1 - a_1 \\ b_2 - a_2 \\ b_3 - a_3 \end{pmatrix}$
>
> (2) $\overline{\mathrm{AB}} = \sqrt{(b_1 - a_1)^2 + (b_2 - a_2)^2 + (b_3 - a_3)^2}$

解説　(1) では2点 A, B を結ぶベクトル $\overrightarrow{\mathrm{AB}}$ の成分は点 B の座標から点 A の座標を引く．(2) では2点 A, B の距離はベクトル $\overrightarrow{\mathrm{AB}}$ の大きさになる．

注意　ベクトル $\overrightarrow{\mathrm{AB}}$ をベクトルの差で表すときは，後ろの文字から前の文字を引く（尻取り）．

$$\overrightarrow{\mathrm{AB}} = \overrightarrow{\mathrm{OB}} - \overrightarrow{\mathrm{OA}} = \boldsymbol{b} - \boldsymbol{a}$$

> **例題 11.3**　公式 11.3 を用いてベクトル $\overrightarrow{\mathrm{AB}}$ の成分と距離 $\overline{\mathrm{AB}}$ を求めよ．
>
> $\mathrm{A}(1, -2, 3), \quad \mathrm{B}(-2, 2, 1)$

解　(1) では2点の座標の差を計算する．(2) では (1) のベクトルの大きさを

計算する．

(1)　$\overrightarrow{\mathrm{AB}}=\begin{pmatrix}-2\\2\\1\end{pmatrix}-\begin{pmatrix}1\\-2\\3\end{pmatrix}=\begin{pmatrix}-3\\4\\-2\end{pmatrix}$

(2)　$\overline{\mathrm{AB}}=\left|\begin{pmatrix}-3\\4\\-2\end{pmatrix}\right|=\sqrt{9+16+4}=\sqrt{29}$ ▮

問 11.3　公式 11.3 を用いてベクトル $\overrightarrow{\mathrm{AB}}$ の成分と距離 $\overline{\mathrm{AB}}$ を求めよ．

(1)　A(2, −4, 3)，B(−3, 5, 4)

(2)　A(1, −3, −4)，B(6, 2, −8)

11.3　ベクトルの内積と成分

成分を用いてベクトルの内積を計算する．

公式 11.4　ベクトルの内積，なす角 θ と成分

(1)　$\boldsymbol{a}\cdot\boldsymbol{b}=\begin{pmatrix}a_1\\a_2\\a_3\end{pmatrix}\cdot\begin{pmatrix}b_1\\b_2\\b_3\end{pmatrix}=a_1b_1+a_2b_2+a_3b_3$

(2)　$\cos\theta=\dfrac{\boldsymbol{a}\cdot\boldsymbol{b}}{|\boldsymbol{a}||\boldsymbol{b}|}=\dfrac{a_1b_1+a_2b_2+a_3b_3}{\sqrt{{a_1}^2+{a_2}^2+{a_3}^2}\sqrt{{b_1}^2+{b_2}^2+{b_3}^2}}$

解説　(1) ではベクトルの内積は，対応する成分同士を掛けてたす．(2) ではベクトルのなす角 θ の $\cos\theta$ は，内積 $\boldsymbol{a}\cdot\boldsymbol{b}$ を大きさ $|\boldsymbol{a}|$，$|\boldsymbol{b}|$ で割る．

注意　対応する成分同士を掛けても内積でない．

$$\begin{pmatrix}a_1\\a_2\\a_3\end{pmatrix}\cdot\begin{pmatrix}b_1\\b_2\\b_3\end{pmatrix}=\begin{pmatrix}a_1b_1\\a_2b_2\\a_3b_3\end{pmatrix}\quad ✗$$

例題 11.4　公式 11.4 を用いて内積となす角 θ の $\cos\theta$ を求めよ．

(1)　$\boldsymbol{e}_2=\begin{pmatrix}0\\1\\0\end{pmatrix}$，$\boldsymbol{e}_2=\begin{pmatrix}0\\1\\0\end{pmatrix}$　　(2)　$\boldsymbol{e}_3=\begin{pmatrix}0\\0\\1\end{pmatrix}$，$\boldsymbol{e}_1=\begin{pmatrix}1\\0\\0\end{pmatrix}$

(3)　$\begin{pmatrix}1\\-2\\3\end{pmatrix}$，$\begin{pmatrix}3\\0\\-4\end{pmatrix}$

解　ベクトルの対応する成分同士を掛けてたし，内積を計算する．それをベクトルの大きさで割り，$\cos\theta$ を計算する．(1)，(2) の内積は § 9 例 1 (2)，(6) と等しくなる．

(1)　$\boldsymbol{e}_2\cdot\boldsymbol{e}_2=\begin{pmatrix}0\\1\\0\end{pmatrix}\cdot\begin{pmatrix}0\\1\\0\end{pmatrix}=0+1+0=1$

$$\cos\theta=\frac{\boldsymbol{e}_2\cdot\boldsymbol{e}_2}{|\boldsymbol{e}_2||\boldsymbol{e}_2|}=1,\qquad \theta=0^\circ$$

(2)　$\boldsymbol{e}_3\cdot\boldsymbol{e}_1=\begin{pmatrix}0\\0\\1\end{pmatrix}\cdot\begin{pmatrix}1\\0\\0\end{pmatrix}=0+0+0=0$

$$\cos\theta=\frac{\boldsymbol{e}_3\cdot\boldsymbol{e}_1}{|\boldsymbol{e}_3||\boldsymbol{e}_1|}=0,\qquad \theta=90^\circ$$

(3)　$\begin{pmatrix}1\\-2\\3\end{pmatrix}\cdot\begin{pmatrix}3\\0\\-4\end{pmatrix}=3+0-12=-9$

$$\cos\theta=\frac{-9}{\sqrt{1+4+9}\sqrt{9+0+16}}=\frac{-9}{\sqrt{14}\sqrt{25}}=-\frac{9}{5\sqrt{14}}$$ ▮

問 11.4　公式 11.4 を用いて内積となす角 θ の $\cos\theta$ を求めよ．

(1)　$\begin{pmatrix}2\\1\\-2\end{pmatrix},\ \begin{pmatrix}1\\3\\1\end{pmatrix}$　　(2)　$\begin{pmatrix}2\\-3\\5\end{pmatrix},\ \begin{pmatrix}2\\3\\1\end{pmatrix}$

例題 11.5　公式 11.2，11.4 を用いて計算せよ．

$$\left\{\begin{pmatrix}-2\\2\\1\end{pmatrix}+\begin{pmatrix}3\\0\\-4\end{pmatrix}\right\}\cdot\left\{\begin{pmatrix}1\\-2\\3\end{pmatrix}-\begin{pmatrix}-2\\2\\1\end{pmatrix}\right\}$$

解　各ベクトルの定数倍や和，差を計算してから，内積を求める．

$$\left\{\begin{pmatrix}-2\\2\\1\end{pmatrix}+\begin{pmatrix}3\\0\\-4\end{pmatrix}\right\}\cdot\left\{\begin{pmatrix}1\\-2\\3\end{pmatrix}-\begin{pmatrix}-2\\2\\1\end{pmatrix}\right\}=\begin{pmatrix}1\\2\\-3\end{pmatrix}\cdot\begin{pmatrix}3\\-4\\2\end{pmatrix}$$
$$=3-8-6=-11$$ ▮

問 11.5　問 11.2 のベクトル $\boldsymbol{a},\boldsymbol{b},\boldsymbol{c}$ から，公式 11.2，11.4 を用いて計算せよ．

(1)　$\boldsymbol{c}\cdot(\boldsymbol{a}+\boldsymbol{b})$　　(2)　$(\boldsymbol{a}-\boldsymbol{b})\cdot(\boldsymbol{b}-\boldsymbol{c})$

(3)　$(3\boldsymbol{b}+\boldsymbol{c})\cdot(\boldsymbol{a}+2\boldsymbol{c})$　　(4)　$(2\boldsymbol{a}+3\boldsymbol{b}-\boldsymbol{c})\cdot(3\boldsymbol{a}-4\boldsymbol{b}+2\boldsymbol{c})$

注意1　内積では展開しない．展開すると計算が長くなる．

$$(\boldsymbol{b}+\boldsymbol{c})\cdot(\boldsymbol{a}-\boldsymbol{b})=\boldsymbol{b}\cdot\boldsymbol{a}+\boldsymbol{c}\cdot\boldsymbol{a}-\boldsymbol{b}\cdot\boldsymbol{b}-\boldsymbol{c}\cdot\boldsymbol{b}$$

注意2　2つのベクトル $\boldsymbol{a}, \boldsymbol{b}$ が垂直 $\boldsymbol{a} \perp \boldsymbol{b}$ ならば $\boldsymbol{a}\cdot\boldsymbol{b} = 0$ となる．これより

$$\begin{pmatrix} a_1 \\ a_2 \\ a_3 \end{pmatrix}\cdot\begin{pmatrix} b_1 \\ b_2 \\ b_3 \end{pmatrix} = 0$$

$$a_1b_1 + a_2b_2 + a_3b_3 = 0$$

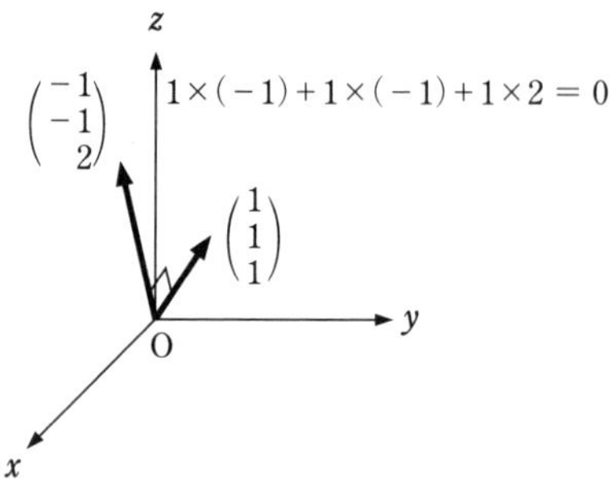

図 11.6　垂直なベクトルと成分．

11.4　ベクトルの外積と成分

成分を用いてベクトルの外積を計算する．

公式 11.5　ベクトルの外積と成分

$$\boldsymbol{a}\times\boldsymbol{b} = \begin{pmatrix} a_1 \\ a_2 \\ a_3 \end{pmatrix}\times\begin{pmatrix} b_1 \\ b_2 \\ b_3 \end{pmatrix} = \begin{vmatrix} a_1 & b_1 & \boldsymbol{e}_1 \\ a_2 & b_2 & \boldsymbol{e}_2 \\ a_3 & b_3 & \boldsymbol{e}_3 \end{vmatrix}$$

$$= \begin{vmatrix} a_2 & b_2 \\ a_3 & b_3 \end{vmatrix}\boldsymbol{e}_1 - \begin{vmatrix} a_1 & b_1 \\ a_3 & b_3 \end{vmatrix}\boldsymbol{e}_2 + \begin{vmatrix} a_1 & b_1 \\ a_2 & b_2 \end{vmatrix}\boldsymbol{e}_3$$

$$= \begin{pmatrix} a_2b_3 - a_3b_2 \\ a_3b_1 - a_1b_3 \\ a_1b_2 - a_2b_1 \end{pmatrix}$$

解説　ベクトルの外積は，成分と基本ベクトル $\boldsymbol{e}_1, \boldsymbol{e}_2, \boldsymbol{e}_3$ を並べて3次の行列式を作り，計算する．外積の各成分は行列式で表せる．

注意　対応する成分同士を掛けても外積でない．

$$\begin{pmatrix} a_1 \\ a_2 \\ a_3 \end{pmatrix}\times\begin{pmatrix} b_1 \\ b_2 \\ b_3 \end{pmatrix} = \begin{pmatrix} a_1b_1 \\ a_2b_2 \\ a_3b_3 \end{pmatrix} \quad ✗$$

例題 11.6　公式 11.2，11.5 を用いて計算せよ．

(1)　$\boldsymbol{e}_3\times\boldsymbol{e}_3$　　(2)　$\boldsymbol{e}_2\times\boldsymbol{e}_3$　　(3)　$\begin{pmatrix} 1 \\ -2 \\ 3 \end{pmatrix}\times\begin{pmatrix} -2 \\ 2 \\ 1 \end{pmatrix}$

(4)　$\left\{\begin{pmatrix} -2 \\ 2 \\ 1 \end{pmatrix} - \begin{pmatrix} 3 \\ 0 \\ -4 \end{pmatrix}\right\}\times\left\{\begin{pmatrix} 1 \\ -2 \\ 3 \end{pmatrix} + \begin{pmatrix} 3 \\ 0 \\ -4 \end{pmatrix}\right\}$

解　2つのベクトルの成分と基本ベクトルを並べて行列式を作り，外積を計算する．(1),(2) は§9例2(3),(5) と等しくなる．(4) では各ベクトルの定数倍

や和，差を計算してから，外積を求める．

(1) $$\boldsymbol{e}_3\times\boldsymbol{e}_3=\begin{pmatrix}0\\0\\1\end{pmatrix}\times\begin{pmatrix}0\\0\\1\end{pmatrix}=\begin{vmatrix}0&0&\boldsymbol{e}_1\\0&0&\boldsymbol{e}_2\\1&1&\boldsymbol{e}_3\end{vmatrix}=0\boldsymbol{e}_1+0\boldsymbol{e}_2+0\boldsymbol{e}_3=\boldsymbol{0}=\begin{pmatrix}0\\0\\0\end{pmatrix}$$

(2) $$\boldsymbol{e}_2\times\boldsymbol{e}_3=\begin{pmatrix}0\\1\\0\end{pmatrix}\times\begin{pmatrix}0\\0\\1\end{pmatrix}=\begin{vmatrix}0&0&\boldsymbol{e}_1\\1&0&\boldsymbol{e}_2\\0&1&\boldsymbol{e}_3\end{vmatrix}=1\boldsymbol{e}_1+0\boldsymbol{e}_2+0\boldsymbol{e}_3=\boldsymbol{e}_1=\begin{pmatrix}1\\0\\0\end{pmatrix}$$

(3) $$\begin{pmatrix}1\\-2\\3\end{pmatrix}\times\begin{pmatrix}-2\\2\\1\end{pmatrix}=\begin{vmatrix}1&-2&\boldsymbol{e}_1\\-2&2&\boldsymbol{e}_2\\3&1&\boldsymbol{e}_3\end{vmatrix}=2\boldsymbol{e}_3-2\boldsymbol{e}_1-6\boldsymbol{e}_2-6\boldsymbol{e}_1-4\boldsymbol{e}_3-\boldsymbol{e}_2$$

$$=-8\boldsymbol{e}_1-7\boldsymbol{e}_2-2\boldsymbol{e}_3=\begin{pmatrix}-8\\-7\\-2\end{pmatrix}$$

(4) $$\left\{\begin{pmatrix}-2\\2\\1\end{pmatrix}-\begin{pmatrix}3\\0\\-4\end{pmatrix}\right\}\times\left\{\begin{pmatrix}1\\-2\\3\end{pmatrix}+\begin{pmatrix}3\\0\\-4\end{pmatrix}\right\}=\begin{pmatrix}-5\\2\\5\end{pmatrix}\times\begin{pmatrix}4\\-2\\-1\end{pmatrix}$$

$$=\begin{vmatrix}-5&4&\boldsymbol{e}_1\\2&-2&\boldsymbol{e}_2\\5&-1&\boldsymbol{e}_3\end{vmatrix}=10\boldsymbol{e}_3-2\boldsymbol{e}_1+20\boldsymbol{e}_2+10\boldsymbol{e}_1-8\boldsymbol{e}_3-5\boldsymbol{e}_2$$

$$=8\boldsymbol{e}_1+15\boldsymbol{e}_2+2\boldsymbol{e}_3=\begin{pmatrix}8\\15\\2\end{pmatrix}$$

問 11.6 問 11.2 のベクトル $\boldsymbol{a}, \boldsymbol{b}, \boldsymbol{c}$ から，公式 11.2, 11.5 を用いて計算せよ．

(1) $(\boldsymbol{a}-\boldsymbol{b})\times\boldsymbol{c}$　　(2) $(\boldsymbol{a}+\boldsymbol{c})\times(\boldsymbol{c}-\boldsymbol{b})$

(3) $(2\boldsymbol{c}-\boldsymbol{b})\times(2\boldsymbol{b}-\boldsymbol{a})$　　(4) $(3\boldsymbol{a}+\boldsymbol{b}-2\boldsymbol{c})\times(2\boldsymbol{a}+2\boldsymbol{b}-\boldsymbol{c})$

注意 1　外積では展開しない．展開すると計算が長くなる．

$$(\boldsymbol{b}-\boldsymbol{c})\times(\boldsymbol{a}+\boldsymbol{c})=\boldsymbol{b}\times\boldsymbol{a}-\boldsymbol{c}\times\boldsymbol{a}+\boldsymbol{b}\times\boldsymbol{c}-\boldsymbol{c}\times\boldsymbol{c}$$

注意 2　2 つのベクトル $\boldsymbol{a}, \boldsymbol{b}$ が平行 $\boldsymbol{a}\parallel\boldsymbol{b}$ ならば $\boldsymbol{a}\times\boldsymbol{b}=\boldsymbol{0}$ となる．これより次が成り立つ．これは例題 11.2 の注意と同じ式になる．

$$\begin{pmatrix}a_1\\a_2\\a_3\end{pmatrix}\times\begin{pmatrix}b_1\\b_2\\b_3\end{pmatrix}=\boldsymbol{0}$$

$$\begin{pmatrix}a_2b_3-a_3b_2\\a_3b_1-a_1b_3\\a_1b_2-a_2b_1\end{pmatrix}=\begin{pmatrix}0\\0\\0\end{pmatrix}$$

$$\frac{b_1}{a_1}=\frac{b_2}{a_2}=\frac{b_3}{a_3}$$

練習問題 11

1. 公式 11.1 を用いて大きさを求めよ．

(1) $\begin{pmatrix} -2 \\ -2 \\ 2 \end{pmatrix}$　　(2) $\begin{pmatrix} -3 \\ 4 \\ 5 \end{pmatrix}$

2. ベクトル $\boldsymbol{a}=\begin{pmatrix} 2 \\ 5 \\ 1 \end{pmatrix}$，$\boldsymbol{b}=\begin{pmatrix} -1 \\ 2 \\ -4 \end{pmatrix}$，$\boldsymbol{c}=\begin{pmatrix} 5 \\ -3 \\ 3 \end{pmatrix}$ から，公式 11.1，11.2 を用いて成分と大きさを求めよ．

(1) $\boldsymbol{a}+3\boldsymbol{b}+2\boldsymbol{c}$　　(2) $-2\boldsymbol{a}+3\boldsymbol{b}-\boldsymbol{c}$

(3) $4(\boldsymbol{b}-\boldsymbol{a}+\boldsymbol{c})+3\boldsymbol{b}$　　(4) $3(\boldsymbol{a}+\boldsymbol{c})+2(\boldsymbol{b}-\boldsymbol{c})$

(5) $|\boldsymbol{a}+\boldsymbol{c}|$　　(6) $|2\boldsymbol{b}+3\boldsymbol{c}|$

(7) $|\boldsymbol{a}-\boldsymbol{b}-\boldsymbol{c}|$　　(8) $|4\boldsymbol{a}-\boldsymbol{b}-3\boldsymbol{c}|$

3. 公式 11.3 を用いてベクトル $\overrightarrow{\mathrm{AB}}$ の成分と距離 $\overline{\mathrm{AB}}$ を求めよ．

(1) $\mathrm{A}(1,-1,0)$，$\mathrm{B}(-2,1,3)$　　(2) $\mathrm{A}(-2,5,3)$，$\mathrm{B}(4,-2,-1)$

4. 公式 11.4 を用いて内積となす角 θ の $\cos\theta$ を求めよ．

(1) $\begin{pmatrix} 2 \\ 1 \\ 3 \end{pmatrix}$, $\begin{pmatrix} 4 \\ 2 \\ 6 \end{pmatrix}$　　(2) $\begin{pmatrix} 2 \\ -1 \\ 4 \end{pmatrix}$, $\begin{pmatrix} 2 \\ 1 \\ 4 \end{pmatrix}$

(3) $\begin{pmatrix} 1 \\ 2 \\ 3 \end{pmatrix}$, $\begin{pmatrix} -1 \\ -2 \\ -3 \end{pmatrix}$　　(4) $\begin{pmatrix} 1 \\ 3 \\ -1 \end{pmatrix}$, $\begin{pmatrix} 2 \\ 0 \\ 1 \end{pmatrix}$

5. 問題 ***2*** のベクトル $\boldsymbol{a}, \boldsymbol{b}, \boldsymbol{c}$ から，公式 11.2，11.4 を用いて計算せよ．

(1) $(\boldsymbol{a}-\boldsymbol{b}-\boldsymbol{c})\cdot\boldsymbol{b}$　　(2) $(\boldsymbol{c}-\boldsymbol{a})\cdot(\boldsymbol{a}+\boldsymbol{b})$

(3) $(3\boldsymbol{a}+2\boldsymbol{b}+4\boldsymbol{c})\cdot(4\boldsymbol{a}+3\boldsymbol{c})$

(4) $(-3\boldsymbol{a}+2\boldsymbol{b}+5\boldsymbol{c})\cdot(2\boldsymbol{a}-\boldsymbol{b}-4\boldsymbol{c})$

6. 問題 ***2*** のベクトル $\boldsymbol{a}, \boldsymbol{b}, \boldsymbol{c}$ から，公式 11.2，11.4，11.5 を用いて計算せよ．

(1) $\boldsymbol{a}\times(\boldsymbol{b}+\boldsymbol{c})$　　(2) $(\boldsymbol{a}\times\boldsymbol{b})\times\boldsymbol{c}$

(3) $(\boldsymbol{a}-\boldsymbol{c})\times(\boldsymbol{b}-\boldsymbol{c})$　　(4) $(2\boldsymbol{a}-\boldsymbol{b}-2\boldsymbol{c})\times(4\boldsymbol{a}+3\boldsymbol{b}-\boldsymbol{c})$

(5) $(\boldsymbol{a}\times\boldsymbol{c})\cdot\boldsymbol{b}$　　(6) $(\boldsymbol{a}\times\boldsymbol{b})\cdot(\boldsymbol{c}\times\boldsymbol{b})$

解答

問 11.1 (1) $\sqrt{5}$　(2) $3\sqrt{2}$

問 11.2 (1) $\begin{pmatrix} 7 \\ 7 \\ 4 \end{pmatrix}$　(2) $\sqrt{114}$　(3) $\begin{pmatrix} -3 \\ -13 \\ 6 \end{pmatrix}$　(4) $\sqrt{214}$

(5) $\begin{pmatrix} 11 \\ 20 \\ 1 \end{pmatrix}$　(6) $3\sqrt{58}$　(7) $\begin{pmatrix} 14 \\ 9 \\ 15 \end{pmatrix}$　(8) $\sqrt{502}$

問 11.3 (1) $\begin{pmatrix} -5 \\ 9 \\ 1 \end{pmatrix}$, $\sqrt{107}$　(2) $\begin{pmatrix} 5 \\ 5 \\ -4 \end{pmatrix}$, $\sqrt{66}$

問 11.4 (1) 3, $\dfrac{1}{\sqrt{11}}$　(2) 0, 0

問 11.5 (1) 20　(2) -17　(3) 84　(4) 142

問 11.6 (1) $\begin{pmatrix} 24 \\ -12 \\ -16 \end{pmatrix}$　(2) $\begin{pmatrix} 1 \\ -1 \\ 1 \end{pmatrix}$　(3) $\begin{pmatrix} 53 \\ -25 \\ -35 \end{pmatrix}$　(4) $\begin{pmatrix} 32 \\ -20 \\ -24 \end{pmatrix}$

練習問題 11

1. (1) $2\sqrt{3}$　(2) $5\sqrt{2}$

2. (1) $\begin{pmatrix} 9 \\ 5 \\ -5 \end{pmatrix}$　(2) $\begin{pmatrix} -12 \\ -1 \\ -17 \end{pmatrix}$　(3) $\begin{pmatrix} 5 \\ -18 \\ -20 \end{pmatrix}$　(4) $\begin{pmatrix} 9 \\ 16 \\ -2 \end{pmatrix}$

(5) $\sqrt{69}$　(6) $\sqrt{195}$　(7) $2\sqrt{11}$　(8) $\sqrt{766}$

3. (1) $\begin{pmatrix} -3 \\ 2 \\ 3 \end{pmatrix}$, $\sqrt{22}$　(2) $\begin{pmatrix} 6 \\ -7 \\ -4 \end{pmatrix}$, $\sqrt{101}$

4. (1) 28, 1　(2) 19, $\dfrac{19}{21}$　(3) -14, -1　(4) 1, $\dfrac{1}{\sqrt{55}}$

5. (1) 6　(2) -59　(3) 720　(4) -799

6. (1) $\begin{pmatrix} -4 \\ 6 \\ -22 \end{pmatrix}$　(2) $\begin{pmatrix} 48 \\ 111 \\ 31 \end{pmatrix}$　(3) $\begin{pmatrix} -46 \\ -9 \\ 33 \end{pmatrix}$　(4) $\begin{pmatrix} -154 \\ -55 \\ -145 \end{pmatrix}$

(5) 104　(6) 50

§12 複素数と計算

実数だけでは不便なことが多いので，数の範囲を広げることを考える．ここでは実数と虚数を合わせた複素数を導入して性質を調べる．

12.1 複 素 数

2 つの実数と虚数単位から複素数を作る．

負の数の平方根 $\sqrt{-1}$，$\sqrt{-2}$，$\sqrt{-3}$ などは実数の範囲では求められない．そこで $i^2=-1$ または $i=\sqrt{-1}$ を満たす新しい数 i を導入する．これを**虚数単位**といい，i を含む数を**虚数**という．i を用いると負の数の平方根は次のように表せる．

例 1　i を用いて負の数の平方根を表す．

(1)　$\sqrt{-1}=i$　　(2)　$\sqrt{-2}=\sqrt{-1}\sqrt{2}=\sqrt{2}\,i$

(3)　$\sqrt{-3}=\sqrt{-1}\sqrt{3}=\sqrt{3}\,i$　　(4)　$\sqrt{-4}=\sqrt{-1}\sqrt{4}=2i$

a, b を実数とするとき，$\alpha=a+bi$ を**複素数**という．a を複素数 α の**実部**といい，$\mathrm{Re}\,\alpha$ と書く．b を複素数 α の**虚部**といい，$\mathrm{Im}\,\alpha$ と書く．

$$\alpha = a + bi$$

α の実部 ($\mathrm{Re}\,\alpha$) ↗ a　　bi ↖ α の虚部 ($\mathrm{Im}\,\alpha$)

● 複素数と実数

複素数と実数の関係を見る．

複素数
- 実数　$1, 2, 3, \cdots$
- 虚数（i を含む）
  - 純虚数（実部が 0）　$i, 2i, 3i, \cdots$
  - その他の虚数　$1+2i, 3+4i, \cdots$

$\bar{\alpha}=a-bi$ を複素数 α の**共役**（複素数），$|\alpha|=\sqrt{a^2+b^2}$ を複素数 α の**絶対値**という．

以上をまとめておく．

公式 12.1　虚数単位，複素数の実部，虚部，共役，絶対値

(1)　$i=\sqrt{-1}$　または　$i^2=-1$

(2)　$\mathrm{Re}\,\alpha=\mathrm{Re}(a+bi)=a$　　(3)　$\mathrm{Im}\,\alpha=\mathrm{Im}(a+bi)=b$

(4)　$\bar{\alpha}=\overline{a+bi}=a-bi$　　(5)　$|\alpha|=|a+bi|=\sqrt{a^2+b^2}$

解説　(1) では虚数単位を 2 乗すると -1 になる．(2)〜(5) では複素数 α の実部 $\mathrm{Re}\,\alpha$ と虚部 $\mathrm{Im}\,\alpha$ を用いて，共役 $\bar{\alpha}$ や絶対値 $|\alpha|$ を計算する．

例題 12.1　公式 12.1 を用いて複素数 $1+2i$ の実部，虚部，共役，絶対値を求めよ．

解　記号 Re，Im，$\overline{}$，$|\ \ |$ を用いて書く．

$\mathrm{Re}(1+2i) = 1$，$\mathrm{Im}(1+2i) = 2$，$\overline{1+2i} = 1-2i$，$|1+2i| = \sqrt{1+4} = \sqrt{5}$ ▮

問 12.1　公式 12.1 を用いて実部，虚部，共役，絶対値を求めよ．

(1)　$2+i$　　(2)　$3-4i$

2 つの複素数 α, β の実部同士，虚部同士が等しいならば，$\alpha = \beta$ と書く．

例 2　複素数の等式を考える．

(1)　$a+bi = 1+2i$　ならば　$a = 1$，$b = 2$

(2)　$a+bi = 0$　ならば　$a = b = 0$ ▮

● 複素数の四則，共役，絶対値の計算

複素数の四則などを考える．

複素数の計算は虚数単位 i を含む文字式の計算と同じである．ただし，$i^2 = -1$ とする．

例題 12.2　$\alpha = 1+2i$，$\beta = 3+4i$ のとき，$a+bi$ に変形せよ．

(1)　$\alpha+\beta$　　(2)　$\alpha-\beta$　　(3)　$\alpha\beta$　　(4)　α^2

(5)　$\dfrac{1}{\alpha}$　　(6)　$\dfrac{\alpha}{\beta}$　　(7)　$\overline{\alpha}+\overline{\beta}$　　(8)　$\overline{\alpha}\,\overline{\beta}$

(9)　$\alpha\overline{\alpha}$　　(10)　$|\alpha||\beta|$

解　複素数の四則では $a+bi$ の式にする．共役や絶対値でもこの式にしてから計算する．

(1)　$\alpha+\beta = 1+2i+3+4i = 4+6i$

(2)　$\alpha-\beta = 1+2i-(3+4i) = -2-2i$

(3)　$\alpha\beta = (1+2i)(3+4i) = 3+10i+8i^2 = -5+10i$

(4)　$\alpha^2 = (1+2i)^2 = 1+4i+4i^2 = -3+4i$

(5)　$\dfrac{1}{\alpha} = \dfrac{1}{1+2i} = \dfrac{1-2i}{(1+2i)(1-2i)} = \dfrac{1-2i}{1-4i^2} = \dfrac{1-2i}{5}$

(6)　$\dfrac{\alpha}{\beta} = \dfrac{1+2i}{3+4i} = \dfrac{(1+2i)(3-4i)}{(3+4i)(3-4i)} = \dfrac{3+2i-8i^2}{9-16i^2} = \dfrac{11+2i}{25}$

(7)　$\overline{\alpha}+\overline{\beta} = 1-2i+3-4i = 4-6i = \overline{\alpha+\beta}$

(8)　$\overline{\alpha}\,\overline{\beta} = (1-2i)(3-4i) = 3-10i+8i^2 = -5-10i = \overline{\alpha\beta}$

(9)　$\alpha\overline{\alpha} = (1+2i)(1-2i) = 1-4i^2 = 5 = \sqrt{1+4}^{\,2} = |1+2i|^2 = |\alpha|^2$

(10)　$|\alpha||\beta| = |1+2i||3+4i| = \sqrt{5}\times 5 = \sqrt{125} = |-5+10i| = |\alpha\beta|$

問 12.2　$a+bi$ に変形せよ．

(1)　$(1-2i)(2+3i)$　　(2)　$(1+i)^3$　　(3)　$\dfrac{4}{3-i}$

(4)　$\dfrac{1-2i}{1-i}$　　(5)　$(2-3i)\overline{(1-3i)}$

(6)　$3-i\overline{(2+i)}$

共役と絶対値について次が成り立つ．

公式 12.2　共役と絶対値の性質

(1)　$\bar{\alpha}+\bar{\beta}=\overline{\alpha+\beta}$　　(2)　$\bar{\alpha}\bar{\beta}=\overline{\alpha\beta}$　　(3)　$\alpha\bar{\alpha}=|\alpha|^2$

(4)　$|\alpha||\beta|=|\alpha\beta|$

解説　(1),(2) では和や積の共役を分けたり，まとめたりする．(3) では共役と絶対値を結ぶ．(4) では積の絶対値を分けたり，まとめたりする．

注意　複素数には大小がない．不等式を考えると次のような誤りが現れる．

$$0<i \quad \text{または} \quad 0>i \quad \text{ならば} \quad 0<i^2=-1$$

12.2　複 素 平 面

複素数を図に表す方法を考える．

複素数の積による回転に注目する．実数に -1 を掛ければ 180° 回転し，-1 を 2 回つまり $(-1)^2$ を掛ければ 360° 回転する (図 12.1)．よって $i^2=-1$ なので，実数に虚数単位 i を掛ければ 90° 回転することになる (図 12.2)．そこで純虚数 bi は y 軸上に並び，一般の複素数 $a+bi$ は平面上に並ぶ．x 軸を**実軸**，y 軸を**虚軸**，xy 平面を**複素平面**という．

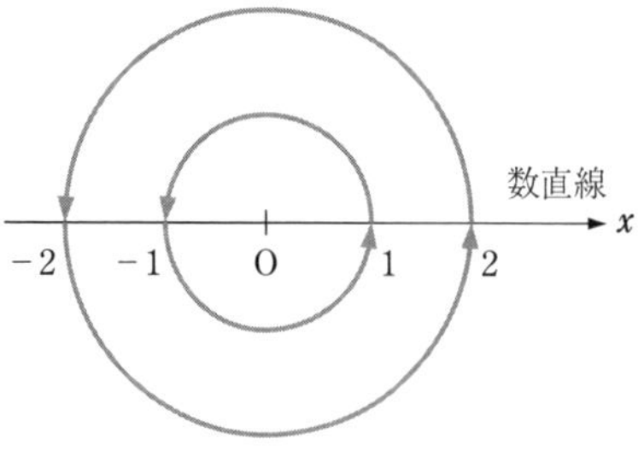

図 12.1　実数と -1 や $(-1)^2$ との積による回転．

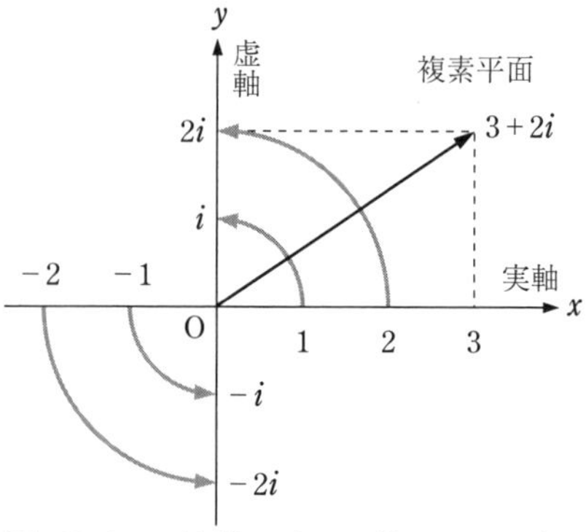

図 12.2　実数と i との積による回転．

● 複素数の絶対値と偏角

複素数を平面上に図示する．

複素数 $\alpha = a+bi$ と平面上の点 $\mathrm{A}(a, b)$ を対応させる．そして原点Oから点Aに矢印を引いて複素数 α を表す．原点Oからの距離 r はピタゴラスの定理より複素数 α の絶対値 $|\alpha| = \sqrt{a^2+b^2}$ になる．中心角 $\theta = \angle \mathrm{AO}x$ を複素数 α の**偏角**といい，$\arg\alpha$ と書く．複素数 α を絶対値 r と偏角 θ で表して**極形式**という．

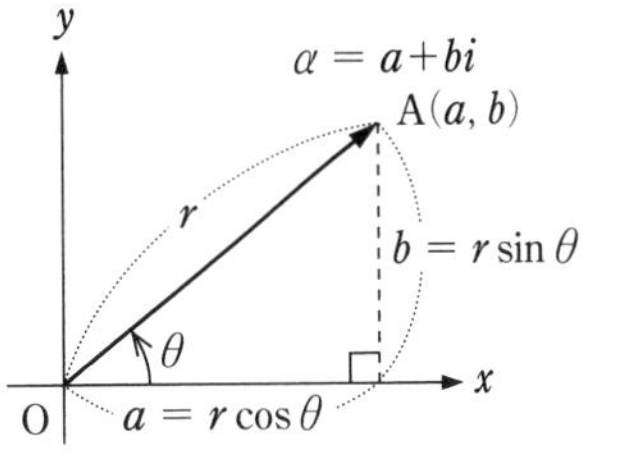

図 12.3　複素数の絶対値と偏角．

$$\begin{aligned}\alpha &= a+bi = r\cos\theta + (r\sin\theta)i \\ &= r(\cos\theta + i\sin\theta)\end{aligned}$$

これらをまとめておく．

公式 12.3　複素数の絶対値，偏角，極形式

(1)　$|\alpha| = \sqrt{a^2+b^2} = r$　　(2)　$\arg\alpha = \theta$

(3)　$\alpha = r(\cos\theta + i\sin\theta)$

解説　(1)，(2) では複素数の絶対値は実部と虚部から，偏角は図から計算する．(3) では絶対値と偏角を用いて複素数を極形式で表す．

例題 12.3　図を用いて偏角 θ $(0 \leqq \theta < 2\pi)$ を求めよ．

(1)　i　　(2)　$1+i$　　(3)　$-\sqrt{2}+\sqrt{2}i$

(4)　$-1-\dfrac{1}{\sqrt{3}}i$　　(5)　$\dfrac{1}{2}-\dfrac{\sqrt{3}}{2}i$

解　直角三角形をかいて中心角を計算する．図には三角形の辺の比を記す．

(1)　図 12.4 より

$$\arg i = \frac{\pi}{2}$$

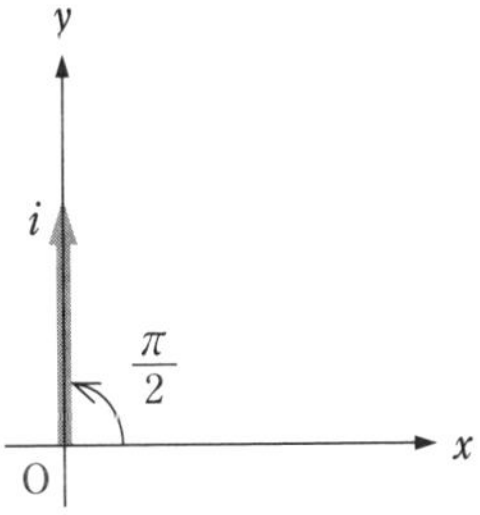

図 12.4　i の図示．

(2)　図 12.5 より

$$\arg(1+i) = \frac{\pi}{4}$$

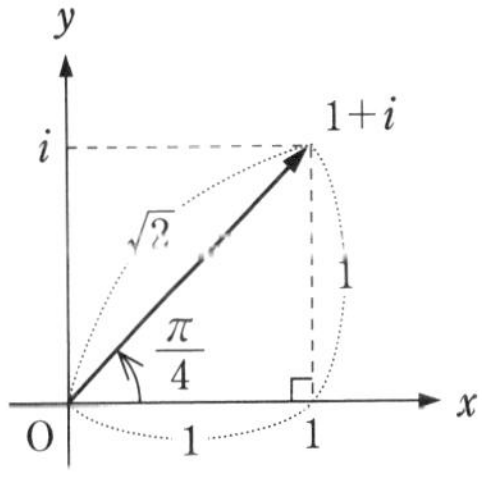

図 12.5　$1+i$ の図示．

(3) 図 12.6 より

$$\arg(-\sqrt{2}+\sqrt{2}i) = \frac{3}{4}\pi$$

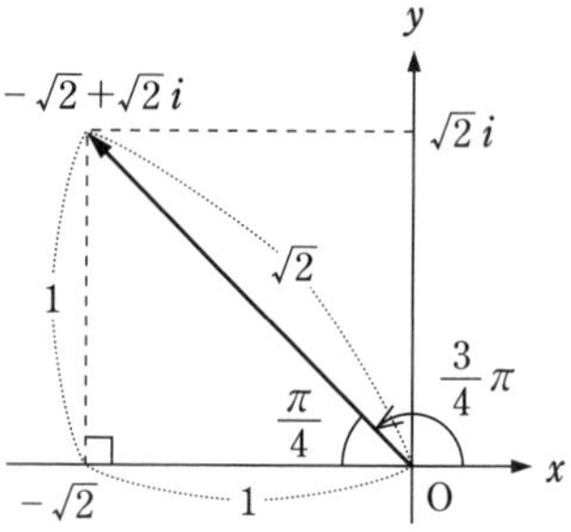

図 12.6 $-\sqrt{2}+\sqrt{2}i$ の図示.

(4) 図 12.7 より

$$\arg\left(-1-\frac{1}{\sqrt{3}}i\right) = \frac{7}{6}\pi$$

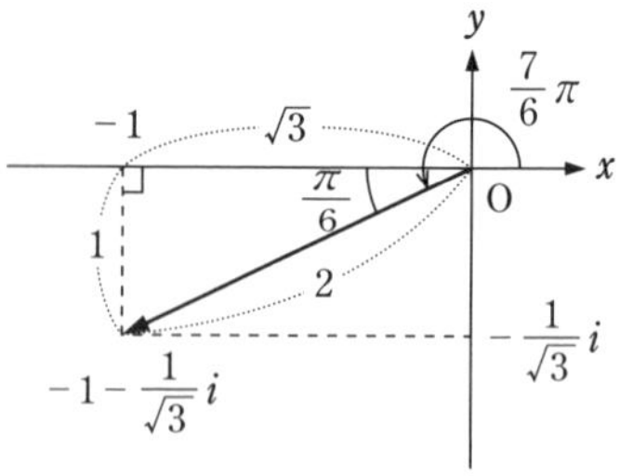

図 12.7 $-1-\frac{1}{\sqrt{3}}i$ の図示.

(5) 図 12.8 より

$$\arg\left(\frac{1}{2}-\frac{\sqrt{3}}{2}i\right) = \frac{5}{3}\pi$$

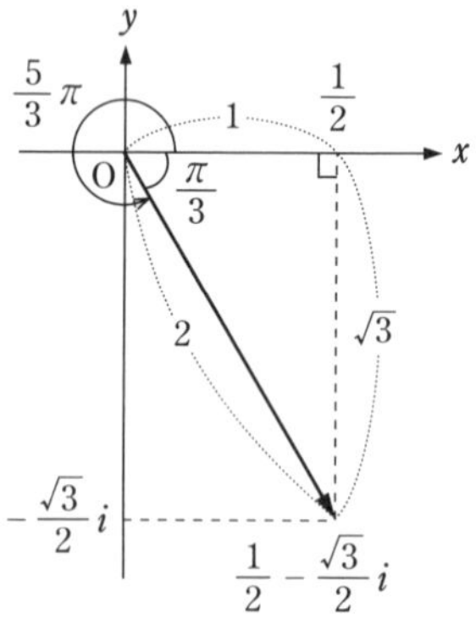

図 12.8 $\frac{1}{2}-\frac{\sqrt{3}}{2}i$ の図示.

問 12.3 図を用いて偏角 $\theta\,(0 \leqq \theta < 2\pi)$ を求めよ.

(1) $-\frac{1}{\sqrt{2}}+\frac{1}{\sqrt{2}}i$　　(2) $\frac{1}{\sqrt{3}}-\frac{1}{3}i$

(3) $2\sqrt{6}+2\sqrt{2}i$　　(4) $-\frac{5}{4}-\frac{5\sqrt{3}}{4}i$

12.3 複素数の図示

複素数を図にかくと新しい性質が見えてくる．

複素数の共役，和，差，積を図にかく．

> **例題 12.4** 図示せよ．
>
> (1) $\alpha = 1+i$, $\bar{\alpha}$ (2) $\alpha = 1+2i$, $\beta = 2+i$, $\alpha+\beta$
>
> (3) $\alpha = 1+2i$, $\beta = 2+i$, $\alpha-\beta$
>
> (4) $\alpha = 1+i$, $\beta = -1+i$, $\alpha\beta$

解 複素数を図にかいて性質を調べる．

(1) $\alpha = 1+i$, $|\alpha| = \sqrt{1+1} = \sqrt{2}$, $\arg\alpha = \dfrac{\pi}{4}$

$\bar{\alpha} = 1-i$, $|\bar{\alpha}| = \sqrt{1+1} = \sqrt{2}$, $\arg\bar{\alpha} = -\dfrac{\pi}{4}$

$|\bar{\alpha}| = |\alpha|$, $\arg\bar{\alpha} = -\arg\alpha$

複素数の共役は絶対値が等しく，偏角が (-1) 倍になる．

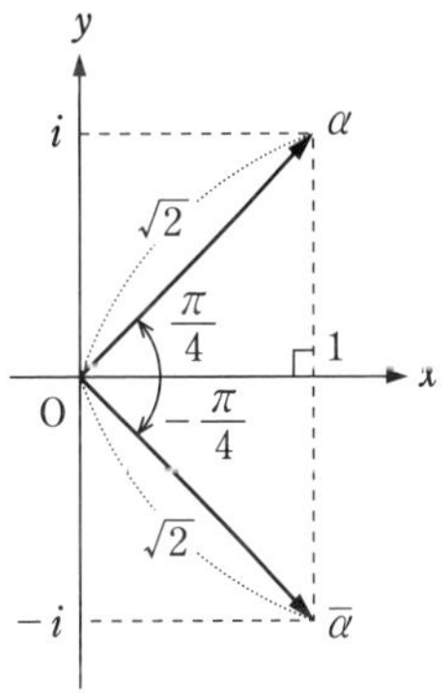

図 12.9 $\alpha = 1+i$, $\bar{\alpha}$ の図示．

(2) $\alpha = 1+2i$, $\beta = 2+i$

$\alpha+\beta = 1+2i+2+i = 3+3i$

複素数の和は平行四辺形の頂点になる（平行四辺形の法則）．

$|\alpha+\beta| \leqq |\alpha|+|\beta|$

複素数の和の絶対値では三角不等式が成り立つ．

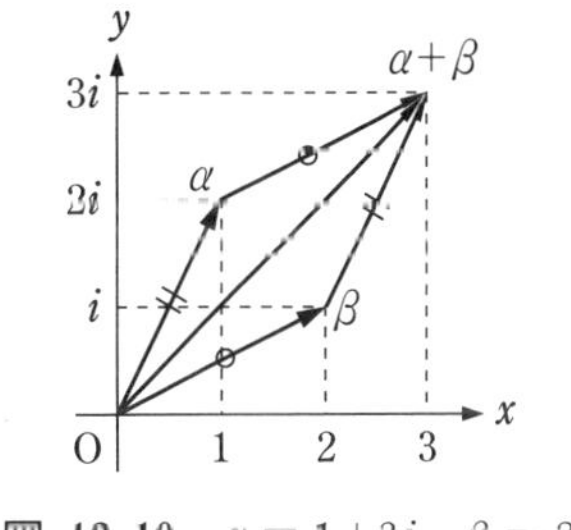

図 12.10 $\alpha = 1+2i$, $\beta = 2+i$, $\alpha+\beta$ の図示．

(3) $\alpha = 1+2i$, $\beta = 2+i$

$\alpha-\beta = 1+2i-(2+i) = -1+i$

複素数の差では後ろの文字から前の文字へ矢印を引く（尻取り）．

$|\alpha-\beta| = |-1+i| = \sqrt{1+1} = \sqrt{2}$

複素数の差の絶対値は複素数 α と β の距離になる．

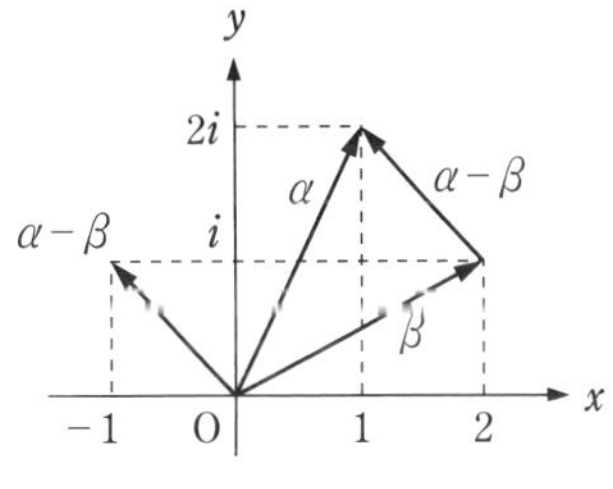

図 12.11 $\alpha = 1+2i$, $\beta = 2+i$, $\alpha-\beta$ の図示．

(4)　$\alpha = 1+i,\ \beta = -1+i$

$\alpha\beta = (1+i)(-1+i) = -1+i^2 = -2$

$|\alpha||\beta| = \sqrt{1+1}\sqrt{1+1} = \sqrt{2}\sqrt{2} = 2 = |\alpha\beta|$

複素数の積の絶対値は各複素数の絶対値の積になる．

$\arg\alpha + \arg\beta = \frac{\pi}{4} + \frac{3}{4}\pi = \pi = \arg\alpha\beta$

複素数の積の偏角は各複素数の偏角の和になる．

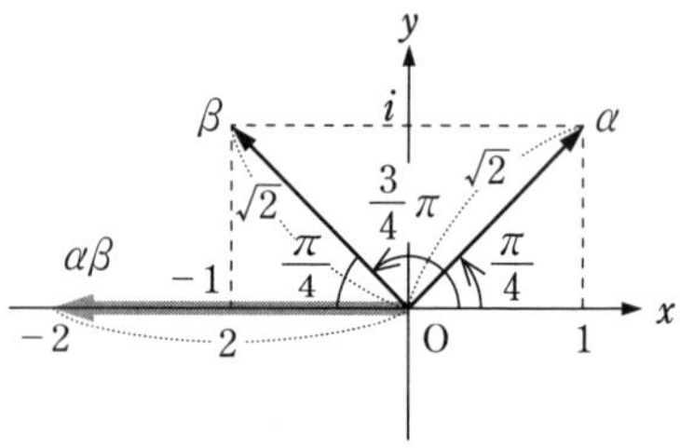

図 12.12　$\alpha = 1+i,\ \beta = -1+i,$ $\alpha\beta$ の図示．

問 12.4　図示せよ．

(1)　$\alpha = -1-2i,\ \beta = 2-i,\ \alpha+\beta$

(2)　$\alpha = -3+2i,\ \beta = 2+3i,\ \alpha-\beta$

(3)　$\alpha = -1+\sqrt{3}i,\ \alpha^2,\ \alpha^3$

(4)　$\alpha = 2i,\ \beta = -1+i,\ \frac{\alpha}{\beta}$

以上より次が成り立つ．

公式 12.4　絶対値の性質

(1)　$|\bar{\alpha}| = |\alpha|$　　(2)　$|\alpha+\beta| \leqq |\alpha|+|\beta|$

(3)　$|\alpha-\beta|$ は α と β の距離　　(4)　$|\alpha||\beta| = |\alpha\beta|$

解説　(1) では共役の絶対値が等しくなる．(2) では和の絶対値で三角不等式が成り立つ．(3) では差の絶対値が距離になる．(4) では積の絶対値が各絶対値の積になる．

公式 12.5　偏角の性質，n は整数

(1)　$\arg\bar{\alpha} = -\arg\alpha$　　(2)　$\arg\alpha+\arg\beta = \arg\alpha\beta$

(3)　$n\arg\alpha = \arg\alpha^n$　　(4)　$\arg\alpha-\arg\beta = \arg\frac{\alpha}{\beta}$

解説　(1) では共役の偏角が (-1) 倍になる．(2) では積の偏角が各偏角の和になる．(3) では n 乗の偏角が n 倍になる．(4) では商の偏角が各偏角の差になる．

12.4　オイラーの公式

指数関数と虚数を組み合わせる．

指数関数 e^x で虚数の指数 $e^{i\theta}$ を考えると**オイラーの公式**が成り立つ．

公式 12.6　オイラーの公式と極形式

(1)　$e^{i\theta} = \cos\theta + i\sin\theta$

(2)　$\alpha = re^{i\theta} = r(\cos\theta + i\sin\theta)$

解説　(1) では虚数の指数を用いると指数関数と三角関数が結び付く．(2) では虚数の指数を用いて複素数を極形式で表す．

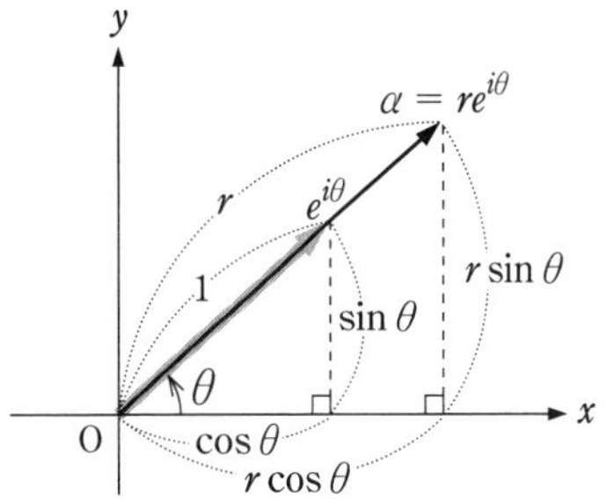

図 12.13　$e^{i\theta}$，$\alpha = re^{i\theta}$ の図示．

例 3　オイラーの公式の使って複素数を表す．

(1)　$e^{\frac{\pi}{6}i} = \cos\frac{\pi}{6} + i\sin\frac{\pi}{6} = \frac{\sqrt{3}}{2} + \frac{1}{2}i$

(2)　$e^{\frac{\pi}{3}i} = \cos\frac{\pi}{3} + i\sin\frac{\pi}{3} = \frac{1}{2} + \frac{\sqrt{3}}{2}i$

(3)　$e^{\frac{\pi}{2}i} = \cos\frac{\pi}{2} + i\sin\frac{\pi}{2} = i$

(4)　$e^{\pi i} = \cos\pi + i\sin\pi = -1$

(5)　$e^{2\pi i} = \cos 2\pi + i\sin 2\pi = 1$

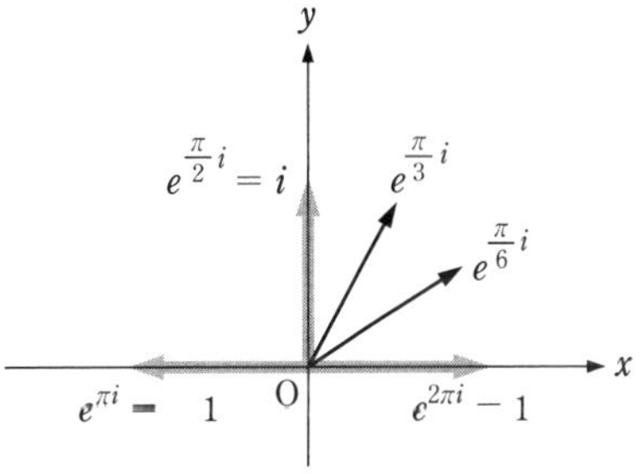

図 12.14　$e^{\frac{\pi}{6}i}$，$e^{\frac{\pi}{3}i}$，$e^{\frac{\pi}{2}i}$，$e^{\pi i}$，$e^{2\pi i}$ の図示．

ここで指数関数 $e^{i\theta}$ の性質をまとめておく．

公式 12.7　指数関数 $e^{i\theta}$ の性質，n は整数

(1)　$|e^{i\theta}| = \sqrt{\cos^2\theta + \sin^2\theta} = 1$　　(2)　$\arg e^{i\theta} = \theta$

(3)　$\overline{e^{i\theta}} = e^{-i\theta} = \frac{1}{e^{i\theta}}$　　(4)　$e^{i\alpha}e^{i\beta} = e^{i(\alpha+\beta)}$

(5)　$(e^{i\theta})^n = e^{in\theta}$　　(6)　$e^{i(\theta+2\pi)} = e^{i\theta}$

解説　(1) では絶対値が 1 になる．(2) では偏角が θ になる．(3) では共役の偏角が $-\theta$ になる．(4),(5) では指数法則が成り立つ．(6) では周期が 2π になる．

例題 12.5　公式 12.1，12.6 を用いて，例題 12.3 の複素数の極形式 $re^{i\theta}$ $(0 \leqq r,\ 0 \leqq \theta < 2\pi)$ を求めよ．

解　例題 12.3 では偏角を計算したので，ここでは絶対値を求めて極形式を作る．

(1)　$|i| = \sqrt{0+1} = 1$，$\arg i = \frac{\pi}{2}$ より

$$i = 1e^{\frac{\pi}{2}i} = e^{\frac{\pi}{2}i}$$

(2)　$|1+i| = \sqrt{1+1} = \sqrt{2}$，$\arg(1+i) = \frac{\pi}{4}$ より

$$1+i=\sqrt{2}e^{\frac{\pi}{4}i}$$

(3) $|-\sqrt{2}+\sqrt{2}i|=\sqrt{2+2}=2$, $\arg(-\sqrt{2}+\sqrt{2}i)=\dfrac{3}{4}\pi$ より

$$-\sqrt{2}+\sqrt{2}i=2e^{\frac{3}{4}\pi i}$$

(4) $\left|-1-\dfrac{1}{\sqrt{3}}i\right|=\sqrt{1+\dfrac{1}{3}}=\dfrac{2}{\sqrt{3}}$, $\arg\left(-1-\dfrac{1}{\sqrt{3}}i\right)=\dfrac{7}{6}\pi$ より

$$-1-\frac{1}{\sqrt{3}}i=\frac{2}{\sqrt{3}}e^{\frac{7}{6}\pi i}$$

(5) $\left|\dfrac{1}{2}-\dfrac{\sqrt{3}}{2}i\right|=\sqrt{\dfrac{1}{4}+\dfrac{3}{4}}=1$, $\arg\left(\dfrac{1}{2}-\dfrac{\sqrt{3}}{2}i\right)=\dfrac{5}{3}\pi$ より

$$\frac{1}{2}-\frac{\sqrt{3}}{2}i=1e^{\frac{5}{3}\pi i}=e^{\frac{5}{3}\pi i}$$

問 12.5 公式 12.1，12.6 を用いて，問 12.3 の複素数の極形式 $re^{i\theta}$ $(0 \leqq r,\ 0 \leqq \theta < 2\pi)$ を求めよ．

例 4 例題 12.5 の極形式を用いて複素数の積や商を計算する．

(1) $\overline{1+i}=\overline{\sqrt{2}e^{\frac{\pi}{4}i}}=\sqrt{2}e^{-\frac{\pi}{4}i}$

(2) $\left(-1-\dfrac{1}{\sqrt{3}}i\right)^3=\left(\dfrac{2}{\sqrt{3}}e^{\frac{7}{6}\pi i}\right)^3=\dfrac{8}{3\sqrt{3}}e^{\frac{7}{2}\pi i}$

(3) $(-\sqrt{2}+\sqrt{2}i)i=2e^{\frac{3}{4}\pi i}e^{\frac{\pi}{2}i}=2e^{\frac{5}{4}\pi i}$

(4) $\dfrac{3}{\dfrac{1}{2}-\dfrac{\sqrt{3}}{2}i}=\dfrac{3}{e^{\frac{5}{3}\pi i}}=3e^{-\frac{5}{3}\pi i}$

(5) $\dfrac{-\sqrt{2}+\sqrt{2}i}{1+i}=\dfrac{2e^{\frac{3}{4}\pi i}}{\sqrt{2}e^{\frac{\pi}{4}i}}=\sqrt{2}e^{\frac{\pi}{2}i}$ ▮

練習問題 12

1. 公式 12.1 を用いて実部，虚部，共役，絶対値を求めよ．

(1) $-2-4i$ (2) $-3+2i$

2. $a+bi$ に変形せよ．

(1) $(1+3i)(2-4i)i$ (2) $(2+i)^2(-1+i)$

(3) $\dfrac{5i}{2+3i}$ (4) $\dfrac{3+4i}{2-5i}$

(5) $\dfrac{2+i}{5+i}$ (6) $\overline{(2+3i)}(1-4i)+(2+3i)\overline{(1-4i)}$

3. 図を用いて偏角 $\theta\,(0 \leqq \theta < 2\pi)$ を求めよ．

(1) $i(1-i)$ (2) $(\sqrt{3}+i)^4$ (3) $\dfrac{4}{1+\sqrt{3}\,i}$

(4) $\dfrac{-1+i}{1+i}$

4. 図示せよ．

(1) $\alpha = 1+2i$，$\beta = 3+4i$，$\overline{\alpha-\beta}$

(2) $\alpha = \sqrt{3}-i$，$\beta = 1-\sqrt{3}\,i$，$\alpha\beta$

(3) $\alpha = -1-i$，$\dfrac{1}{\alpha}$，$\dfrac{1}{\alpha^2}$ (4) $\alpha = -1+i$，$\bar{\alpha}$，$\alpha\bar{\alpha}$

5. 公式 12.1，12.6 を用いて，問題 **3** の複素数の極形式 $re^{i\theta}\,(0 \leqq r,\ 0 \leqq \theta < 2\pi)$ を求めよ．

解答

問 12.1 (1) 2，1，$2-i$，$\sqrt{5}$ (2) 3，-4，$3+4i$，5

問 12.2 (1) $8-i$ (2) $-2+2i$ (3) $\dfrac{6+2i}{5}$ (4) $\dfrac{3-i}{2}$

(5) $11+3i$ (6) $2-2i$

問 12.3 (1) $\dfrac{3}{4}\pi$ (2) $\dfrac{11}{6}\pi$ (3) $\dfrac{\pi}{6}$ (4) $\dfrac{4}{3}\pi$

問 12.4 (1)

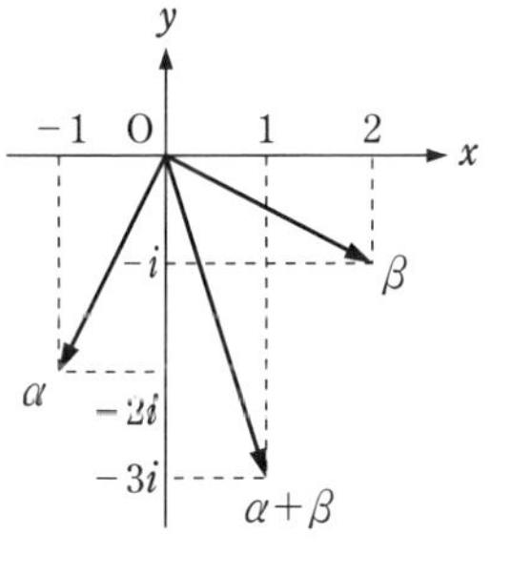

(2)

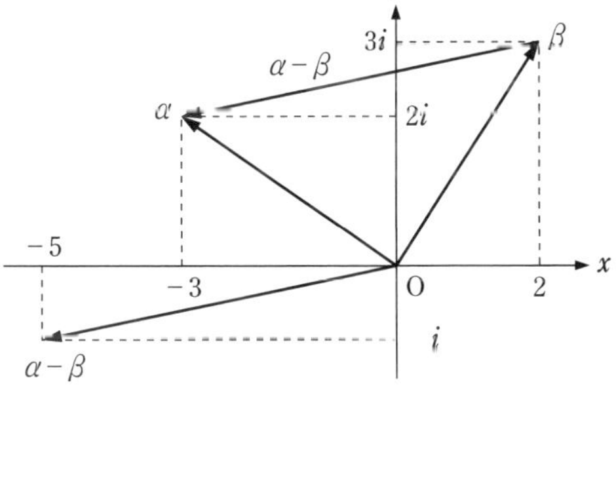

(3)

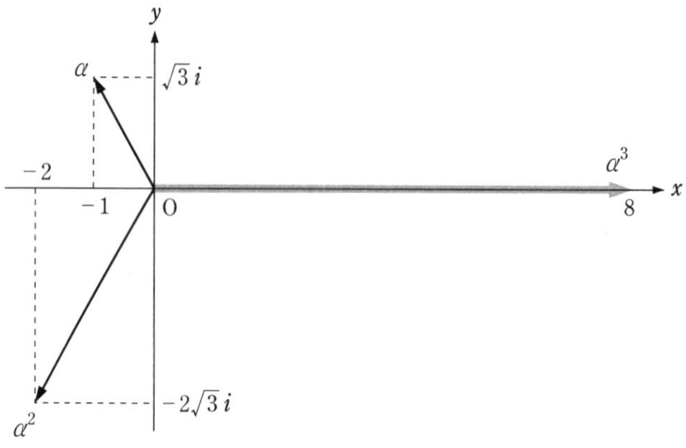

(4)

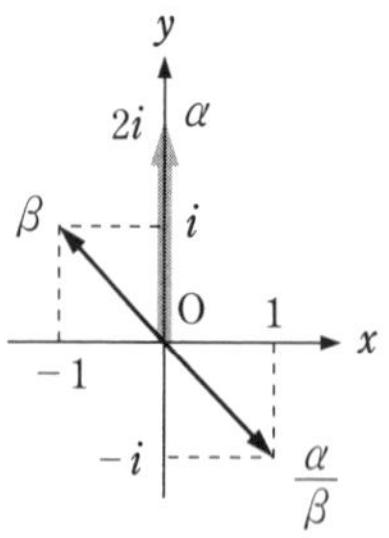

問 12.5 (1) $e^{\frac{3}{4}\pi i}$ (2) $\frac{2}{3}e^{\frac{11}{6}\pi i}$ (3) $4\sqrt{2}\,e^{\frac{\pi}{6}i}$ (4) $\frac{5}{2}e^{\frac{4}{3}\pi i}$

練習問題12

1. (1) -2, -4, $-2+4i$, $2\sqrt{5}$ (2) -3, 2, $-3-2i$, $\sqrt{13}$

2. (1) $-2+14i$ (2) $-7-i$ (3) $\frac{15+10i}{13}$ (4) $\frac{-14+23i}{29}$

(5) $\frac{9+7i}{26}$ (6) -20

3. (1) $\frac{\pi}{4}$ (2) $\frac{2}{3}\pi$ (3) $\frac{5}{3}\pi$ (4) $\frac{\pi}{2}$

4. (1)

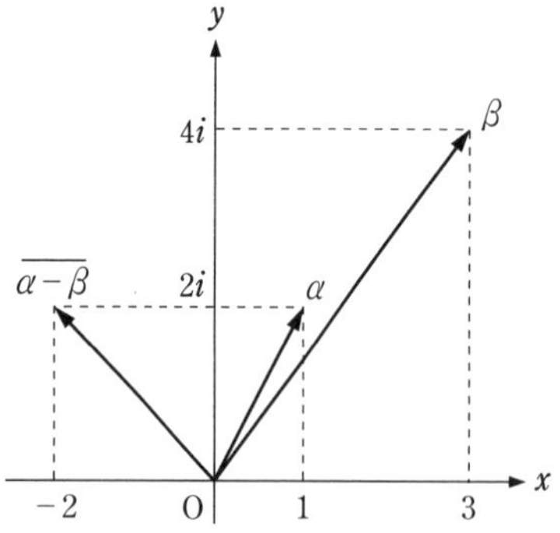

(2)

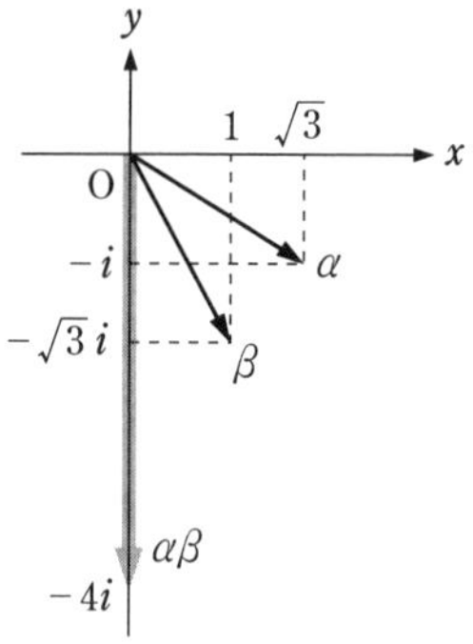

(3)

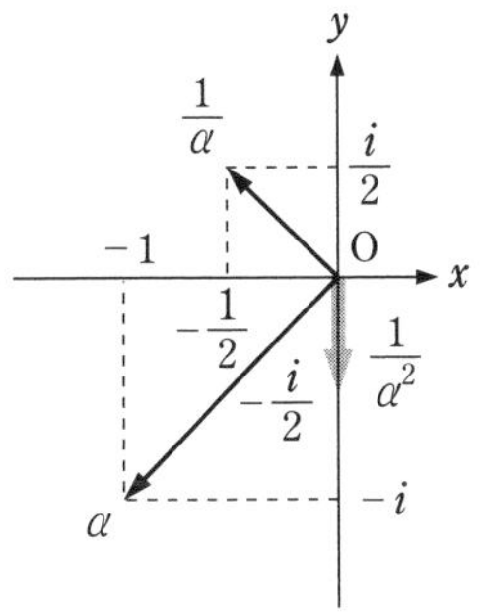

(4)

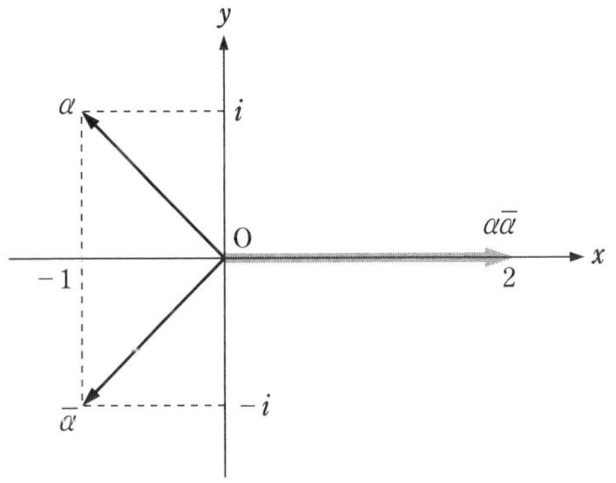

5. (1) $\sqrt{2}e^{\frac{\pi}{4}i}$ (2) $16e^{\frac{2}{3}\pi i}$ (3) $2e^{\frac{5}{3}\pi i}$ (4) $e^{\frac{\pi}{2}i}$

II

発展編

§13　$\boldsymbol{n}$ 次元ベクトルと成分表示

平面や空間のベクトルを広げて，n 個の数字や文字を並べると n 次元ベクトルができる．ここでは n 次元ベクトルとその成分表示について調べる．

13.1　$\boldsymbol{n}$ 次元空間

まず n 次元空間とは何かを考える．

n を正の整数（$n = 1, 2, 3, \cdots$）とするとき，**$\boldsymbol{n}$ 次元空間**を導入する．

例 1　n 次元空間を見る．

(1)　実数の全体（数直線）を（実）**1 次元空間**という．座標軸は数直線自身で，各点 P の座標を実数 x で表す．これを $\mathbf{R}$ と書く．実数を**スカラー**ともいう．

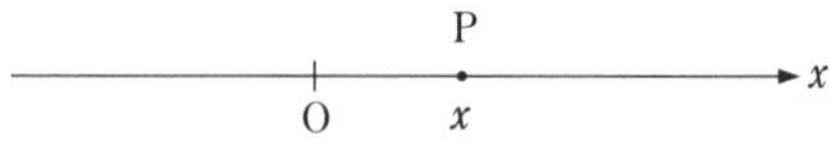

図 13.1　数直線と（実）1 次元空間 $\mathbf{R}$.

(2)　平面（座標平面）を（実）**2 次元空間**という．座標軸が 2 本あり，各点 P の座標を 2 つの実数 (x, y) で表す．これを $\mathbf{R}^2$ と書く．

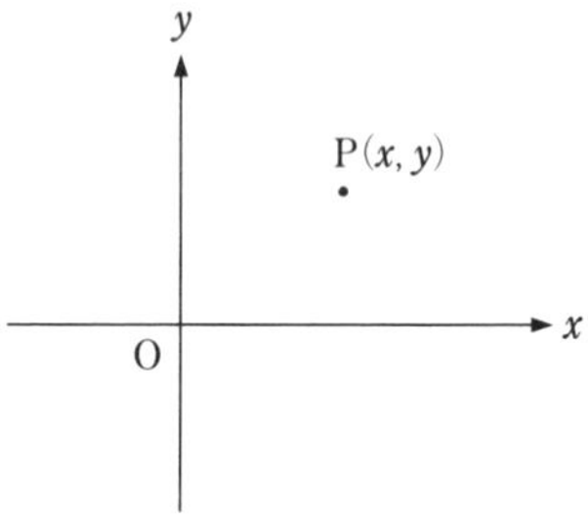

図 13.2　座標平面と（実）2 次元空間 $\mathbf{R}^2$.

(3)　空間（座標空間）を（実）**3 次元空間**という．座標軸が 3 本あり，各点 P の座標を 3 つの実数 (x, y, z) で表す．これを $\mathbf{R}^3$ と書く．

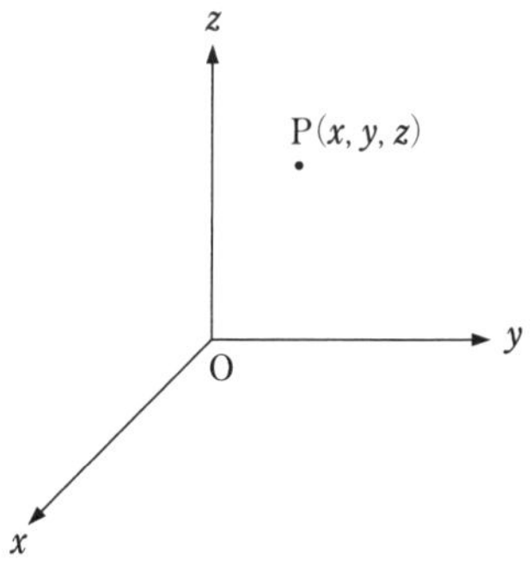

図 13.3　座標空間と（実）3 次元空間 $\mathbf{R}^3$.

これ以上は図をかくのが困難だがさらに続ける．

(4)　座標軸が 4 本あり，各点 P の座標を 4 つの実数 (x, y, z, w) で表すならば，**(実) 4 次元空間**という．これを $\mathbf{R}^4$ と書く．■

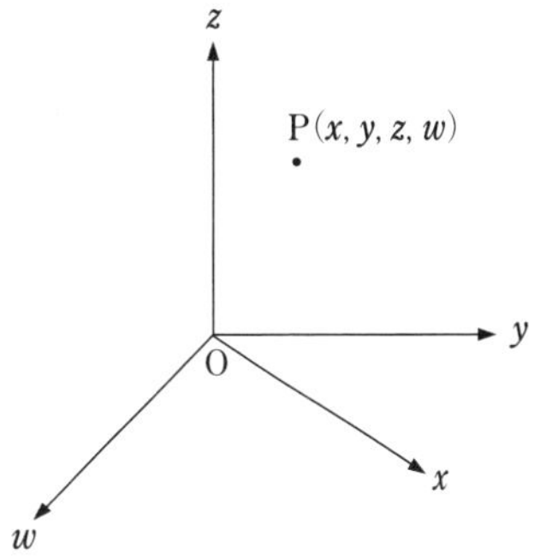

図 13.4　(実) 4 次元空間 $\mathbf{R}^4$.

一般に座標軸が n 本あり，各点 P の座標を n 個の実数 $(x_1, \cdots, x_n)$ で表すならば，**(実) n 次元空間**という．これを $\mathbf{R}^n$ と書く．

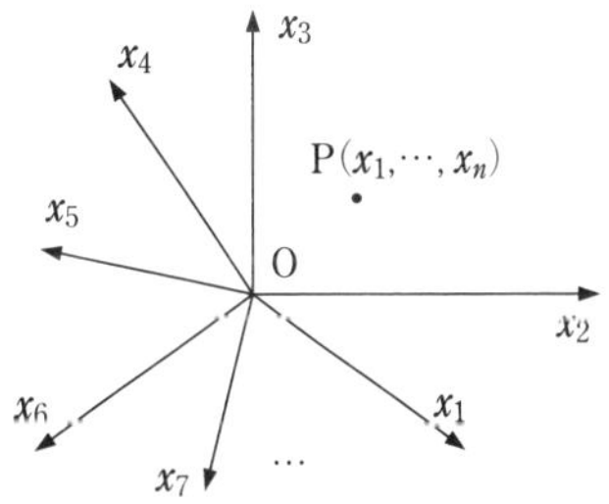

図 13.5　(実) n 次元空間 $\mathbf{R}^n$.

13.2　*n* 次元ベクトルの成分

n 次元空間の点の座標を用いて **n 次元ベクトル**に**成分**を導入する．

原点 O と点 $A(a_1, \cdots, a_n)$ を結ぶベクトル $\overrightarrow{OA}$ を次のように表す(**成分表示**)．$a_1, \cdots, a_n$ を成分という．

$$\overrightarrow{OA} = \boldsymbol{a} = \begin{pmatrix} a_1 \\ \vdots \\ a_n \end{pmatrix}$$

始点が原点にないベクトル $\overrightarrow{BC}$ は，平行移動して始点を原点に移してから成分を求める (図 13.6)．

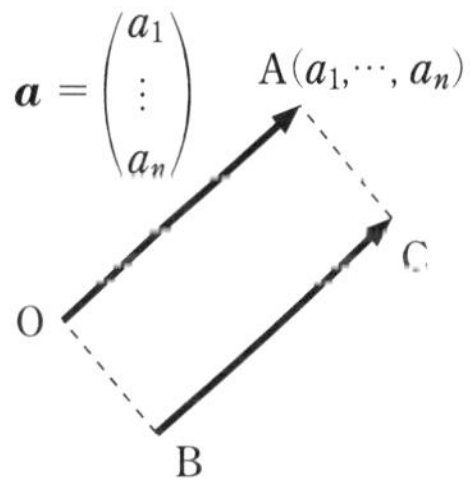

図 13.6　n 次元ベクトルと成分.

ベクトル $\boldsymbol{a}$ の大きさ $|\boldsymbol{a}|$ は成分から計算する．

公式 13.1　ベクトルの大きさと成分

$$|\boldsymbol{a}| = \left| \begin{pmatrix} a_1 \\ \vdots \\ a_n \end{pmatrix} \right| = \sqrt{a_1{}^2 + \cdots + a_n{}^2}$$

解説　n 次元ベクトルの大きさはピタゴラスの定理を用いて，各成分の 2 乗和の正の平方根になる．

例題 13.1　公式 13.1 を用いて大きさを求めよ．

$$\begin{pmatrix} -1 \\ 2 \\ 1 \\ -3 \end{pmatrix}$$

解　ベクトルの各成分を 2 乗してたし合わせ，平方根を計算する．

$$\left|\begin{pmatrix} -1 \\ 2 \\ 1 \\ -3 \end{pmatrix}\right| = \sqrt{1+4+1+9} = \sqrt{15}$$

問 13.1　公式 13.1 を用いて大きさ求めよ．

(1) $\begin{pmatrix} 2 \\ -1 \\ 3 \\ -2 \end{pmatrix}$　　(2) $\begin{pmatrix} 4 \\ -2 \\ -6 \\ 2 \end{pmatrix}$

2 つのベクトル $\boldsymbol{a}, \boldsymbol{b}$ の対応する成分同士がすべて等しいならば $\boldsymbol{a} = \boldsymbol{b}$ となる．

例 2　ベクトルの等式を考える．

$$\begin{pmatrix} a_1 \\ a_2 \\ a_3 \\ a_4 \end{pmatrix} = \begin{pmatrix} 1 \\ 2 \\ 3 \\ 4 \end{pmatrix} \quad \text{ならば} \quad a_1 = 1,\ a_2 = 2,\ a_3 = 3,\ a_4 = 4$$

13.3　ベクトルの定数倍，和，差と成分

成分を用いてベクトルの定数倍と和，差を計算する．

公式 13.2　ベクトルの定数倍と和の成分，k は定数

(1) $k\begin{pmatrix} a_1 \\ \vdots \\ a_n \end{pmatrix} = \begin{pmatrix} ka_1 \\ \vdots \\ ka_n \end{pmatrix}$

(2) $\begin{pmatrix} a_1 \\ \vdots \\ a_n \end{pmatrix} + \begin{pmatrix} b_1 \\ \vdots \\ b_n \end{pmatrix} = \begin{pmatrix} a_1+b_1 \\ \vdots \\ a_n+b_n \end{pmatrix}$

解説　(1) ではベクトルの k 倍は各成分に定数 k を掛ける．(2) ではベクトルの和は対応する成分同士をたす．

例 3 ベクトルの定数倍と和を計算する．

(1) $3\begin{pmatrix}1\\2\\3\\4\end{pmatrix}=\begin{pmatrix}3\\6\\9\\12\end{pmatrix}$　　(2) $\begin{pmatrix}1\\2\\3\\4\end{pmatrix}+\begin{pmatrix}5\\6\\7\\8\end{pmatrix}=\begin{pmatrix}6\\8\\10\\12\end{pmatrix}$ ∎

ベクトルの定数倍と和の性質をまとめておく．

公式 13.3　ベクトルの定数倍と和の性質，$\boldsymbol{k}, \boldsymbol{l}$ は定数

(1) $\boldsymbol{a}+\boldsymbol{b}=\boldsymbol{b}+\boldsymbol{a}$　　(2) $(\boldsymbol{a}+\boldsymbol{b})+\boldsymbol{c}=\boldsymbol{a}+(\boldsymbol{b}+\boldsymbol{c})$

(3) $\boldsymbol{a}+\boldsymbol{0}=\boldsymbol{0}+\boldsymbol{a}=\boldsymbol{a}$　　(4) $\boldsymbol{a}+(-\boldsymbol{a})=(-\boldsymbol{a})+\boldsymbol{a}=\boldsymbol{0}$

(5) $(-1)\boldsymbol{a}=-\boldsymbol{a}$　　(6) $k(\boldsymbol{a}+\boldsymbol{b})=k\boldsymbol{a}+k\boldsymbol{b}$

(7) $(k+l)\boldsymbol{a}=k\boldsymbol{a}+l\boldsymbol{a}$　　(8) $(kl)\boldsymbol{a}=k(l\boldsymbol{a})$

解説　ベクトルの定数倍と和では実数と似た性質が成り立つ．

基本ベクトル $\boldsymbol{e}_1, \boldsymbol{e}_2, \cdots, \boldsymbol{e}_n$ の成分は点 $(1,0,\cdots,0)$, $(0,1,\cdots,0)$, $\cdots$, $(0,0,\cdots,1)$ を用いて，次のように表せる．

$$\boldsymbol{e}_1=\begin{pmatrix}1\\0\\\vdots\\0\end{pmatrix},\quad \boldsymbol{e}_2=\begin{pmatrix}0\\1\\\vdots\\0\end{pmatrix},\quad \cdots,\quad \boldsymbol{e}_n=\begin{pmatrix}0\\0\\\vdots\\1\end{pmatrix}$$

n 次元ベクトル $\boldsymbol{a}$ は基本ベクトルで表せる(**基本ベクトル表示**)．

$$\boldsymbol{a}=\begin{pmatrix}a_1\\a_2\\\vdots\\a_n\end{pmatrix}=a_1\begin{pmatrix}1\\0\\\vdots\\0\end{pmatrix}+a_2\begin{pmatrix}0\\1\\\vdots\\0\end{pmatrix}+\cdots+a_n\begin{pmatrix}0\\0\\\vdots\\1\end{pmatrix}$$
$$=a_1\boldsymbol{e}_1+a_2\boldsymbol{e}_2+\cdots+a_n\boldsymbol{e}_n$$

例題 13.2　公式 13.1，13.2 を用いて成分と大きさを求めよ．

(1) $3\begin{pmatrix}-1\\2\\1\\-3\end{pmatrix}+2\begin{pmatrix}-2\\-3\\1\\4\end{pmatrix}+\begin{pmatrix}3\\-1\\-2\\2\end{pmatrix}$

(2) $\left|3\begin{pmatrix}-1\\2\\1\\-3\end{pmatrix}+2\begin{pmatrix}-2\\-3\\1\\4\end{pmatrix}+\begin{pmatrix}3\\-1\\-2\\2\end{pmatrix}\right|$

解　(1) ではベクトルの各成分に定数を掛けて，対応する成分同士をたしたり，引いたりする．(2) では (1) で求めたベクトルの各成分を 2 乗してたし合わせ，平方根を計算する．

(1) $3\begin{pmatrix}-1\\2\\1\\-3\end{pmatrix}+2\begin{pmatrix}-2\\-3\\1\\4\end{pmatrix}+\begin{pmatrix}3\\-1\\-2\\2\end{pmatrix}=\begin{pmatrix}-3\\6\\3\\-9\end{pmatrix}+\begin{pmatrix}-4\\-6\\2\\8\end{pmatrix}+\begin{pmatrix}3\\-1\\-2\\2\end{pmatrix}=\begin{pmatrix}-4\\-1\\3\\1\end{pmatrix}$

(2) $\left|3\begin{pmatrix}-1\\2\\1\\-3\end{pmatrix}+2\begin{pmatrix}-2\\-3\\1\\4\end{pmatrix}+\begin{pmatrix}3\\-1\\-2\\2\end{pmatrix}\right|=\left|\begin{pmatrix}-4\\-1\\3\\1\end{pmatrix}\right|=\sqrt{16+1+9+1}=\sqrt{27}$

$$=3\sqrt{3}$$ ▮

問 13.2　ベクトル $\boldsymbol{a}=\begin{pmatrix}3\\1\\-1\\-2\end{pmatrix}$，$\boldsymbol{b}=\begin{pmatrix}2\\-2\\5\\1\end{pmatrix}$，$\boldsymbol{c}=\begin{pmatrix}4\\1\\-2\\3\end{pmatrix}$ から，公式 13.1，13.2 を用いて成分と大きさを求めよ．

(1) $\boldsymbol{a}-2\boldsymbol{b}$　　(2) $|\boldsymbol{a}-2\boldsymbol{b}|$

(3) $3\boldsymbol{a}-4\boldsymbol{c}$　　(4) $|3\boldsymbol{a}-4\boldsymbol{c}|$

(5) $2\boldsymbol{a}-3\boldsymbol{b}+\boldsymbol{c}$　　(6) $|2\boldsymbol{a}-3\boldsymbol{b}+\boldsymbol{c}|$

(7) $2(\boldsymbol{b}+\boldsymbol{c})-3(\boldsymbol{a}+2\boldsymbol{b})$　　(8) $|2(\boldsymbol{b}+\boldsymbol{c})-3(\boldsymbol{a}+2\boldsymbol{b})|$

注意　2 つのベクトル $\boldsymbol{a}, \boldsymbol{b}$ が平行 $\boldsymbol{a}/\!/\boldsymbol{b}$ ならば，ある実数 k に対して $k\boldsymbol{a}=\boldsymbol{b}$ となる．これより

$$k\begin{pmatrix}a_1\\\vdots\\a_n\end{pmatrix}=\begin{pmatrix}b_1\\\vdots\\b_n\end{pmatrix}$$

$$ka_1=b_1,\quad \cdots,\quad ka_n=b_n$$

$$\frac{b_1}{a_1} = \cdots = \frac{b_n}{a_n}$$

2 点を結ぶベクトル

始点と終点の座標からベクトルの成分を計算する．ベクトルの差と成分を用いて，2 点 $\mathrm{A}(a_1, \cdots, a_n)$，$\mathrm{B}(b_1, \cdots, b_n)$を結ぶベクトル $\overrightarrow{\mathrm{AB}}$ を求める．

$$\overrightarrow{\mathrm{AB}} = \overrightarrow{\mathrm{OB}} - \overrightarrow{\mathrm{OA}} = \begin{pmatrix} b_1 \\ \vdots \\ b_n \end{pmatrix} - \begin{pmatrix} a_1 \\ \vdots \\ a_n \end{pmatrix} = \begin{pmatrix} b_1 - a_1 \\ \vdots \\ b_n - a_n \end{pmatrix}$$

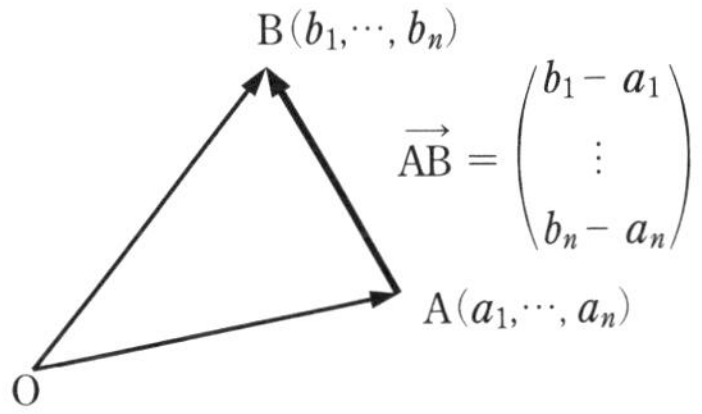

図 13.7　2 点 A, B を結ぶベクトルと成分．

また，2 点 A, B 間の**距離** $\overline{\mathrm{AB}}$ はベクトル $\overrightarrow{\mathrm{AB}}$ の大きさ $|\overrightarrow{\mathrm{AB}}|$ になる．

これをまとめておく．

公式 13.4　2 点を結ぶベクトルと距離

2 点 $\mathrm{A}(a_1, \cdots, a_n)$，$\mathrm{B}(b_1, \cdots, b_n)$ を結ぶベクトル $\overrightarrow{\mathrm{AB}}$ と 2 点間の距離 $\overline{\mathrm{AB}}$ は

(1)　$\overrightarrow{\mathrm{AB}} = \begin{pmatrix} b_1 \\ \vdots \\ b_n \end{pmatrix} - \begin{pmatrix} a_1 \\ \vdots \\ a_n \end{pmatrix} = \begin{pmatrix} b_1 - a_1 \\ \vdots \\ b_n - a_n \end{pmatrix}$

(2)　$\overline{\mathrm{AB}} = \sqrt{(b_1 - a_1)^2 + \cdots + (b_n - a_n)^2}$

解説　(1) では 2 点 A, B を結ぶベクトル $\overrightarrow{\mathrm{AB}}$ の成分は点 B の座標から点 A の座標を引く．(2) では 2 点 A, B の距離はベクトル $\overrightarrow{\mathrm{AB}}$ の大きさになる．

注意　ベクトル $\overrightarrow{\mathrm{AB}}$ をベクトルの差で表すときは，後ろの文字から前の文字を引く(尻取り)．

$$\overrightarrow{\mathrm{AB}} = \overrightarrow{\mathrm{OB}} - \overrightarrow{\mathrm{OA}} = \boldsymbol{b} - \boldsymbol{a}$$

例題 13.3　公式 13.4 を用いてベクトル $\overrightarrow{\mathrm{AB}}$ の成分と距離 $\overline{\mathrm{AB}}$ を求めよ．

$$\mathrm{A}(-1, 2, 1, -3),\ \mathrm{B}(-2, -3, 1, 4)$$

解　(1) では 2 点の座標の差を計算する．(2) では (1) のベクトルの大きさを計算する．

(1)　$\overrightarrow{\mathrm{AB}} = \begin{pmatrix} -2 \\ -3 \\ 1 \\ 4 \end{pmatrix} - \begin{pmatrix} -1 \\ 2 \\ 1 \\ -3 \end{pmatrix} = \begin{pmatrix} -1 \\ -5 \\ 0 \\ 7 \end{pmatrix}$

(2) $\overline{\mathrm{AB}} = \left|\begin{pmatrix} -1 \\ -5 \\ 0 \\ 7 \end{pmatrix}\right| = \sqrt{1+25+0+49} = \sqrt{75} = 5\sqrt{3}$

問 13.3 公式 13.4 を用いて $\overrightarrow{\mathrm{AB}}$ の成分と距離 $\overline{\mathrm{AB}}$ を求めよ．

(1) A$(2,-1,4,1)$，B$(-1,3,2,5)$

(2) A$(3,2,-4,-2)$，B$(2,-5,1,2)$

13.4 ベクトルの内積と成分

成分を用いてベクトルの内積を計算する．

公式 13.5 ベクトルの内積，なす角 $\boldsymbol{\theta}$ と成分

(1) $\boldsymbol{a}\cdot\boldsymbol{b} = \begin{pmatrix} a_1 \\ \vdots \\ a_n \end{pmatrix}\cdot\begin{pmatrix} b_1 \\ \vdots \\ b_n \end{pmatrix} = a_1b_1+\cdots+a_nb_n$

(2) $\cos\theta = \dfrac{\boldsymbol{a}\cdot\boldsymbol{b}}{|\boldsymbol{a}||\boldsymbol{b}|} = \dfrac{a_1b_1+\cdots+a_nb_n}{\sqrt{{a_1}^2+\cdots+{a_n}^2}\sqrt{{b_1}^2+\cdots+{b_n}^2}}$

解説 (1) ではベクトルの内積は対応する成分同士を掛けてたす．(2) ではベクトルのなす角 θ の $\cos\theta$ は，内積 $\boldsymbol{a}\cdot\boldsymbol{b}$ を大きさ $|\boldsymbol{a}|, |\boldsymbol{b}|$ で割る．

ベクトルの内積の性質をまとめておく．

公式 13.6 ベクトルの内積の性質，$\boldsymbol{k}$ は定数

(1) $\boldsymbol{a}\cdot\boldsymbol{a} = |\boldsymbol{a}|^2$ (2) $\boldsymbol{a}\cdot\boldsymbol{b} = \boldsymbol{b}\cdot\boldsymbol{a}$

(3) $\boldsymbol{a}\cdot(\boldsymbol{b}+\boldsymbol{c}) = \boldsymbol{a}\cdot\boldsymbol{b}+\boldsymbol{a}\cdot\boldsymbol{c}$ (4) $(\boldsymbol{a}+\boldsymbol{b})\cdot\boldsymbol{c} = \boldsymbol{a}\cdot\boldsymbol{c}+\boldsymbol{b}\cdot\boldsymbol{c}$

(5) $(k\boldsymbol{a})\cdot\boldsymbol{b} = \boldsymbol{a}\cdot(k\boldsymbol{b}) = k(\boldsymbol{a}\cdot\boldsymbol{b})$

(6) $\boldsymbol{a}\perp\boldsymbol{b}$ ならば $\boldsymbol{a}\cdot\boldsymbol{b} = 0$

解説 ベクトルの内積では実数と似た性質が成り立つ．(6) では 2 つのベクトルが垂直ならが内積が 0 になる．

例題 13.4 公式 13.5 を用いて内積となす角 θ の $\cos\theta$ を求めよ．

(1) $\boldsymbol{e}_4 = \begin{pmatrix} 0 \\ 0 \\ 0 \\ 1 \end{pmatrix}$, $\boldsymbol{e}_4 = \begin{pmatrix} 0 \\ 0 \\ 0 \\ 1 \end{pmatrix}$ (2) $\boldsymbol{e}_2 = \begin{pmatrix} 0 \\ 1 \\ 0 \\ 0 \end{pmatrix}$, $\boldsymbol{e}_3 = \begin{pmatrix} 0 \\ 0 \\ 1 \\ 0 \end{pmatrix}$

(3) $\begin{pmatrix} -1 \\ 2 \\ 1 \\ -3 \end{pmatrix}$, $\begin{pmatrix} -2 \\ -3 \\ 1 \\ 4 \end{pmatrix}$

解 ベクトルの対応する成分同士を掛けてたし，内積を計算する．それをベクトルの大きさで割り，$\cos\theta$ を計算する．

(1) $\boldsymbol{e}_4\cdot\boldsymbol{e}_4 = \begin{pmatrix} 0 \\ 0 \\ 0 \\ 1 \end{pmatrix}\cdot\begin{pmatrix} 0 \\ 0 \\ 0 \\ 1 \end{pmatrix} = 0+0+0+1 = 1$

$$\cos\theta = \frac{\boldsymbol{e}_4\cdot\boldsymbol{e}_4}{|\boldsymbol{e}_4||\boldsymbol{e}_4|} = 1, \qquad \theta = 0^\circ$$

(2) $\boldsymbol{e}_2\cdot\boldsymbol{e}_3 = \begin{pmatrix} 0 \\ 1 \\ 0 \\ 0 \end{pmatrix}\cdot\begin{pmatrix} 0 \\ 0 \\ 1 \\ 0 \end{pmatrix} = 0+0+0+0 = 0$

$$\cos\theta = \frac{\boldsymbol{e}_2\cdot\boldsymbol{e}_3}{|\boldsymbol{e}_2||\boldsymbol{e}_3|} = 0, \qquad \theta = 90^\circ$$

(3) $\begin{pmatrix} -1 \\ 2 \\ 1 \\ -3 \end{pmatrix}\cdot\begin{pmatrix} -2 \\ -3 \\ 1 \\ 4 \end{pmatrix} = 2-6+1-12 = -15$

$$\cos\theta = \frac{-15}{\sqrt{1+4+1+9}\sqrt{4+9+1+16}} = \frac{15}{\sqrt{15}\sqrt{30}} = -\frac{1}{\sqrt{2}}, \quad \theta = 135^\circ$$ ▮

問 13.4 公式 13.4 を用いて内積となす角 θ の $\cos\theta$ を求めよ．

(1) $\begin{pmatrix} 1 \\ -2 \\ 1 \\ 2 \end{pmatrix}$, $\begin{pmatrix} 2 \\ -3 \\ 4 \\ -1 \end{pmatrix}$　　(2) $\begin{pmatrix} -2 \\ 3 \\ -1 \\ -1 \end{pmatrix}$, $\begin{pmatrix} 4 \\ 1 \\ -2 \\ -3 \end{pmatrix}$

例題 13.5 公式 13.2，13.5 を用いて計算せよ．

$$\left\{\begin{pmatrix} -1 \\ 2 \\ 1 \\ -3 \end{pmatrix}+\begin{pmatrix} -2 \\ -3 \\ 1 \\ 4 \end{pmatrix}\right\}\cdot\left\{\begin{pmatrix} -1 \\ 2 \\ 1 \\ -3 \end{pmatrix}-\begin{pmatrix} 3 \\ -1 \\ -2 \\ 2 \end{pmatrix}\right\}$$

解 各ベクトルの定数倍や和，差を計算してから，内積を求める．

$$\left\{\begin{pmatrix}-1\\2\\1\\-3\end{pmatrix}+\begin{pmatrix}-2\\-3\\1\\4\end{pmatrix}\right\}\cdot\left\{\begin{pmatrix}-1\\2\\1\\-3\end{pmatrix}-\begin{pmatrix}3\\-1\\-2\\2\end{pmatrix}\right\}=\begin{pmatrix}-3\\-1\\2\\1\end{pmatrix}\cdot\begin{pmatrix}-4\\3\\3\\-5\end{pmatrix}$$

$$=12-3+6-5=10$$

問 13.5 問 13.2 のベクトル $\boldsymbol{a}, \boldsymbol{b}, \boldsymbol{c}$ から，公式 13.2，13.5 を用いて内積を求めよ．

(1) $\boldsymbol{b}\cdot(\boldsymbol{a}+\boldsymbol{c})$　　(2) $(\boldsymbol{a}-\boldsymbol{c})\cdot(\boldsymbol{b}-\boldsymbol{c})$

(3) $(3\boldsymbol{a}-\boldsymbol{b})\cdot(\boldsymbol{a}+2\boldsymbol{c})$　　(4) $(\boldsymbol{a}-3\boldsymbol{b}+2\boldsymbol{c})\cdot(2\boldsymbol{a}+\boldsymbol{b}-3\boldsymbol{c})$

注意 1　内積では展開しない．展開すると計算が長くなる．

$$(\boldsymbol{a}+\boldsymbol{b})\cdot(\boldsymbol{a}-\boldsymbol{c})=\boldsymbol{a}\cdot\boldsymbol{a}+\boldsymbol{b}\cdot\boldsymbol{a}-\boldsymbol{a}\cdot\boldsymbol{c}-\boldsymbol{b}\cdot\boldsymbol{c}$$

注意 2　2 つのベクトル $\boldsymbol{a}, \boldsymbol{b}$ が垂直 $\boldsymbol{a}\perp\boldsymbol{b}$ ならば $\boldsymbol{a}\cdot\boldsymbol{b}=0$ となる．これより

$$\begin{pmatrix}a_1\\\vdots\\a_n\end{pmatrix}\cdot\begin{pmatrix}b_1\\\vdots\\b_n\end{pmatrix}=0$$

$$a_1b_1+\cdots+a_nb_n=0$$

練習問題 13

1. 公式 13.1 を用いて大きさを求めよ．

(1) $\begin{pmatrix}1\\-3\\2\\5\end{pmatrix}$　　(2) $\begin{pmatrix}1\\-1\\3\\5\end{pmatrix}$

2. ベクトル $\boldsymbol{a}=\begin{pmatrix}1\\-1\\3\\2\end{pmatrix}$，$\boldsymbol{b}=\begin{pmatrix}-1\\3\\5\\4\end{pmatrix}$，$\boldsymbol{c}=\begin{pmatrix}2\\6\\-3\\-5\end{pmatrix}$ から，公式 13.1，13.2 を用いて成分と大きさを求めよ．

(1) $3\boldsymbol{a}+2\boldsymbol{b}+\boldsymbol{c}$　　(2) $4\boldsymbol{a}-\boldsymbol{b}-3\boldsymbol{c}$

(3) $2(\boldsymbol{b}-\boldsymbol{a}+\boldsymbol{c})+4\boldsymbol{c}$　　(4) $5(\boldsymbol{b}-\boldsymbol{c})-3(\boldsymbol{a}+\boldsymbol{b})$

(5) $|\boldsymbol{b}+\boldsymbol{c}|$　　(6) $|2\boldsymbol{a}-3\boldsymbol{b}|$

(7) $|-\boldsymbol{a}+\boldsymbol{b}-\boldsymbol{c}|$　　(8) $|-4\boldsymbol{a}+3\boldsymbol{b}+\boldsymbol{c}|$

3. 公式 13.4 を用いて $\overrightarrow{\mathrm{AB}}$ の成分と距離 $\overline{\mathrm{AB}}$ を求めよ．

(1) $\mathrm{A}(3, -2, 1, -1)$，$\mathrm{B}(4, -1, 2, 3)$

(2) $\mathrm{A}(1, 2, -1, 5)$，$\mathrm{B}(2, -3, 1, -2)$

4. 公式13.5を用いて内積となす角 θ の $\cos\theta$ を求めよ．

(1) $\begin{pmatrix} 2 \\ 1 \\ 4 \\ 3 \end{pmatrix}, \begin{pmatrix} -1 \\ 7 \\ -2 \\ 5 \end{pmatrix}$　　(2) $\begin{pmatrix} 1 \\ -2 \\ 3 \\ 1 \end{pmatrix}, \begin{pmatrix} 1 \\ -5 \\ 4 \\ 2 \end{pmatrix}$

(3) $\begin{pmatrix} 2 \\ -1 \\ 3 \\ 4 \end{pmatrix}, \begin{pmatrix} -1 \\ 3 \\ -3 \\ -4 \end{pmatrix}$　　(4) $\begin{pmatrix} 1 \\ -3 \\ -1 \\ 5 \end{pmatrix}, \begin{pmatrix} 1 \\ 0 \\ 2 \\ -3 \end{pmatrix}$

5. 問題 **2** のベクトル $\boldsymbol{a}, \boldsymbol{b}, \boldsymbol{c}$ から，公式13.2，13.5を用いて計算せよ．

(1) $(\boldsymbol{a}+\boldsymbol{b}-\boldsymbol{c})\cdot\boldsymbol{c}$　　(2) $(\boldsymbol{a}-\boldsymbol{b})\cdot(\boldsymbol{b}-\boldsymbol{c})$

(3) $(\boldsymbol{a}+3\boldsymbol{b}+2\boldsymbol{c})\cdot(2\boldsymbol{a}+3\boldsymbol{b})$

(4) $(2\boldsymbol{a}-\boldsymbol{b}+5\boldsymbol{c})\cdot(3\boldsymbol{a}+2\boldsymbol{b}+3\boldsymbol{c})$

解答

問13.1 (1) $3\sqrt{2}$　　(2) $2\sqrt{15}$

問13.2 (1) $\begin{pmatrix} -1 \\ 5 \\ -11 \\ -4 \end{pmatrix}$　　(2) $\sqrt{163}$　　(3) $\begin{pmatrix} -7 \\ -1 \\ 5 \\ -18 \end{pmatrix}$　　(4) $\sqrt{399}$

(5) $\begin{pmatrix} 4 \\ 9 \\ -19 \\ -4 \end{pmatrix}$　　(6) $\sqrt{474}$　　(7) $\begin{pmatrix} -9 \\ 7 \\ -21 \\ 8 \end{pmatrix}$　　(8) $\sqrt{635}$

問13.3 (1) $\begin{pmatrix} -3 \\ 4 \\ -2 \\ 4 \end{pmatrix}$, $3\sqrt{5}$　　(2) $\begin{pmatrix} -1 \\ -7 \\ 5 \\ 4 \end{pmatrix}$, $\sqrt{91}$

問13.4 (1) 2，$\dfrac{1}{5\sqrt{3}}$　　(2) 0，0

問13.5 (1) -4　　(2) 19　　(3) 104　　(4) -239

練習問題13

1. (1) $\sqrt{39}$　　(2) 6

2. (1) $\begin{pmatrix} 3 \\ 9 \\ 16 \\ 9 \end{pmatrix}$　　(2) $\begin{pmatrix} -1 \\ -25 \\ 16 \\ 19 \end{pmatrix}$　　(3) $\begin{pmatrix} 8 \\ 44 \\ -14 \\ -26 \end{pmatrix}$　　(4) $\begin{pmatrix} -15 \\ -21 \\ 16 \\ 27 \end{pmatrix}$

(5) $\sqrt{87}$　　(6) $\sqrt{291}$　　(7) $\sqrt{94}$　　(8) $3\sqrt{43}$

3. (1) $\begin{pmatrix} 1 \\ 1 \\ 1 \\ 4 \end{pmatrix}$, $\sqrt{19}$　　(2) $\begin{pmatrix} 1 \\ -5 \\ 2 \\ 7 \end{pmatrix}$, $\sqrt{79}$

4. (1) $12,\ \dfrac{2\sqrt{6}}{\sqrt{395}}$ (2) $25,\ \dfrac{5\sqrt{5}}{\sqrt{138}}$ (3) $-30,\ -\dfrac{\sqrt{6}}{\sqrt{7}}$

(4) $-16,\ -\dfrac{4\sqrt{2}}{3\sqrt{7}}$

5. (1) -116 (2) -28 (3) 454 (4) 501

§14 線 形 独 立

ベクトルの計算では定数倍と和が基本的である．ここではそれらを用いてベクトルの間の関係を調べる．

14.1 線 形 結 合

ベクトルの定数倍と和を用いて新しいベクトルを作る．

ベクトル $\boldsymbol{a}_1, \boldsymbol{a}_2, \cdots, \boldsymbol{a}_n$ を定数倍してたし合わせると

$$x_1\boldsymbol{a}_1 + x_2\boldsymbol{a}_2 + \cdots + x_n\boldsymbol{a}_n$$

これをベクトル $\boldsymbol{a}_1, \boldsymbol{a}_2, \cdots, \boldsymbol{a}_n$ の**線形結合**（1 次結合）という．

例 1　ベクトルの線形結合を作る．

(1)　2 次元平面 $\mathbf{R}^2$ のベクトル $\boldsymbol{p} = \begin{pmatrix} x \\ y \end{pmatrix}$ は基本ベクトル $\boldsymbol{e}_1 = \begin{pmatrix} 1 \\ 0 \end{pmatrix}$, $\boldsymbol{e}_2 = \begin{pmatrix} 0 \\ 1 \end{pmatrix}$ の線形結合で表せる（基本ベクトル表示）．

$$x\boldsymbol{e}_1 + y\boldsymbol{e}_2 = x\begin{pmatrix} 1 \\ 0 \end{pmatrix} + y\begin{pmatrix} 0 \\ 1 \end{pmatrix} = \begin{pmatrix} x \\ y \end{pmatrix} = \boldsymbol{p}$$

(2)　3 次元空間 $\mathbf{R}^3$ のベクトル $\boldsymbol{p} = \begin{pmatrix} x \\ y \\ z \end{pmatrix}$ は基本ベクトル $\boldsymbol{e}_1 = \begin{pmatrix} 1 \\ 0 \\ 0 \end{pmatrix}$, $\boldsymbol{e}_2 = \begin{pmatrix} 0 \\ 1 \\ 0 \end{pmatrix}$, $\boldsymbol{e}_3 = \begin{pmatrix} 0 \\ 0 \\ 1 \end{pmatrix}$ の線形結合で表せる（基本ベクトル表示）．

$$x\boldsymbol{e}_1 + y\boldsymbol{e}_2 + z\boldsymbol{e}_3 = x\begin{pmatrix} 1 \\ 0 \\ 0 \end{pmatrix} + y\begin{pmatrix} 0 \\ 1 \\ 0 \end{pmatrix} + z\begin{pmatrix} 0 \\ 0 \\ 1 \end{pmatrix} = \begin{pmatrix} x \\ y \\ z \end{pmatrix} = \boldsymbol{p}$$

例題 14.1　ベクトル $\boldsymbol{p}$ を他のベクトルの線形結合で表せ．

(1)　$\begin{pmatrix} 2 \\ 1 \end{pmatrix}$, $\begin{pmatrix} 1 \\ 1 \end{pmatrix}$, $\boldsymbol{p} = \begin{pmatrix} 4 \\ 3 \end{pmatrix}$

(2)　$\begin{pmatrix} 1 \\ 0 \\ 0 \end{pmatrix}$, $\begin{pmatrix} -1 \\ 1 \\ 0 \end{pmatrix}$, $\begin{pmatrix} -1 \\ 1 \\ 1 \end{pmatrix}$, $\boldsymbol{p} = \begin{pmatrix} 1 \\ 2 \\ 3 \end{pmatrix}$

(3)　$\boldsymbol{e}_1 = \begin{pmatrix} 1 \\ 0 \\ 0 \\ 0 \end{pmatrix}$, $\boldsymbol{e}_3 = \begin{pmatrix} 0 \\ 1 \\ 0 \\ 0 \end{pmatrix}$, $\boldsymbol{e}_3 = \begin{pmatrix} 0 \\ 0 \\ 1 \\ 0 \end{pmatrix}$, $\boldsymbol{p} = \boldsymbol{e}_4 = \begin{pmatrix} 0 \\ 0 \\ 0 \\ 1 \end{pmatrix}$

解　連立１次方程式を用いて線形結合の係数を計算する．

(1)　$x\begin{pmatrix}2\\1\end{pmatrix}+y\begin{pmatrix}1\\1\end{pmatrix}=\begin{pmatrix}4\\3\end{pmatrix}$

$$\left(\begin{array}{cc|c}2 & \boxed{1} & 4\\ 1 & \textcircled{1} & 3\end{array}\right)\longrightarrow\left(\begin{array}{cc|c}\textcircled{1} & 0 & 1\\ 1 & 1 & 3\end{array}\right)\longrightarrow\left(\begin{array}{cc|c}1 & 0 & 1\\ 0 & 1 & 2\end{array}\right)$$

$x=1,\ y=2$ より

$$\begin{pmatrix}2\\1\end{pmatrix}+2\begin{pmatrix}1\\1\end{pmatrix}=\begin{pmatrix}4\\3\end{pmatrix}$$

(2)　$x\begin{pmatrix}1\\0\\0\end{pmatrix}+y\begin{pmatrix}-1\\1\\0\end{pmatrix}+z\begin{pmatrix}-1\\-1\\1\end{pmatrix}=\begin{pmatrix}1\\2\\3\end{pmatrix}$

$$\left(\begin{array}{ccc|c}1 & -1 & -1 & 1\\ 0 & 1 & -1 & 2\\ 0 & 0 & \textcircled{1} & 3\end{array}\right)\longrightarrow\left(\begin{array}{ccc|c}1 & -1 & 0 & 4\\ 0 & \textcircled{1} & 0 & 5\\ 0 & 0 & 1 & 3\end{array}\right)\longrightarrow\left(\begin{array}{ccc|c}1 & 0 & 0 & 9\\ 0 & 1 & 0 & 5\\ 0 & 0 & 1 & 3\end{array}\right)$$

$x=9,\ y=5,\ z=3$ より

$$9\begin{pmatrix}1\\0\\0\end{pmatrix}+5\begin{pmatrix}-1\\1\\0\end{pmatrix}+3\begin{pmatrix}-1\\-1\\1\end{pmatrix}=\begin{pmatrix}1\\2\\3\end{pmatrix}$$

(3)　$x\begin{pmatrix}1\\0\\0\\0\end{pmatrix}+y\begin{pmatrix}0\\1\\0\\0\end{pmatrix}+z\begin{pmatrix}0\\0\\1\\0\end{pmatrix}=\begin{pmatrix}0\\0\\0\\1\end{pmatrix}$

$$\left(\begin{array}{ccc|c}1 & 0 & 0 & 0\\ 0 & 1 & 0 & 0\\ 0 & 0 & 1 & 0\\ 0 & 0 & 0 & 1\end{array}\right)$$

解がないので基本ベクトル $\boldsymbol{e}_4$ は $\boldsymbol{e}_1, \boldsymbol{e}_2, \boldsymbol{e}_3$ の線形結合で表せない．　∎

問 14.1　ベクトル $\boldsymbol{p}$ を他のベクトルの線形結合で表せ．

(1)　$\begin{pmatrix}1\\2\end{pmatrix},\ \begin{pmatrix}2\\3\end{pmatrix},\ \boldsymbol{p}=\begin{pmatrix}1\\1\end{pmatrix}$　　(2)　$\begin{pmatrix}1\\-1\end{pmatrix},\ \begin{pmatrix}-1\\2\end{pmatrix},\ \boldsymbol{p}=\begin{pmatrix}-2\\-3\end{pmatrix}$

(3)　$\begin{pmatrix}1\\1\\0\end{pmatrix},\ \begin{pmatrix}0\\1\\1\end{pmatrix},\ \begin{pmatrix}1\\0\\1\end{pmatrix},\ \boldsymbol{p}=\begin{pmatrix}2\\0\\0\end{pmatrix}$

(4)　$\begin{pmatrix}1\\1\\1\end{pmatrix},\ \begin{pmatrix}1\\2\\1\end{pmatrix},\ \begin{pmatrix}1\\1\\3\end{pmatrix},\ \boldsymbol{p}=\begin{pmatrix}2\\4\\8\end{pmatrix}$

注意 1　線形結合の係数を求めるには連立１次方程式を解く．そのとき解が１

組だけ求まる場合(正則)，解が多数求まる場合(不定)，解が求まらない場合(不能)がある．

注意2　連立1次方程式はベクトルを用いて書き直せば線形結合の式になる．すなわち方程式を解くことは線形結合の係数を求めることである．

$$\begin{cases} 2x+y=4 \\ x+y=3 \end{cases} \text{ ならば } \begin{pmatrix} 2x+y \\ x+y \end{pmatrix} = \begin{pmatrix} 4 \\ 3 \end{pmatrix} \text{ より } x\begin{pmatrix} 2 \\ 1 \end{pmatrix} + y\begin{pmatrix} 1 \\ 1 \end{pmatrix} = \begin{pmatrix} 4 \\ 3 \end{pmatrix}$$

14.2　線形独立と従属

ベクトルが線形結合で表せるかどうかという点に注目して分類する．

ベクトル $\boldsymbol{a}_1, \cdots, \boldsymbol{a}_n$ $(n \geqq 2)$ は，あるベクトルが他のベクトルの線形結合で表せるならば，**線形従属**(1次従属)という．

ベクトル $\boldsymbol{a}_1, \cdots, \boldsymbol{a}_n$ $(n \geqq 2)$ は，どのベクトルも他のベクトルの線形結合で表せないならば，**線形独立**(1次独立)という．

$n=1$ のときは，$\boldsymbol{a}_1 = \boldsymbol{0}$ ならば線形従属，$\boldsymbol{a}_1 \neq \boldsymbol{0}$ ならば線形独立という．

例2　線形独立なベクトルと従属なベクトルを見る．

(1)　2次元平面 $\mathbf{R}^2$ の基本ベクトル $\boldsymbol{e}_1 = \begin{pmatrix} 1 \\ 0 \end{pmatrix}$, $\boldsymbol{e}_2 = \begin{pmatrix} 0 \\ 1 \end{pmatrix}$ について次が成り立つ．これより基本ベクトル $\boldsymbol{e}_1, \boldsymbol{e}_2$ は線形独立である．

$$x\begin{pmatrix} 1 \\ 0 \end{pmatrix} \neq \begin{pmatrix} 0 \\ 1 \end{pmatrix}, \quad y\begin{pmatrix} 0 \\ 1 \end{pmatrix} \neq \begin{pmatrix} 1 \\ 0 \end{pmatrix}$$

(2)　2次元平面 $\mathbf{R}^2$ の基本ベクトル $\boldsymbol{e}_1 = \begin{pmatrix} 1 \\ 0 \end{pmatrix}$, $\boldsymbol{e}_2 = \begin{pmatrix} 0 \\ 1 \end{pmatrix}$ とベクトル $\boldsymbol{p} = \begin{pmatrix} x \\ y \end{pmatrix}$ について次が成り立つ．これより，ベクトル $\boldsymbol{e}_1, \boldsymbol{e}_2, \boldsymbol{p}$ は線形従属である．

$$x\begin{pmatrix} 1 \\ 0 \end{pmatrix} + y\begin{pmatrix} 0 \\ 1 \end{pmatrix} = \begin{pmatrix} x \\ y \end{pmatrix}$$

(3)　3次元空間 $\mathbf{R}^3$ の基本ベクトル $\boldsymbol{e}_1 = \begin{pmatrix} 1 \\ 0 \\ 0 \end{pmatrix}$, $\boldsymbol{e}_2 = \begin{pmatrix} 0 \\ 1 \\ 0 \end{pmatrix}$, $\boldsymbol{e}_3 = \begin{pmatrix} 0 \\ 0 \\ 1 \end{pmatrix}$ について次が成り立つ．これより基本ベクトル $\boldsymbol{e}_1, \boldsymbol{e}_2, \boldsymbol{e}_3$ は線形独立である．

$$x\begin{pmatrix} 1 \\ 0 \\ 0 \end{pmatrix} + y\begin{pmatrix} 0 \\ 1 \\ 0 \end{pmatrix} \neq \begin{pmatrix} 0 \\ 0 \\ 1 \end{pmatrix}, \quad x\begin{pmatrix} 1 \\ 0 \\ 0 \end{pmatrix} + z\begin{pmatrix} 0 \\ 0 \\ 1 \end{pmatrix} \neq \begin{pmatrix} 0 \\ 1 \\ 0 \end{pmatrix},$$

$$y\begin{pmatrix} 0 \\ 1 \\ 0 \end{pmatrix} + z\begin{pmatrix} 0 \\ 0 \\ 1 \end{pmatrix} \neq \begin{pmatrix} 1 \\ 0 \\ 0 \end{pmatrix}$$

(4)　3 次元空間 $\mathbf{R}^3$ の基本ベクトル $\boldsymbol{e}_1=\begin{pmatrix}1\\0\\0\end{pmatrix}$, $\boldsymbol{e}_2=\begin{pmatrix}0\\1\\0\end{pmatrix}$, $\boldsymbol{e}_3=\begin{pmatrix}0\\0\\1\end{pmatrix}$ とベクトル $\boldsymbol{p}=\begin{pmatrix}x\\y\\z\end{pmatrix}$ について次が成り立つ．これよりベクトル $\boldsymbol{e}_1, \boldsymbol{e}_2, \boldsymbol{e}_3, \boldsymbol{p}$ は線形従属である．

$$x\begin{pmatrix}1\\0\\0\end{pmatrix}+y\begin{pmatrix}0\\1\\0\end{pmatrix}+z\begin{pmatrix}0\\0\\1\end{pmatrix}=\begin{pmatrix}x\\y\\z\end{pmatrix}$$ ▮

一般に n 次元空間 $\mathbf{R}^n$ の基本ベクトル $\boldsymbol{e}_1, \boldsymbol{e}_2, \cdots, \boldsymbol{e}_n$ は線形独立である．

例 3　線形独立なベクトルを図示する．

(1)　$\mathbf{0}$ でないベクトル $\boldsymbol{a}$

$$\boldsymbol{a}\neq\mathbf{0}$$

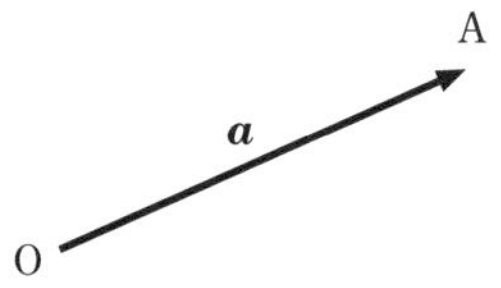

図 14.1　$\mathbf{0}$ でないベクトル $\boldsymbol{a}$.

(2)　平行でない 2 つのベクトル $\boldsymbol{a}, \boldsymbol{b}$.

$$x\boldsymbol{a}\neq\boldsymbol{b},\quad y\boldsymbol{b}\neq\boldsymbol{a}$$

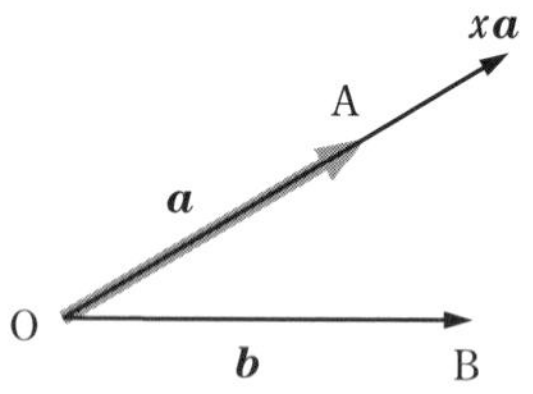

図 14.2　平行でない 2 つのベクトル $\boldsymbol{a}, \boldsymbol{b}$.

(3)　同一平面上にない 3 つのベクトル $\boldsymbol{a}, \boldsymbol{b}, \boldsymbol{c}$.

$$x\boldsymbol{a}+y\boldsymbol{b}\neq\boldsymbol{c},\quad x\boldsymbol{a}+z\boldsymbol{c}\neq\boldsymbol{b},\quad y\boldsymbol{b}+z\boldsymbol{c}\neq\boldsymbol{a}$$

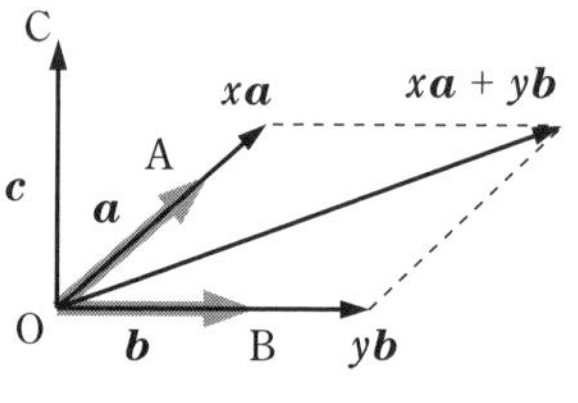

図 14.3　同一平面上にない 3 つのベクトル $\boldsymbol{a}, \boldsymbol{b}, \boldsymbol{c}$.

14.3　基本変形による独立の判定

行基本変形を用いてベクトルが線形独立か従属か判定する．

例 4 ベクトルの線形結合を行基本変形する．

例題 14.1(1)のベクトルから行列を作り行基本変形すると，同じ係数で線形結合の式が成り立つ．

$$\begin{pmatrix}2\\1\end{pmatrix},\ \begin{pmatrix}1\\1\end{pmatrix},\ \begin{pmatrix}4\\3\end{pmatrix}$$

$$\begin{pmatrix}2 & \boxed{1} & 4\\1 & \boxed{①} & 3\end{pmatrix}\longrightarrow\begin{pmatrix}\boxed{①} & 0 & 1\\\boxed{1} & 1 & 3\end{pmatrix}\longrightarrow\begin{pmatrix}1 & 0 & 1\\0 & 1 & 2\end{pmatrix}$$

このとき

$$\begin{pmatrix}2\\1\end{pmatrix}+2\begin{pmatrix}1\\1\end{pmatrix}=\begin{pmatrix}4\\3\end{pmatrix},\ \begin{pmatrix}1\\1\end{pmatrix}+2\begin{pmatrix}0\\1\end{pmatrix}=\begin{pmatrix}1\\3\end{pmatrix},\ \begin{pmatrix}1\\0\end{pmatrix}+2\begin{pmatrix}0\\1\end{pmatrix}=\begin{pmatrix}1\\2\end{pmatrix}$$ ▮

これをまとめておく．

公式 14.1 ベクトルの線形結合と行基本変形

ベクトル $\boldsymbol{a}_1, \cdots, \boldsymbol{a}_n$ を並べて行列を作り行基本変形する．

$$(\boldsymbol{a}_1\ \cdots\ \boldsymbol{a}_n)\longrightarrow(\boldsymbol{b}_1\ \cdots\ \boldsymbol{b}_n)$$

このときベクトル $\boldsymbol{a}_1, \cdots, \boldsymbol{a}_n$ と $\boldsymbol{b}_1, \cdots, \boldsymbol{b}_n$ では同じ係数で線形結合の式が成り立つ．

解説 ベクトルを並べて行基本変形すると，線形結合の係数が保たれる．これより線形従属なベクトルは，変形後も線形従属である．また，線形独立なベクトルは，変形後も線形独立である．そこで 0 を増やして基本ベクトルなどに変形してから関係を調べる．

例題 14.2 公式 14.1 を用いて線形独立か従属か判定せよ．

(1) $\begin{pmatrix}1\\1\end{pmatrix},\ \begin{pmatrix}-1\\1\end{pmatrix},\ \begin{pmatrix}5\\-1\end{pmatrix}$　　(2) $\begin{pmatrix}1\\1\\-1\end{pmatrix},\ \begin{pmatrix}1\\-1\\1\end{pmatrix},\ \begin{pmatrix}-1\\1\\1\end{pmatrix}$

解 ベクトルを並べて行基本変形する．異なる基本ベクトルは線形独立，その他のベクトルは線形従属になる．

(1) $$\begin{pmatrix}\boxed{①} & -1 & 5\\\boxed{1} & 1 & -1\end{pmatrix}\longrightarrow\begin{pmatrix}1 & -1 & 5\\0 & 2 & -6\end{pmatrix}\longrightarrow\begin{pmatrix}1 & \boxed{-1} & 5\\0 & \boxed{①} & -3\end{pmatrix}$$

$$\longrightarrow\begin{pmatrix}1 & 0 & 2\\0 & 1 & -3\end{pmatrix}$$

$$2\begin{pmatrix}1\\0\end{pmatrix}-3\begin{pmatrix}0\\1\end{pmatrix}=\begin{pmatrix}2\\-3\end{pmatrix}\quad\text{より}\quad 2\begin{pmatrix}1\\1\end{pmatrix}-3\begin{pmatrix}-1\\1\end{pmatrix}=\begin{pmatrix}5\\-1\end{pmatrix}$$

となるので，線形従属である．

(2) $\begin{pmatrix} \boxed{①} & 1 & -1 \\ \boxed{1} & -1 & 1 \\ \boxed{-1} & 1 & 1 \end{pmatrix} \longrightarrow \begin{pmatrix} 1 & 1 & -1 \\ 0 & -2 & 2 \\ 0 & 2 & 0 \end{pmatrix} \longrightarrow \begin{pmatrix} 1 & \boxed{1} & -1 \\ 0 & \boxed{①} & -1 \\ 0 & \boxed{1} & 0 \end{pmatrix}$

$\longrightarrow \begin{pmatrix} 1 & 0 & \boxed{0} \\ 0 & 1 & \boxed{-1} \\ 0 & 0 & \boxed{①} \end{pmatrix} \longrightarrow \begin{pmatrix} 1 & 0 & 0 \\ 0 & 1 & 0 \\ 0 & 0 & 1 \end{pmatrix}$

基本ベクトルに変形されるので，線形独立である． ▮

問 14.2 公式 14.1 を用いて線形独立か従属か判定せよ．

(1) $\begin{pmatrix} 1 \\ 2 \end{pmatrix}, \begin{pmatrix} 3 \\ -2 \end{pmatrix}$　　(2) $\begin{pmatrix} 3 \\ 3 \end{pmatrix}, \begin{pmatrix} -1 \\ 4 \end{pmatrix}, \begin{pmatrix} 2 \\ 1 \end{pmatrix}$

(3) $\begin{pmatrix} 1 \\ 2 \\ -1 \end{pmatrix}, \begin{pmatrix} 2 \\ 1 \\ 0 \end{pmatrix}, \begin{pmatrix} 1 \\ 1 \\ 1 \end{pmatrix}$　　(4) $\begin{pmatrix} 1 \\ -1 \\ 0 \end{pmatrix}, \begin{pmatrix} 0 \\ 1 \\ -1 \end{pmatrix}, \begin{pmatrix} -1 \\ 0 \\ 1 \end{pmatrix}$

例 5 線形独立なベクトルの個数と行列の階数の関係を調べる．

(1) 例題 14.2(1) のベクトル $\begin{pmatrix} 1 \\ 1 \end{pmatrix}, \begin{pmatrix} -1 \\ 1 \end{pmatrix}, \begin{pmatrix} 5 \\ -1 \end{pmatrix}$ について

$$\begin{pmatrix} 1 & -1 & 5 \\ 1 & 1 & -1 \end{pmatrix} \longrightarrow \cdots \longrightarrow \begin{pmatrix} 1 & 0 & 2 \\ 0 & 1 & -3 \end{pmatrix}$$

より 2 個の線形独立なベクトルがある．また行列として 2 階である．

(2) 例題 14.2(2) のベクトル $\begin{pmatrix} 1 \\ 1 \\ -1 \end{pmatrix}, \begin{pmatrix} 1 \\ -1 \\ 1 \end{pmatrix}, \begin{pmatrix} -1 \\ 1 \\ 1 \end{pmatrix}$ について

$$\begin{pmatrix} 1 & 1 & -1 \\ 1 & -1 & 1 \\ -1 & 1 & 1 \end{pmatrix} \longrightarrow \cdots \longrightarrow \begin{pmatrix} 1 & 0 & 0 \\ 0 & 1 & 0 \\ 0 & 0 & 1 \end{pmatrix}$$

より 3 個の線形独立なベクトルがある．また行列として 3 階（公式 5.2 より正則）である． ▮

これより次がわかる．

公式 14.2 線形独立なベクトルの個数と行列の階数

(1) ベクトル $\boldsymbol{a}_1, \cdots, \boldsymbol{a}_n$ の中に k 個の線形独立なベクトルがあれば，行列 $A = (\boldsymbol{a}_1 \ \cdots \ \boldsymbol{a}_n)$ は k 階である．

(2) n 個の n 次元ベクトル $\boldsymbol{a}_1, \cdots, \boldsymbol{a}_n$ が線形独立ならば，行列 $A = (\boldsymbol{a}_1 \ \cdots \ \boldsymbol{a}_n)$ は n 階（正則）である．

解説 (1) では行列の中にある線形独立なベクトルの個数は，行列の階数と一致する．(2) では n 次の正方行列の中にあるベクトルがすべて線形独立なら

ば，行列は正則である．

線形結合による独立の判定

線形結合を用いてベクトルが線形独立か従属か判定する．

公式 14.3　線形結合を用いて線形独立を判定

ベクトル $\boldsymbol{a}_1, \cdots, \boldsymbol{a}_n$ が線形独立とする．

$$x_1\boldsymbol{a}_1 + \cdots + x_n\boldsymbol{a}_n = \boldsymbol{0} \quad \text{ならば} \quad x_1 = \cdots = x_n = 0$$

解説　線形独立なベクトルの線形結合を $\boldsymbol{0}$ とおくと，係数がすべて 0 になる．

例 6　公式 14.3 を用いて線形独立か従属か判定する．

連立 1 次方程式を用いて線形結合の係数を計算すると，例題 14.2(2)と同じ結果になる．

$$\begin{pmatrix} 1 \\ 1 \\ -1 \end{pmatrix}, \begin{pmatrix} 1 \\ -1 \\ 1 \end{pmatrix}, \begin{pmatrix} -1 \\ 1 \\ 1 \end{pmatrix}$$

$$x\begin{pmatrix} 1 \\ 1 \\ -1 \end{pmatrix} + y\begin{pmatrix} 1 \\ -1 \\ 1 \end{pmatrix} + z\begin{pmatrix} -1 \\ 1 \\ 1 \end{pmatrix} = \begin{pmatrix} 0 \\ 0 \\ 0 \end{pmatrix}$$

$$\left(\begin{array}{ccc|c} \textcircled{1} & 1 & -1 & 0 \\ 1 & -1 & 1 & 0 \\ -1 & 1 & 1 & 0 \end{array}\right) \longrightarrow \left(\begin{array}{ccc|c} 1 & 1 & -1 & 0 \\ 0 & -2 & 2 & 0 \\ 0 & 2 & 0 & 0 \end{array}\right) \longrightarrow \left(\begin{array}{ccc|c} 1 & 1 & -1 & 0 \\ 0 & \textcircled{1} & -1 & 0 \\ 0 & 1 & 0 & 0 \end{array}\right)$$

$$\longrightarrow \left(\begin{array}{ccc|c} 1 & 0 & 0 & 0 \\ 0 & 1 & 1 & 0 \\ 0 & 0 & \textcircled{1} & 0 \end{array}\right) \longrightarrow \left(\begin{array}{ccc|c} 1 & 0 & 0 & 0 \\ 0 & 1 & 0 & 0 \\ 0 & 0 & 1 & 0 \end{array}\right)$$

$x = y = z = 0$ より線形独立である．

練習問題 14

1.　ベクトル $\boldsymbol{p}$ を他のベクトルの線形結合で表せ．

(1) $\begin{pmatrix} 2 \\ 3 \end{pmatrix}, \begin{pmatrix} 3 \\ 4 \end{pmatrix}, \boldsymbol{p} = \begin{pmatrix} 4 \\ 3 \end{pmatrix}$　　(2) $\begin{pmatrix} 1 \\ -2 \end{pmatrix}, \begin{pmatrix} 1 \\ 3 \end{pmatrix}, \begin{pmatrix} 2 \\ 1 \end{pmatrix}, \boldsymbol{p} = \begin{pmatrix} -3 \\ 1 \end{pmatrix}$

(3) $\begin{pmatrix} 1 \\ 2 \\ 1 \end{pmatrix}, \begin{pmatrix} 2 \\ -1 \\ 1 \end{pmatrix}, \boldsymbol{p} = \begin{pmatrix} -1 \\ 1 \\ 2 \end{pmatrix}$

(4) $\begin{pmatrix} 1 \\ 3 \\ 2 \end{pmatrix}, \begin{pmatrix} 2 \\ 2 \\ 3 \end{pmatrix}, \begin{pmatrix} 2 \\ 1 \\ 2 \end{pmatrix}, \boldsymbol{p} = \begin{pmatrix} 1 \\ 6 \\ 5 \end{pmatrix}$

(5) $\begin{pmatrix}-1\\2\\3\end{pmatrix}$, $\begin{pmatrix}2\\3\\4\end{pmatrix}$, $\begin{pmatrix}3\\-1\\1\end{pmatrix}$, $\begin{pmatrix}2\\1\\4\end{pmatrix}$, $\boldsymbol{p}=\begin{pmatrix}1\\5\\7\end{pmatrix}$

(6) $\begin{pmatrix}2\\1\\1\\-3\end{pmatrix}$, $\begin{pmatrix}3\\-1\\3\\0\end{pmatrix}$, $\begin{pmatrix}0\\2\\-2\\-1\end{pmatrix}$, $\begin{pmatrix}1\\2\\-2\\-2\end{pmatrix}$, $\boldsymbol{p}=\begin{pmatrix}-7\\2\\-6\\4\end{pmatrix}$

2. 公式 14.1 を用いて線形独立か従属か判定せよ．

(1) $\begin{pmatrix}-1\\2\\1\end{pmatrix}$, $\begin{pmatrix}2\\1\\1\end{pmatrix}$, $\begin{pmatrix}1\\-2\\2\end{pmatrix}$　　(2) $\begin{pmatrix}1\\2\\3\end{pmatrix}$, $\begin{pmatrix}-1\\2\\-1\end{pmatrix}$, $\begin{pmatrix}2\\-6\\1\end{pmatrix}$

(3) $\begin{pmatrix}2\\3\\1\\0\end{pmatrix}$, $\begin{pmatrix}1\\-1\\2\\3\end{pmatrix}$, $\begin{pmatrix}3\\0\\-1\\2\end{pmatrix}$, $\begin{pmatrix}1\\-3\\1\\2\end{pmatrix}$

(4) $\begin{pmatrix}1\\3\\-2\\5\end{pmatrix}$, $\begin{pmatrix}3\\-3\\1\\-4\end{pmatrix}$, $\begin{pmatrix}2\\1\\-1\\0\end{pmatrix}$, $\begin{pmatrix}2\\-1\\0\\1\end{pmatrix}$

解答

問 14.1 (1) $-\begin{pmatrix}1\\2\end{pmatrix}+\begin{pmatrix}2\\3\end{pmatrix}$　　(2) $-7\begin{pmatrix}1\\-1\end{pmatrix}-5\begin{pmatrix}-1\\2\end{pmatrix}$

(3) $\begin{pmatrix}1\\1\\0\end{pmatrix}-\begin{pmatrix}0\\1\\1\end{pmatrix}+\begin{pmatrix}1\\0\\1\end{pmatrix}$　　(4) $-3\begin{pmatrix}1\\1\\1\end{pmatrix}+2\begin{pmatrix}1\\2\\1\end{pmatrix}+3\begin{pmatrix}1\\1\\3\end{pmatrix}$

問 14.2 (1) 線形独立　(2) 線形従属　(3) 線形独立
(4) 線形従属

練習問題 14

1. (1) $-7\begin{pmatrix}2\\3\end{pmatrix}+6\begin{pmatrix}3\\4\end{pmatrix}$　　(2) $-(z+2)\begin{pmatrix}1\\-2\end{pmatrix}-(z+1)\begin{pmatrix}1\\3\end{pmatrix}+z\begin{pmatrix}2\\1\end{pmatrix}$

(3) 表せない　　(4) $\begin{pmatrix}1\\3\\2\end{pmatrix}+3\begin{pmatrix}2\\2\\3\end{pmatrix}-3\begin{pmatrix}2\\1\\2\end{pmatrix}$

(5) $(-w+1)\begin{pmatrix}-1\\2\\3\end{pmatrix}+\begin{pmatrix}2\\3\\4\end{pmatrix}-w\begin{pmatrix}3\\-1\\1\end{pmatrix}+w\begin{pmatrix}2\\1\\4\end{pmatrix}$

(6) $-\begin{pmatrix}2\\1\\1\\-3\end{pmatrix}-\begin{pmatrix}3\\-1\\3\\0\end{pmatrix}+3\begin{pmatrix}0\\2\\-2\\-1\end{pmatrix}-2\begin{pmatrix}1\\2\\-2\\-2\end{pmatrix}$

2. (1) 線形独立　(2) 線形従属　(3) 線形独立　(4) 線形従属

§15　基底と次元，正規直交ベクトル

線形独立なベクトルは基本ベクトルと似た性質を持っている．ここでは線形独立なベクトルを用いて空間のベクトルを表す．また，線形独立なベクトルから直交して大きさが 1 のベクトルを作る．

15.1　基 底 と 次 元

線形独立なベクトルの性質を調べる．

基本ベクトル表示と同様に，線形独立なベクトルの線形結合で空間のベクトルを表すことができる．

例 1　線形独立なベクトルで表す．

$$\boldsymbol{a}=\begin{pmatrix}2\\1\end{pmatrix},\ \boldsymbol{b}=\begin{pmatrix}1\\1\end{pmatrix},\ \boldsymbol{c}=\begin{pmatrix}4\\3\end{pmatrix}$$

$$\begin{pmatrix}2&\boxed{\begin{matrix}1\\ \textcircled{1}\end{matrix}}&\begin{matrix}4\\3\end{matrix}\\1&&\end{pmatrix}\longrightarrow\begin{pmatrix}\boxed{\begin{matrix}\textcircled{1}\\1\end{matrix}}&\begin{matrix}0\\1\end{matrix}&\begin{matrix}1\\3\end{matrix}\end{pmatrix}\longrightarrow\begin{pmatrix}1&0&1\\0&1&2\end{pmatrix}$$

よってベクトル $\boldsymbol{a},\boldsymbol{b}$ は線形独立である．また，ベクトル $\boldsymbol{c}$ は $\boldsymbol{a},\boldsymbol{b}$ の線形結合で表せ，係数が決まる．

$$\boldsymbol{a}+2\boldsymbol{b}=\begin{pmatrix}2\\1\end{pmatrix}+2\begin{pmatrix}1\\1\end{pmatrix}=\begin{pmatrix}4\\3\end{pmatrix}=\boldsymbol{c}$$ ▮

これより次がわかる．

公式 15.1　$\mathbf{R}^n$ で線形独立なベクトルの性質

(1)　n 次元空間 $\mathbf{R}^n$ のベクトル $\boldsymbol{a}_1,\cdots,\boldsymbol{a}_m$ が線形独立ならば，その個数 m は次元 n 以下である．つまり

$$1\leqq m\leqq n$$

(2)　(1) でさらに $m=n$ ならば n 次元空間 $\mathbf{R}^n$ のベクトル $\boldsymbol{p}$ はベクトル $\boldsymbol{a}_1,\cdots,\boldsymbol{a}_n$ の線形結合で表せて，係数 $x_1,\cdots,x_n$ が決まる．

$$x_1\boldsymbol{a}_1+\cdots+x_n\boldsymbol{a}_n=\boldsymbol{p}$$

解説　線形独立なベクトルでは基本ベクトルと似た性質が成り立つ．(1) では n 次元空間には n 個以下の線形独立なベクトルがある．(2) では n 次元空間のベクトルは n 個の線形独立なベクトルで表せる．

● 基底と成分

基本ベクトルと同様に線形独立なベクトルに関する成分を考える．

n 次元空間 $\mathbf{R}^n$ の n 個の線形独立なベクトルで順序を考えた組 $\mathcal{B}=[\boldsymbol{b}_1,\cdots,$

$\boldsymbol{b}_n]$ を**基底**という．n次元空間 $\mathbf{R}^n$ のベクトル $\boldsymbol{p}$ が基底 $\mathcal{B}$ を用いて $x_1\boldsymbol{b}_1+\cdots+x_n\boldsymbol{b}_n=\boldsymbol{p}$ と表されるならば，$\boldsymbol{p}_{\mathcal{B}}=\begin{pmatrix}x_1\\ \vdots\\ x_n\end{pmatrix}_{\mathcal{B}}$ を基底 $\mathcal{B}$ に関する**成分（座標）**という．$\mathcal{E}=[\boldsymbol{e}_1,\cdots,\boldsymbol{e}_n]$ を**標準基底**（自然基底）といい，普通はこの基底 $\mathcal{E}$ に関する成分を用いる．つまり $x_1\boldsymbol{e}_1+\cdots+x_n\boldsymbol{e}_n=\boldsymbol{p}$ ならば $\boldsymbol{p}=\begin{pmatrix}x_1\\ \vdots\\ x_n\end{pmatrix}$ となる．

例 2　基底からベクトルの成分を求める．

(1)　2 次元空間 $\mathbf{R}^2$ と標準基底 $\mathcal{E}=[\boldsymbol{e}_1,\boldsymbol{e}_2]$

$$4\boldsymbol{e}_1+3\boldsymbol{e}_2=4\begin{pmatrix}1\\0\end{pmatrix}+3\begin{pmatrix}0\\1\end{pmatrix}=\begin{pmatrix}4\\3\end{pmatrix}=\boldsymbol{p},\quad \boldsymbol{p}\begin{pmatrix}4\\3\end{pmatrix}_{\mathcal{E}}$$

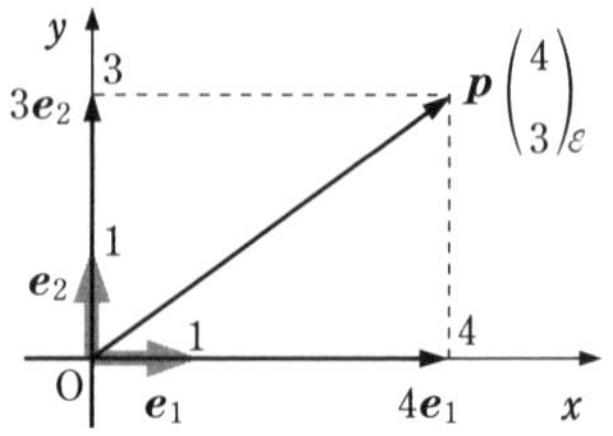

図 15.1　標準基底 $\mathcal{E}$ に関するベクトル $\boldsymbol{p}$ の成分．

(2)　2 次元空間 $\mathbf{R}^2$ と基底 $\mathcal{B}=[\boldsymbol{b}_1,\boldsymbol{b}_2]=\left[\begin{pmatrix}2\\1\end{pmatrix},\begin{pmatrix}1\\1\end{pmatrix}\right]$

例 1 より

$$\boldsymbol{b}_1+2\boldsymbol{b}_2=\begin{pmatrix}2\\1\end{pmatrix}+2\begin{pmatrix}1\\1\end{pmatrix}=\begin{pmatrix}4\\3\end{pmatrix}=\boldsymbol{p},\quad \boldsymbol{p}\begin{pmatrix}1\\2\end{pmatrix}_{\mathcal{B}}$$

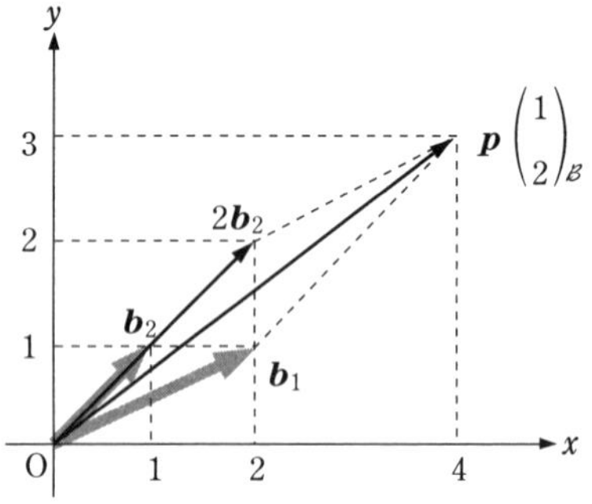

図 15.2　基底 $\mathcal{B}$ に関するベクトル $\boldsymbol{p}$ の成分．

注意　基底 $\mathcal{B}$ が標準基底でないときはベクトルの成分を $\boldsymbol{p}\begin{pmatrix}x_1\\ \vdots\\ x_n\end{pmatrix}_{\mathcal{B}}$ と書く．等号を書くと混乱する．

基底に関する成分の求め方をまとめておく．

公式 15.2　基底と成分

$\mathbf{R}^n$ の基底 $\mathcal{B}=[\boldsymbol{b}_1,\cdots,\boldsymbol{b}_n]$ とベクトル $\boldsymbol{p}$ を並べて行列を作り，行基本変形すると，$\mathcal{B}$ に関する成分 $\boldsymbol{p}_{\mathcal{B}}$ が求まる．

$$(\boldsymbol{b}_1\ \cdots\ \boldsymbol{b}_n \mid \boldsymbol{p})\longrightarrow(\boldsymbol{e}_1\ \cdots\ \boldsymbol{e}_n \mid \boldsymbol{p}_{\mathcal{B}})$$

解説　仕切りの左側に基底 $\mathcal{B}$，右側にベクトル $\boldsymbol{p}$ の成分を並べる．左側を標準基底$\mathcal{E}$に変形すると，右側に基底$\mathcal{B}$に関する成分$\boldsymbol{p}_{\mathcal{B}}$が現れる．

> **例題 15.1** 公式 15.2 を用いて基底$\mathcal{B}$に関するベクトル$\boldsymbol{p}$の成分を求めよ．
>
> (1) $\mathcal{B}=\left[\begin{pmatrix}1\\1\end{pmatrix},\begin{pmatrix}1\\2\end{pmatrix}\right],\ \boldsymbol{p}=\begin{pmatrix}2\\1\end{pmatrix}$
>
> (2) $\mathcal{B}=\left[\begin{pmatrix}1\\1\\-1\end{pmatrix},\begin{pmatrix}1\\-1\\1\end{pmatrix},\begin{pmatrix}-1\\1\\1\end{pmatrix}\right],\ \boldsymbol{p}=\begin{pmatrix}1\\3\\5\end{pmatrix}$

解 基底$\mathcal{B}$とベクトル$\boldsymbol{p}$の成分を並べて，仕切りの左側を標準基底$\mathcal{E}$に変形する．

(1) $$\left(\begin{array}{cc|c}\textcircled{1}&1&2\\1&2&1\end{array}\right)\longrightarrow\left(\begin{array}{cc|c}1&1&2\\0&\textcircled{1}&-1\end{array}\right)\longrightarrow\left(\begin{array}{cc|c}1&0&3\\0&1&-1\end{array}\right),\ \boldsymbol{p}\begin{pmatrix}3\\-1\end{pmatrix}_{\mathcal{B}}$$

(2) $$\left(\begin{array}{ccc|c}\textcircled{1}&1&-1&1\\1&-1&1&3\\-1&1&1&5\end{array}\right)\longrightarrow\left(\begin{array}{ccc|c}1&1&-1&1\\0&-2&2&2\\0&2&0&6\end{array}\right)\longrightarrow$$

$$\left(\begin{array}{ccc|c}1&1&-1&1\\0&\textcircled{1}&-1&-1\\0&1&0&3\end{array}\right)\longrightarrow\left(\begin{array}{ccc|c}1&0&0&2\\0&1&-1&-1\\0&0&\textcircled{1}&4\end{array}\right)\longrightarrow$$

$$\left(\begin{array}{ccc|c}1&0&0&2\\0&1&0&3\\0&0&1&4\end{array}\right),\ \boldsymbol{p}\begin{pmatrix}2\\3\\4\end{pmatrix}_{\mathcal{B}}$$

> **問 15.1** 公式 15.2 を用いて基底$\mathcal{B}$に関するベクトル$\boldsymbol{p}$の成分を求めよ．
>
> (1) $\mathcal{B}=\left[\begin{pmatrix}1\\2\end{pmatrix},\begin{pmatrix}1\\3\end{pmatrix}\right],\ \boldsymbol{p}=\begin{pmatrix}1\\-1\end{pmatrix}$　　(2) $\mathcal{B}=\left[\begin{pmatrix}3\\5\end{pmatrix},\begin{pmatrix}2\\3\end{pmatrix}\right],\ \boldsymbol{p}=\begin{pmatrix}1\\2\end{pmatrix}$
>
> (3) $\mathcal{B}=\left[\begin{pmatrix}1\\1\\0\end{pmatrix},\begin{pmatrix}1\\0\\1\end{pmatrix},\begin{pmatrix}0\\1\\1\end{pmatrix}\right],\ \boldsymbol{p}=\begin{pmatrix}1\\-1\\4\end{pmatrix}$
>
> (4) $\mathcal{B}=\left[\begin{pmatrix}1\\1\\1\end{pmatrix},\begin{pmatrix}1\\1\\0\end{pmatrix},\begin{pmatrix}1\\2\\1\end{pmatrix}\right],\ \boldsymbol{p}=\begin{pmatrix}3\\2\\1\end{pmatrix}$

15.2 正規直交ベクトル

垂直に交わり，大きさが 1 のベクトルを考える．

ベクトル$\boldsymbol{a}_1,\cdots,\boldsymbol{a}_n$がどの 2 つも垂直ならば，**直交ベクトル**という．さらに，すべてのベクトルの大きさが 1 ならば，**正規直交ベクトル**という．もしも

ベクトル $\boldsymbol{a}_1, \cdots, \boldsymbol{a}_n$ が基底ならば，**正規直交基底**という．

例 3　正規直交ベクトルを見る．

(1)　n 次元空間 $\mathbf{R}^n$ の基本ベクトル $\boldsymbol{e}_1, \cdots, \boldsymbol{e}_n$ はどの 2 つも垂直で $|\boldsymbol{e}_1| = \cdots = |\boldsymbol{e}_n| = 1$ なので正規直交ベクトル（正規直交基底）である．

(2)　ベクトル $\boldsymbol{a} = \begin{pmatrix} 1 \\ 1 \end{pmatrix}$，$\boldsymbol{b} = \begin{pmatrix} -1 \\ 1 \end{pmatrix}$ は，$\boldsymbol{a} \cdot \boldsymbol{b} = 0$ なので $\boldsymbol{a} \perp \boldsymbol{b}$ となり，直交ベクトル（直交基底）である．$\dfrac{\boldsymbol{a}}{|\boldsymbol{a}|} = \dfrac{1}{\sqrt{2}}\begin{pmatrix} 1 \\ 1 \end{pmatrix}$，$\dfrac{\boldsymbol{b}}{|\boldsymbol{b}|} = \dfrac{1}{\sqrt{2}}\begin{pmatrix} -1 \\ 1 \end{pmatrix}$ は $\dfrac{\boldsymbol{a}}{|\boldsymbol{a}|} \perp \dfrac{\boldsymbol{b}}{|\boldsymbol{b}|}$ かつ $\left|\dfrac{\boldsymbol{a}}{|\boldsymbol{a}|}\right| = \left|\dfrac{\boldsymbol{b}}{|\boldsymbol{b}|}\right| = 1$ なので正規直交ベクトル（正規直交基底）である．▮

● グラム-シュミットの正規直交化

線形独立なベクトルから正規直交ベクトルを作る．

例 4　正規直交ベクトルを作る．

$$\boldsymbol{a} = \begin{pmatrix} 3 \\ 0 \end{pmatrix}, \quad \boldsymbol{b} = \begin{pmatrix} 2 \\ 2 \end{pmatrix}$$

図 15.3 よりベクトル $\boldsymbol{a}, \boldsymbol{b}$ は平行でないので，線形独立になる．

$$\frac{\boldsymbol{a}}{|\boldsymbol{a}|} = \frac{1}{3}\begin{pmatrix} 3 \\ 0 \end{pmatrix} = \begin{pmatrix} 1 \\ 0 \end{pmatrix} = \boldsymbol{e}_1$$

ベクトル $\boldsymbol{b}$ からベクトル $(\boldsymbol{b} \cdot \boldsymbol{e}_1)\boldsymbol{e}_1$ を引けば，ベクトル $\boldsymbol{e}_1$ に垂直なベクトル $\boldsymbol{b}'$ が求まる．

$$\boldsymbol{b}' = \boldsymbol{b} - (\boldsymbol{b} \cdot \boldsymbol{e}_1)\boldsymbol{e}_1 = \begin{pmatrix} 2 \\ 2 \end{pmatrix} - \left\{\begin{pmatrix} 2 \\ 2 \end{pmatrix} \cdot \begin{pmatrix} 1 \\ 0 \end{pmatrix}\right\}\begin{pmatrix} 1 \\ 0 \end{pmatrix}$$

$$= \begin{pmatrix} 2 \\ 2 \end{pmatrix} - 2\begin{pmatrix} 1 \\ 0 \end{pmatrix} = \begin{pmatrix} 0 \\ 2 \end{pmatrix}$$

$$\frac{\boldsymbol{b}'}{|\boldsymbol{b}'|} = \frac{1}{2}\begin{pmatrix} 0 \\ 2 \end{pmatrix} = \begin{pmatrix} 0 \\ 1 \end{pmatrix} = \boldsymbol{e}_2$$

▮

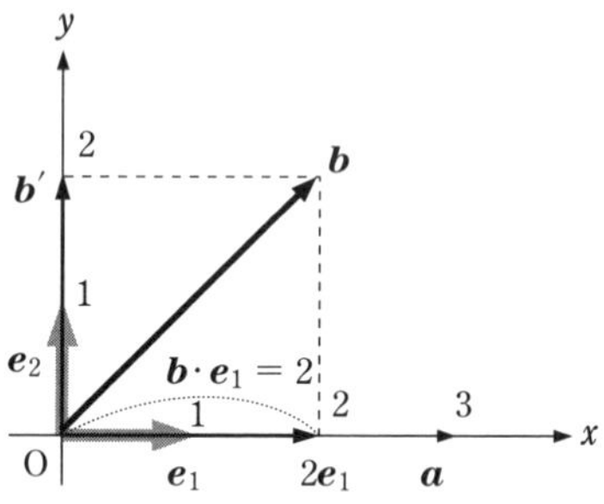

図 15.3　ベクトル $\boldsymbol{a}, \boldsymbol{b}$ から正規直交ベクトルを求める．

これより次が成り立つ．

公式 15.3　グラム-シュミットの正規直交化

$\mathbf{R}^n$ のベクトル $\boldsymbol{a}_1, \boldsymbol{a}_2, \boldsymbol{a}_3, \boldsymbol{a}_4, \cdots$ が線形独立とする．このとき次の手順で作ったベクトル $\boldsymbol{u}_1, \boldsymbol{u}_2, \boldsymbol{u}_3, \boldsymbol{u}_4, \cdots$ は正規直交ベクトルになる．

$$\boldsymbol{u}_1 = \frac{\boldsymbol{a}_1}{|\boldsymbol{a}_1|}$$

$$\boldsymbol{a}_2{}' = \boldsymbol{a}_2 - (\boldsymbol{a}_2 \cdot \boldsymbol{u}_1)\boldsymbol{u}_1, \quad \boldsymbol{u}_2 = \frac{\boldsymbol{a}_2{}'}{|\boldsymbol{a}_2{}'|}$$

$$\boldsymbol{a}_3{}' = \boldsymbol{a}_3 - (\boldsymbol{a}_3 \cdot \boldsymbol{u}_1)\boldsymbol{u}_1 - (\boldsymbol{a}_3 \cdot \boldsymbol{u}_2)\boldsymbol{u}_2, \quad \boldsymbol{u}_3 = \frac{\boldsymbol{a}_3{}'}{|\boldsymbol{a}_3{}'|}$$

$$\boldsymbol{a}_4{}' = \boldsymbol{a}_4 - (\boldsymbol{a}_4 \cdot \boldsymbol{u}_1)\boldsymbol{u}_1 - (\boldsymbol{a}_4 \cdot \boldsymbol{u}_2)\boldsymbol{u}_2 - (\boldsymbol{a}_4 \cdot \boldsymbol{u}_3)\boldsymbol{u}_3, \quad \boldsymbol{u}_4 = \frac{\boldsymbol{a}_4{}'}{|\boldsymbol{a}_4{}'|}$$

$$\vdots \qquad\qquad\qquad\qquad \vdots$$

解説　線形独立なベクトルから，まず直交するベクトルを作る．次に大きさを 1 にすると正規直交ベクトルができる．

例題 15.2　公式 15.3 を用いて例題 15.1 の基底を正規直交化せよ．

(1)　$\boldsymbol{a} = \begin{pmatrix} 1 \\ 1 \end{pmatrix}, \ \boldsymbol{b} = \begin{pmatrix} 1 \\ 2 \end{pmatrix}$

(2)　$\boldsymbol{a} = \begin{pmatrix} 1 \\ 1 \\ -1 \end{pmatrix}, \ \boldsymbol{b} = \begin{pmatrix} 1 \\ -1 \\ 1 \end{pmatrix}, \ \boldsymbol{c} = \begin{pmatrix} -1 \\ 1 \\ 1 \end{pmatrix}$

解　例題 15.1 の基底のベクトルから大きさや内積を用いて変形する．

(1)　$\boldsymbol{u} = \dfrac{\boldsymbol{a}}{|\boldsymbol{a}|} = \dfrac{1}{\sqrt{1+1}}\begin{pmatrix} 1 \\ 1 \end{pmatrix} = \dfrac{1}{\sqrt{2}}\begin{pmatrix} 1 \\ 1 \end{pmatrix}$

$$\boldsymbol{b}' = \boldsymbol{b} - (\boldsymbol{b} \cdot \boldsymbol{u})\boldsymbol{u} = \begin{pmatrix} 1 \\ 2 \end{pmatrix} - \left\{\begin{pmatrix} 1 \\ 2 \end{pmatrix} \cdot \frac{1}{\sqrt{2}}\begin{pmatrix} 1 \\ 1 \end{pmatrix}\right\}\frac{1}{\sqrt{2}}\begin{pmatrix} 1 \\ 1 \end{pmatrix} = \begin{pmatrix} 1 \\ 2 \end{pmatrix} - \frac{1+2}{2}\begin{pmatrix} 1 \\ 1 \end{pmatrix}$$

$$= \begin{pmatrix} 1 \\ 2 \end{pmatrix} - \begin{pmatrix} 3/2 \\ 3/2 \end{pmatrix} = \begin{pmatrix} -1/2 \\ 1/2 \end{pmatrix} = \frac{1}{2}\begin{pmatrix} -1 \\ 1 \end{pmatrix}$$

$$\boldsymbol{v} = \frac{\boldsymbol{b}'}{|\boldsymbol{b}'|} = \frac{\frac{1}{2}\begin{pmatrix} -1 \\ 1 \end{pmatrix}}{\left|\frac{1}{2}\begin{pmatrix} -1 \\ 1 \end{pmatrix}\right|} = \frac{\begin{pmatrix} -1 \\ 1 \end{pmatrix}}{\left|\begin{pmatrix} -1 \\ 1 \end{pmatrix}\right|} = \frac{1}{\sqrt{1+1}}\begin{pmatrix} -1 \\ 1 \end{pmatrix} = \frac{1}{\sqrt{2}}\begin{pmatrix} -1 \\ 1 \end{pmatrix}$$

$$\boldsymbol{u} = \frac{1}{\sqrt{2}}\begin{pmatrix} 1 \\ 1 \end{pmatrix}, \quad \boldsymbol{v} = \frac{1}{\sqrt{2}}\begin{pmatrix} -1 \\ 1 \end{pmatrix}$$

(2)　$\boldsymbol{u} = \dfrac{\boldsymbol{a}}{|\boldsymbol{a}|} = \dfrac{1}{\sqrt{1+1+1}}\begin{pmatrix} 1 \\ 1 \\ -1 \end{pmatrix} = \dfrac{1}{\sqrt{3}}\begin{pmatrix} 1 \\ 1 \\ -1 \end{pmatrix}$

$$\boldsymbol{b}' = \boldsymbol{b} - (\boldsymbol{b} \cdot \boldsymbol{u})\boldsymbol{u} = \begin{pmatrix} 1 \\ -1 \\ 1 \end{pmatrix} - \left\{\begin{pmatrix} 1 \\ -1 \\ 1 \end{pmatrix} \cdot \frac{1}{\sqrt{3}}\begin{pmatrix} 1 \\ 1 \\ -1 \end{pmatrix}\right\}\frac{1}{\sqrt{3}}\begin{pmatrix} 1 \\ 1 \\ -1 \end{pmatrix}$$

$$= \begin{pmatrix} 1 \\ -1 \\ 1 \end{pmatrix} - \frac{1-1-1}{3} \begin{pmatrix} 1 \\ 1 \\ -1 \end{pmatrix} = \begin{pmatrix} 1 \\ -1 \\ 1 \end{pmatrix} + \begin{pmatrix} 1/3 \\ 1/3 \\ -1/3 \end{pmatrix}$$

$$= \begin{pmatrix} 4/3 \\ -2/3 \\ 2/3 \end{pmatrix} = \frac{2}{3} \begin{pmatrix} 2 \\ -1 \\ 1 \end{pmatrix}$$

$$\boldsymbol{v} = \frac{\boldsymbol{b}'}{|\boldsymbol{b}'|} = \frac{\frac{2}{3}\begin{pmatrix} 2 \\ -1 \\ 1 \end{pmatrix}}{\left|\frac{2}{3}\begin{pmatrix} 2 \\ -1 \\ 1 \end{pmatrix}\right|} = \frac{\begin{pmatrix} 2 \\ -1 \\ 1 \end{pmatrix}}{\left|\begin{pmatrix} 2 \\ -1 \\ 1 \end{pmatrix}\right|} = \frac{1}{\sqrt{4+1+1}} \begin{pmatrix} 2 \\ -1 \\ 1 \end{pmatrix}$$

$$= \frac{1}{\sqrt{6}} \begin{pmatrix} 2 \\ -1 \\ 1 \end{pmatrix}$$

$$\boldsymbol{c}' = \boldsymbol{c} - (\boldsymbol{c} \cdot \boldsymbol{u})\boldsymbol{u} - (\boldsymbol{c} \cdot \boldsymbol{v})\boldsymbol{v}$$

$$= \begin{pmatrix} -1 \\ 1 \\ 1 \end{pmatrix} - \left\{ \begin{pmatrix} -1 \\ 1 \\ 1 \end{pmatrix} \cdot \frac{1}{\sqrt{3}} \begin{pmatrix} 1 \\ 1 \\ -1 \end{pmatrix} \right\} \frac{1}{\sqrt{3}} \begin{pmatrix} 1 \\ 1 \\ -1 \end{pmatrix}$$

$$- \left\{ \begin{pmatrix} -1 \\ 1 \\ 1 \end{pmatrix} \cdot \frac{1}{\sqrt{6}} \begin{pmatrix} 2 \\ -1 \\ 1 \end{pmatrix} \right\} \frac{1}{\sqrt{6}} \begin{pmatrix} 2 \\ -1 \\ 1 \end{pmatrix}$$

$$= \begin{pmatrix} -1 \\ 1 \\ 1 \end{pmatrix} - \frac{-1+1-1}{3} \begin{pmatrix} 1 \\ 1 \\ -1 \end{pmatrix} - \frac{-2-1+1}{6} \begin{pmatrix} 2 \\ -1 \\ 1 \end{pmatrix}$$

$$= \begin{pmatrix} -1 \\ 1 \\ 1 \end{pmatrix} + \begin{pmatrix} 1/3 \\ 1/3 \\ -1/3 \end{pmatrix} + \begin{pmatrix} 2/3 \\ -1/3 \\ 1/3 \end{pmatrix} = \begin{pmatrix} 0 \\ 1 \\ 1 \end{pmatrix}$$

$$\boldsymbol{w} = \frac{\boldsymbol{c}'}{|\boldsymbol{c}'|} = \frac{1}{\sqrt{0+1+1}} \begin{pmatrix} 0 \\ 1 \\ 1 \end{pmatrix} = \frac{1}{\sqrt{2}} \begin{pmatrix} 0 \\ 1 \\ 1 \end{pmatrix}$$

$$\boldsymbol{u} = \frac{1}{\sqrt{3}} \begin{pmatrix} 1 \\ 1 \\ -1 \end{pmatrix}, \quad \boldsymbol{v} = \frac{1}{\sqrt{6}} \begin{pmatrix} 2 \\ -1 \\ 1 \end{pmatrix}, \quad \boldsymbol{w} = \frac{1}{\sqrt{2}} \begin{pmatrix} 0 \\ 1 \\ 1 \end{pmatrix}$$

■

問 15.2　公式 15.3 を用いて正規直交化せよ．

(1)　$\begin{pmatrix} 2 \\ 0 \end{pmatrix}, \begin{pmatrix} 2 \\ 5 \end{pmatrix}$　　(2)　$\begin{pmatrix} -1 \\ 2 \end{pmatrix}, \begin{pmatrix} 0 \\ 5 \end{pmatrix}$

(3) $\begin{pmatrix} 2 \\ -1 \end{pmatrix}, \begin{pmatrix} -2 \\ 3 \end{pmatrix}$　　(4) $\begin{pmatrix} -1 \\ 1 \\ 0 \end{pmatrix}, \begin{pmatrix} 1 \\ 0 \\ -1 \end{pmatrix}$

注意　ベクトル $\boldsymbol{a}_1, \boldsymbol{a}_2, \boldsymbol{a}_3, \cdots$ が線形従属ならば，その中の線形独立なベクトルの個数だけ正規直交ベクトルを作れる．たとえば，例題 15.1 のベクトルで考えると，

$$\boldsymbol{a} = \begin{pmatrix} 1 \\ 1 \end{pmatrix},\ \boldsymbol{b} = \begin{pmatrix} 1 \\ 2 \end{pmatrix},\ \boldsymbol{c} = \begin{pmatrix} 2 \\ 1 \end{pmatrix}$$

例題 15.2 より

$$\boldsymbol{u} = \frac{1}{\sqrt{2}}\begin{pmatrix} 1 \\ 1 \end{pmatrix},\ \boldsymbol{v} = \frac{1}{\sqrt{2}}\begin{pmatrix} -1 \\ 1 \end{pmatrix}$$

$$\boldsymbol{c}' = \begin{pmatrix} 2 \\ 1 \end{pmatrix} - \left\{\begin{pmatrix} 2 \\ 1 \end{pmatrix} \cdot \frac{1}{\sqrt{2}}\begin{pmatrix} 1 \\ 1 \end{pmatrix}\right\} \frac{1}{\sqrt{2}}\begin{pmatrix} 1 \\ 1 \end{pmatrix} - \left\{\begin{pmatrix} 2 \\ 1 \end{pmatrix} \cdot \frac{1}{\sqrt{2}}\begin{pmatrix} -1 \\ 1 \end{pmatrix}\right\} \frac{1}{\sqrt{2}}\begin{pmatrix} -1 \\ 1 \end{pmatrix}$$

$$= \begin{pmatrix} 2 \\ 1 \end{pmatrix} + \begin{pmatrix} -3/2 \\ -3/2 \end{pmatrix} + \begin{pmatrix} -1/2 \\ 1/2 \end{pmatrix} = \begin{pmatrix} 0 \\ 0 \end{pmatrix}$$

練習問題 15

1. 公式 15.2 を用いて基底 $\mathcal{B}$ に関するベクトル $\boldsymbol{p}$ の成分を求めよ．

(1) $\mathcal{B} = \left[\begin{pmatrix} 1 \\ 2 \\ 3 \end{pmatrix}, \begin{pmatrix} 1 \\ 1 \\ 1 \end{pmatrix}, \begin{pmatrix} -1 \\ 1 \\ 2 \end{pmatrix}\right],\ \boldsymbol{p} = \begin{pmatrix} 3 \\ 2 \\ -2 \end{pmatrix}$

(2) $\mathcal{B} = \left[\begin{pmatrix} 4 \\ 2 \\ 3 \end{pmatrix}, \begin{pmatrix} 7 \\ 5 \\ 4 \end{pmatrix}, \begin{pmatrix} 5 \\ 2 \\ 4 \end{pmatrix}\right],\ \boldsymbol{p} = \begin{pmatrix} 1 \\ -3 \\ 1 \end{pmatrix}$

(3) $\mathcal{B} = \left[\begin{pmatrix} 0 \\ 1 \\ -1 \\ 1 \end{pmatrix}, \begin{pmatrix} 1 \\ 0 \\ 1 \\ -1 \end{pmatrix}, \begin{pmatrix} -1 \\ 1 \\ 0 \\ 1 \end{pmatrix}, \begin{pmatrix} 1 \\ -1 \\ 1 \\ 0 \end{pmatrix}\right],\ \boldsymbol{p} = \begin{pmatrix} 0 \\ 3 \\ -2 \\ -2 \end{pmatrix}$

(4) $\mathcal{B} = \left[\begin{pmatrix} 2 \\ -2 \\ 4 \\ 3 \end{pmatrix}, \begin{pmatrix} 3 \\ 1 \\ 2 \\ 1 \end{pmatrix}, \begin{pmatrix} 5 \\ -1 \\ 3 \\ 5 \end{pmatrix}, \begin{pmatrix} 4 \\ 4 \\ -1 \\ -1 \end{pmatrix}\right],\ \boldsymbol{p} = \begin{pmatrix} 5 \\ -1 \\ 3 \\ 6 \end{pmatrix}$

2. 公式 15.3 を用いて正規直交化せよ．

(1) $\begin{pmatrix} 2 \\ 1 \\ 1 \end{pmatrix}, \begin{pmatrix} 1 \\ 0 \\ 0 \end{pmatrix}$　　(2) $\begin{pmatrix} 4 \\ 0 \\ 0 \end{pmatrix}, \begin{pmatrix} 3 \\ -4 \\ 0 \end{pmatrix}, \begin{pmatrix} 2 \\ 4 \\ 5 \end{pmatrix}$

(3) $\begin{pmatrix}1\\1\\1\end{pmatrix}, \begin{pmatrix}0\\1\\0\end{pmatrix}, \begin{pmatrix}0\\0\\1\end{pmatrix}$ (4) $\begin{pmatrix}1\\1\\0\end{pmatrix}, \begin{pmatrix}1\\0\\1\end{pmatrix}, \begin{pmatrix}0\\1\\1\end{pmatrix}$

解答

問 15.1 (1) $\begin{pmatrix}4\\-3\end{pmatrix}_{\mathcal{B}}$ (2) $\begin{pmatrix}1\\-1\end{pmatrix}_{\mathcal{B}}$

(3) $\begin{pmatrix}-2\\3\\1\end{pmatrix}_{\mathcal{B}}$ (4) $\begin{pmatrix}2\\2\\-1\end{pmatrix}_{\mathcal{B}}$

問 15.2 (1) $\begin{pmatrix}1\\0\end{pmatrix}, \begin{pmatrix}0\\1\end{pmatrix}$ (2) $\frac{1}{\sqrt{5}}\begin{pmatrix}-1\\2\end{pmatrix}, \frac{1}{\sqrt{5}}\begin{pmatrix}2\\1\end{pmatrix}$

(3) $\frac{1}{\sqrt{5}}\begin{pmatrix}2\\-1\end{pmatrix}, \frac{1}{\sqrt{5}}\begin{pmatrix}1\\2\end{pmatrix}$ (4) $\frac{1}{\sqrt{2}}\begin{pmatrix}-1\\1\\0\end{pmatrix}, \frac{1}{\sqrt{6}}\begin{pmatrix}1\\1\\-2\end{pmatrix}$

練習問題15

1. (1) $\begin{pmatrix}-7\\13\\3\end{pmatrix}_{\mathcal{B}}$ (2) $\begin{pmatrix}-1\\-1\\2\end{pmatrix}_{\mathcal{B}}$

(3) $\begin{pmatrix}1\\2\\-1\\-3\end{pmatrix}_{\mathcal{B}}$ (4) $\begin{pmatrix}-4\\5\\2\\-3\end{pmatrix}_{\mathcal{B}}$

2. (1) $\frac{1}{\sqrt{6}}\begin{pmatrix}2\\1\\1\end{pmatrix}, \frac{1}{\sqrt{3}}\begin{pmatrix}1\\-1\\-1\end{pmatrix}$ (2) $\begin{pmatrix}1\\0\\0\end{pmatrix}, \begin{pmatrix}0\\-1\\0\end{pmatrix}, \begin{pmatrix}0\\0\\1\end{pmatrix}$

(3) $\frac{1}{\sqrt{3}}\begin{pmatrix}1\\1\\1\end{pmatrix}, \frac{1}{\sqrt{6}}\begin{pmatrix}-1\\2\\-1\end{pmatrix}, \frac{1}{\sqrt{2}}\begin{pmatrix}-1\\0\\1\end{pmatrix}$

(4) $\frac{1}{\sqrt{2}}\begin{pmatrix}1\\1\\0\end{pmatrix}, \frac{1}{\sqrt{6}}\begin{pmatrix}1\\-1\\2\end{pmatrix}, \frac{1}{\sqrt{3}}\begin{pmatrix}-1\\1\\1\end{pmatrix}$

§16 線形空間

直線や平面などの図形は，まっすぐに伸びていて穴などがない．ここではベクトルを用いてこのような図形を方程式で表すことを考える．

16.1 線形空間

ベクトルを用いて n 次元空間に含まれる直線や平面などを調べる．

n 次元空間 $\mathbf{R}^n$ の図形 V を平行移動して原点 O を通るようにする．原点 O と図形 V の点 A, B を結んでベクトル $\overrightarrow{\mathrm{OA}} = \boldsymbol{a}$, $\overrightarrow{\mathrm{OB}} = \boldsymbol{b}$ を作る．ベクトル $\boldsymbol{a}, \boldsymbol{b}$ の定数倍 $k\boldsymbol{a}$ と和 $\boldsymbol{a}+\boldsymbol{b}$ が空間 V に入るならば，V を**線形空間**（ベクトル空間）という．

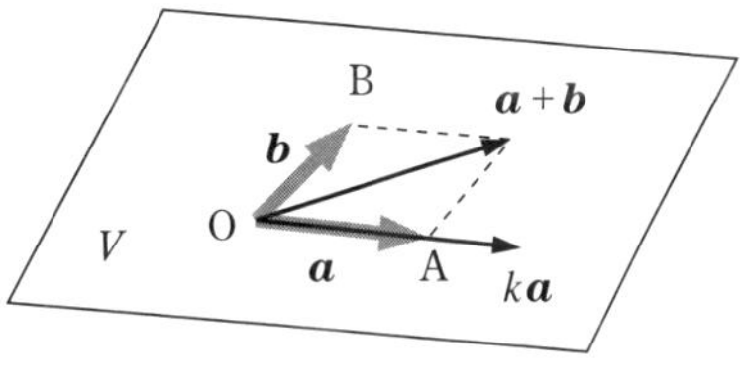

図 16.1　線形空間 V のベクトル $\boldsymbol{a}, \boldsymbol{b}$ と $k\boldsymbol{a}$, $\boldsymbol{a}+\boldsymbol{b}$.

例 1　いろいろな線形空間を見る．

(1)　原点を通る直線 l

直線 l に入るベクトル $\boldsymbol{a}, \boldsymbol{b}$ の定数倍 $k\boldsymbol{a}$ と和 $\boldsymbol{a}+\boldsymbol{b}$ は直線 l に入る．よって直線 l は線形空間である（図 16.2）．直線 l に入るベクトル $\boldsymbol{x}$ は，実数 t を用いて，線形結合 $\boldsymbol{x} = t\boldsymbol{a}$ で表せる．

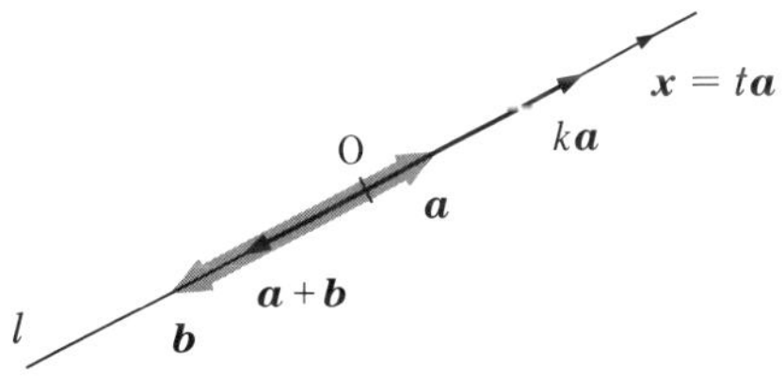

図 16.2　直線 l のベクトル $\boldsymbol{a}, \boldsymbol{b}$ と $k\boldsymbol{a}, \boldsymbol{a}+\boldsymbol{b}, \boldsymbol{x}$.

(2)　原点を通る平面 π

平面 π に入るベクトル $\boldsymbol{a}, \boldsymbol{b}$ の定数倍 $k\boldsymbol{a}$ と和 $\boldsymbol{a}+\boldsymbol{b}$ は平面 π に入る．よって平面 π は線形空間である（図 16.3）．平面 π に入るベクトル $\boldsymbol{x}$ は，実数 s, t を用いて線形結合 $\boldsymbol{x} = s\boldsymbol{a} + t\boldsymbol{b}$ で表せる．

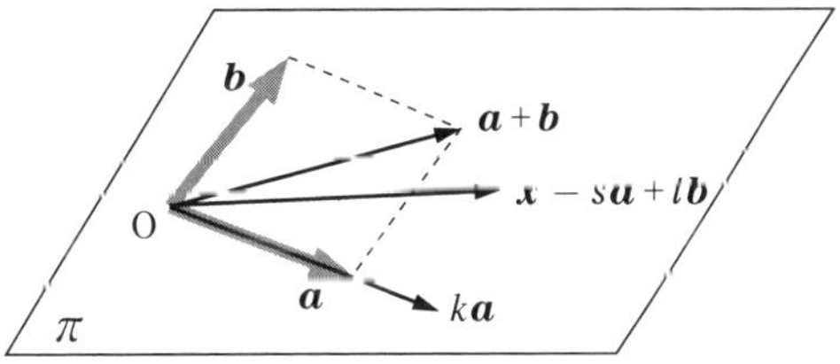

図 16.3　平面 π のベクトル $\boldsymbol{a}, \boldsymbol{b}$ と $k\boldsymbol{a}, \boldsymbol{a}+\boldsymbol{b}, \boldsymbol{x}$.

(3)　原点を通る空間 V

空間 V に入るベクトル $\boldsymbol{a}, \boldsymbol{b}, \boldsymbol{c}$ の定数倍 $k\boldsymbol{a}$ と和 $\boldsymbol{a}+\boldsymbol{b}$ は空間 V に入る．よって空間 V は線形空間である（図 16.4）．空間 V に入るベクトル $\boldsymbol{x}$ は，実数 r, s, t を用いて線形結合 $\boldsymbol{x} = r\boldsymbol{a} + s\boldsymbol{b} + t\boldsymbol{c}$ で表せる．∎

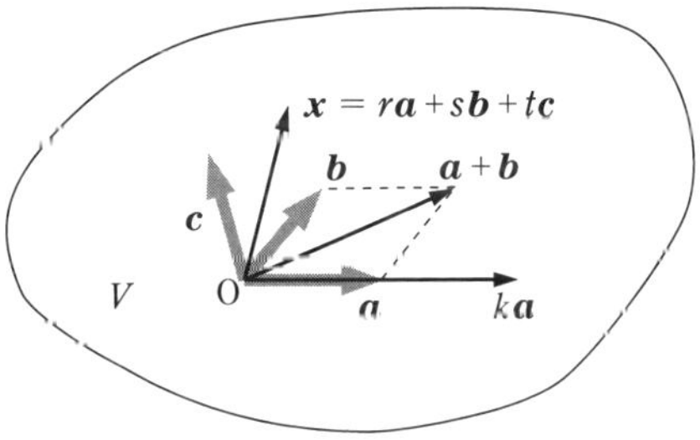

図 16.4　空間 V のベクトル $\boldsymbol{a}, \boldsymbol{b}, \boldsymbol{c}$ と $k\boldsymbol{a}, \boldsymbol{a}+\boldsymbol{b}, \boldsymbol{x}$.

● 線形空間の意味と記号

一般の線形空間でベクトルを考える．

n 次元空間 $\mathbf{R}^n$ の線形空間 V のベクトル $\boldsymbol{x}$ が，実数（**媒介変数**）$t_1, \cdots, t_m$ を用いてベクトル $\boldsymbol{a}_1, \cdots, \boldsymbol{a}_m$ の線形結合（**ベクトル方程式**）$\boldsymbol{x} = t_1\boldsymbol{a}_1 + \cdots + t_m\boldsymbol{a}_m$ で表せるとする．このとき V をベクトル $\boldsymbol{a}_1, \cdots, \boldsymbol{a}_m$ が作る線形空間という．

線形空間は原点を通る直線，平面，空間，…などを高次元化した図形である．n 次元空間 $\mathbf{R}^n$ 自身も基本ベクトル $\boldsymbol{e}_1, \cdots, \boldsymbol{e}_n$ が作る線形空間である．

16.2 線形空間と次元

線形空間の次元を求める．

n 次元空間 $\mathbf{R}^n$ の線形空間 V に最大で m 個の線形独立なベクトルが入るならば，m **次元**という．

> **例題 16.1** ベクトル方程式と次元を求めよ．
>
> (1) 原点 O と点 A(1, 1) を通る空間．
>
> (2) 原点 O と 2 点 A(1, 0, 1)，B(1, 1, 1) を通る空間．
>
> (3) ベクトル $\boldsymbol{a} = \begin{pmatrix} -1 \\ 1 \\ 0 \end{pmatrix}$, $\boldsymbol{b} = \begin{pmatrix} 0 \\ -1 \\ 1 \end{pmatrix}$, $\boldsymbol{c} = \begin{pmatrix} 1 \\ 0 \\ -1 \end{pmatrix}$ が作る空間．

解 原点と各点を結ぶベクトルに媒介変数を掛けてたし，ベクトル方程式を作る．空間に入る線形独立なベクトルの個数を調べて次元を求める．

(1) $\overrightarrow{\mathrm{OA}} = \begin{pmatrix} 1 \\ 1 \end{pmatrix}$ 用いて

$$\boldsymbol{x} = t\begin{pmatrix} 1 \\ 1 \end{pmatrix}$$

$\begin{pmatrix} 1 \\ 1 \end{pmatrix} \neq \boldsymbol{0}$ より 1 次元（直線 l）である（図 16.5）．

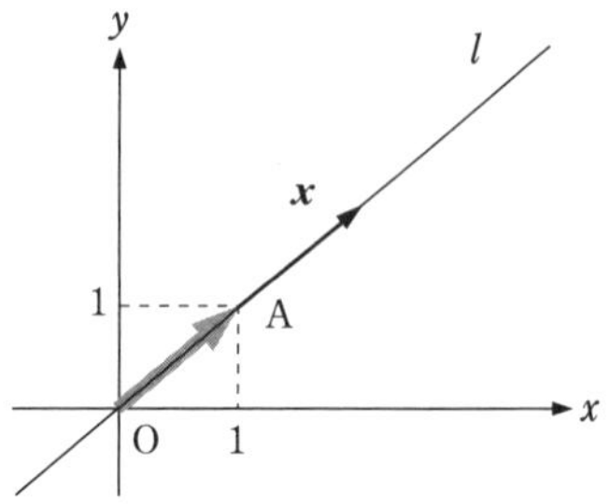

図 16.5 原点 O と点 A を通る直線 l．

(2) $\overrightarrow{\mathrm{OA}} = \begin{pmatrix} 1 \\ 0 \\ 1 \end{pmatrix}$, $\overrightarrow{\mathrm{OB}} = \begin{pmatrix} 1 \\ 1 \\ 1 \end{pmatrix}$ を用いて

$$\boldsymbol{x} = s\begin{pmatrix} 1 \\ 0 \\ 1 \end{pmatrix} + t\begin{pmatrix} 1 \\ 1 \\ 1 \end{pmatrix}$$

$$\begin{pmatrix} ① & 1 \\ 0 & 1 \\ 1 & 1 \end{pmatrix} \longrightarrow \begin{pmatrix} 1 & 1 \\ 0 & ① \\ 0 & 0 \end{pmatrix} \longrightarrow \begin{pmatrix} 1 & 0 \\ 0 & 1 \\ 0 & 0 \end{pmatrix}$$

より 2 次元（平面 π）である（図 16.6）.

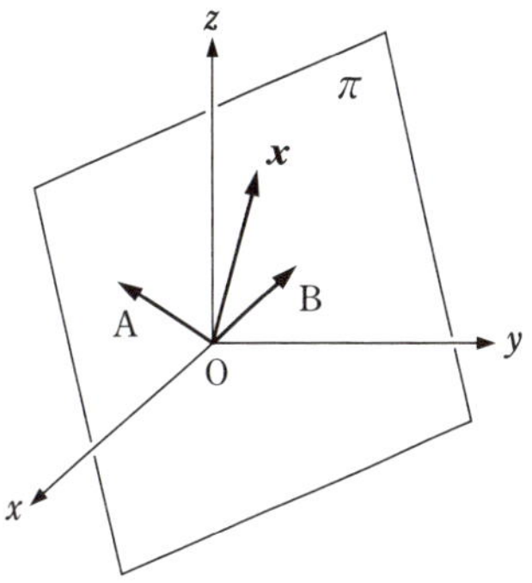

図 16.6　原点 O と 2 点 A, B を通る平面.

(3)　$\boldsymbol{x} = r\begin{pmatrix} -1 \\ 1 \\ 0 \end{pmatrix} + s\begin{pmatrix} 0 \\ -1 \\ 1 \end{pmatrix} + t\begin{pmatrix} 1 \\ 0 \\ -1 \end{pmatrix}$

$$\begin{pmatrix} -1 & 0 & 1 \\ ① & -1 & 0 \\ 0 & 1 & -1 \end{pmatrix} \longrightarrow \begin{pmatrix} 0 & -1 & ① \\ 1 & -1 & 0 \\ 0 & 1 & -1 \end{pmatrix}$$

$$\longrightarrow \begin{pmatrix} 0 & -1 & 1 \\ 1 & -1 & 0 \\ 0 & 0 & 0 \end{pmatrix}$$

より 2 次元（平面）である.

問 16.1　ベクトル方程式と次元を求めよ.

(1)　原点 O と 2 点 A(1, 1), B(1, −1) を通る空間.

(2)　ベクトル $\boldsymbol{a} = \begin{pmatrix} 1 \\ -1 \end{pmatrix}$, $\boldsymbol{b} = \begin{pmatrix} -1 \\ 1 \end{pmatrix}$ が作る空間.

(3)　原点 O と 3 点 A(2, −1, −1), B(−1, 2, −1), C(−1, −1, 2) を通る空間.

(4)　ベクトル $\boldsymbol{a} = \begin{pmatrix} 1 \\ 2 \\ 3 \end{pmatrix}$, $\boldsymbol{b} = \begin{pmatrix} 3 \\ 1 \\ 2 \end{pmatrix}$ が作る空間.

16.3　直線や平面の方程式

n 次元空間で直線や平面などの図形の方程式を求める.

原点 O を通らない直線, 平面, 空間, …などを**準線形空間**（アフィン空間）という. 準線形空間 W は線形空間 V とベクトル $\boldsymbol{b}$ を用いて $W = V + \boldsymbol{b}$ と表せる. 線形空間 V が m 次元ならば準線形空間 W も m **次元**という. 線形空間 V のベクトル方程式が $\boldsymbol{x} = t_1\boldsymbol{a}_1 + \cdots + t_m\boldsymbol{a}_m$ ならば, 準線形空間 W のベクトル方程式は $\boldsymbol{x} = t_1\boldsymbol{a}_1 + \cdots + t_m\boldsymbol{a}_m + \boldsymbol{b}$ となる.

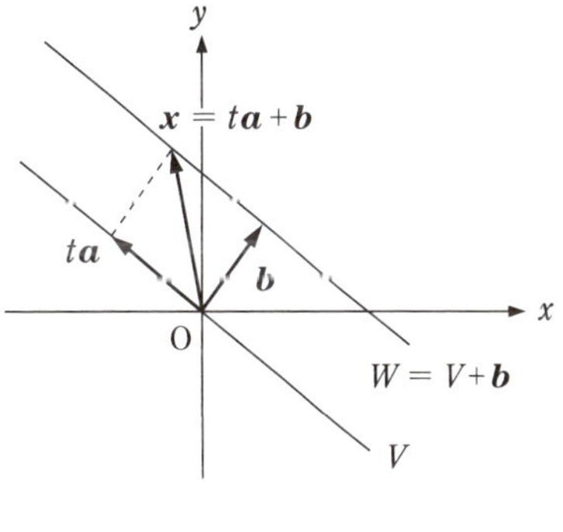

図 16.7　線形空間 V と準線形空間 $W = V + \boldsymbol{b}$.

例題 16.2　ベクトル方程式と次元を求めよ.

(1)　2 点 A(0, 1), B(1, 2) を通る空間.

(2)　3 点 A(1, 0, 0), B(0, 1, 0), C(0, 0, 1) を通る空間.

(3) ベクトル $\boldsymbol{a}=\begin{pmatrix}0\\1\\1\end{pmatrix}$, $\boldsymbol{b}=\begin{pmatrix}1\\0\\1\end{pmatrix}$, $\boldsymbol{c}=\begin{pmatrix}1\\1\\0\end{pmatrix}$ が作る空間にベクトル $\boldsymbol{d}=\begin{pmatrix}1\\1\\1\end{pmatrix}$ をたした空間.

解　各点を結ぶベクトルに媒介変数を掛けてたす．さらに原点と空間の 1 点を結ぶベクトルをたしてベクトル方程式を作る．空間に平行で線形独立なベクトルの個数を調べて次元を求める.

(1) $\overrightarrow{\mathrm{OA}}=\begin{pmatrix}0\\1\end{pmatrix}$, $\overrightarrow{\mathrm{AB}}=\begin{pmatrix}1-0\\2-1\end{pmatrix}=\begin{pmatrix}1\\1\end{pmatrix}$ を用いて

$$\boldsymbol{x}=t\begin{pmatrix}1\\1\end{pmatrix}+\begin{pmatrix}0\\1\end{pmatrix}$$

$\begin{pmatrix}1\\1\end{pmatrix}\neq\boldsymbol{0}$ より 1 次元 (直線 l) である (図 16.8).

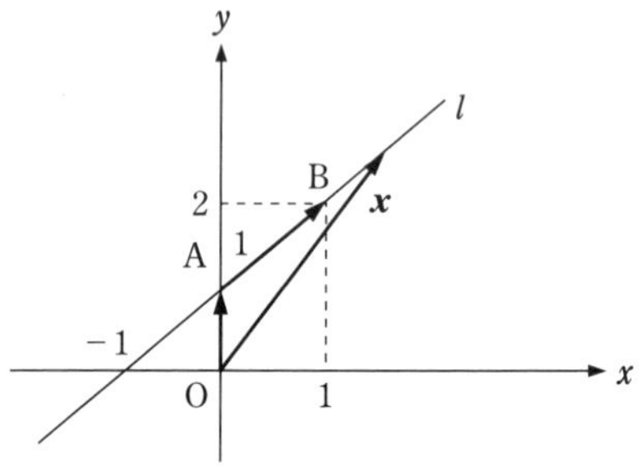

図 16.8　2 点 A, B を通る直線 l.

(2) $\overrightarrow{\mathrm{OA}}=\begin{pmatrix}1\\0\\0\end{pmatrix}$, $\overrightarrow{\mathrm{AB}}=\begin{pmatrix}0-1\\1-0\\0-0\end{pmatrix}=\begin{pmatrix}-1\\1\\0\end{pmatrix}$

$\overrightarrow{\mathrm{AC}}=\begin{pmatrix}0-1\\0-0\\1-0\end{pmatrix}=\begin{pmatrix}-1\\0\\1\end{pmatrix}$ を用いて

$$\boldsymbol{x}=s\begin{pmatrix}-1\\1\\0\end{pmatrix}+t\begin{pmatrix}-1\\0\\1\end{pmatrix}+\begin{pmatrix}1\\0\\0\end{pmatrix}$$

$$\begin{pmatrix}-1&-1\\\textcircled{1}&0\\0&1\end{pmatrix}\longrightarrow\begin{pmatrix}0&-1\\1&0\\0&\textcircled{1}\end{pmatrix}\longrightarrow\begin{pmatrix}0&0\\1&0\\0&1\end{pmatrix}$$

より 2 次元 (平面 π) である (図 16.9).

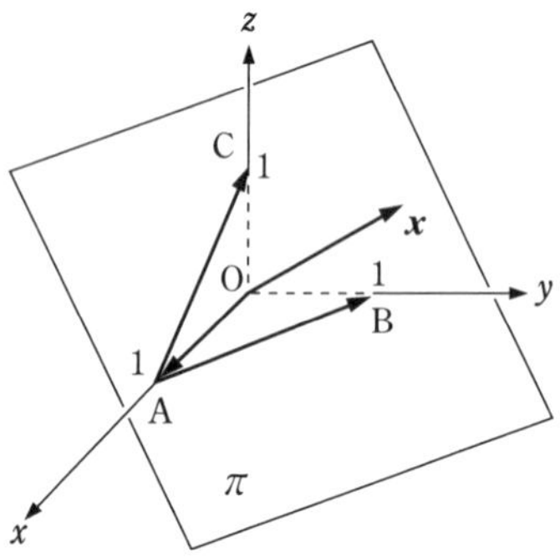

図 16.9　3 点 A, B, C を通る平面 π.

(3) $\boldsymbol{x}=r\begin{pmatrix}0\\1\\1\end{pmatrix}+s\begin{pmatrix}1\\0\\1\end{pmatrix}+t\begin{pmatrix}1\\1\\0\end{pmatrix}+\begin{pmatrix}1\\1\\1\end{pmatrix}$

$$\begin{pmatrix}0&1&1\\1&0&1\\\textcircled{1}&1&0\end{pmatrix}\longrightarrow\begin{pmatrix}0&1&\textcircled{1}\\0&-1&1\\1&1&0\end{pmatrix}\longrightarrow\begin{pmatrix}0&1&1\\0&-2&0\\1&1&0\end{pmatrix}$$

$$\longrightarrow\begin{pmatrix}0&1&1\\0&\textcircled{1}&0\\1&1&0\end{pmatrix}\longrightarrow\begin{pmatrix}0&0&1\\0&1&0\\1&0&0\end{pmatrix}$$

より3次元（空間）である．

問 16.2　ベクトル方程式と次元を求めよ．

（1）　3点 A(1,1)，B(2, −1)，C(0,3) を通る空間．

（2）　2点 A(1,2, −3)，B(1, −1,0) を通る空間．

（3）　ベクトル $\boldsymbol{a} = \begin{pmatrix} -1 \\ 2 \\ -1 \end{pmatrix}$，$\boldsymbol{b} = \begin{pmatrix} -2 \\ 1 \\ 1 \end{pmatrix}$ が作る空間にベクトル

$\boldsymbol{c} = \begin{pmatrix} 1 \\ -1 \\ 0 \end{pmatrix}$ をたした空間．

（4）　3点 A(1, −3,2)，B(2,1, −3)，C(−3,2,1) を通る空間．

注意1　空間の次元を求めるときは，媒介変数 $s, t, \cdots$ を掛けたベクトルを用いる．例題 16.2(2) では次のようにして空間が2次元になる．

$$\boldsymbol{x} = s\begin{pmatrix} -1 \\ 1 \\ 0 \end{pmatrix} + t\begin{pmatrix} -1 \\ 0 \\ 1 \end{pmatrix} + \begin{pmatrix} 1 \\ 0 \\ 0 \end{pmatrix}$$

$$\downarrow$$

$$\begin{pmatrix} -1 & -1 \\ 1 & 0 \\ 0 & 1 \end{pmatrix} \longrightarrow \cdots \longrightarrow \begin{pmatrix} 0 & 0 \\ 1 & 0 \\ 0 & 1 \end{pmatrix}$$

注意2　例題 16.2(1) のベクトル $\overrightarrow{\mathrm{AB}}$ のように，直線に平行なベクトルを方向ベクトルという．

例2　直線や平面の方程式からベクトル方程式を作る．

例題 16.2 (1),(2) の結果と等しくなる．

（1）　$y = x+1$

$$\boldsymbol{x} = \begin{pmatrix} x \\ y \end{pmatrix} = \begin{pmatrix} x \\ x+1 \end{pmatrix} = x\begin{pmatrix} 1 \\ 1 \end{pmatrix} + \begin{pmatrix} 0 \\ 1 \end{pmatrix}$$

（2）　$x+y+z = 1$，$x = -y-z+1$

$$\boldsymbol{x} = \begin{pmatrix} x \\ y \\ x \end{pmatrix} = \begin{pmatrix} -y-z+1 \\ y \\ z \end{pmatrix} = y\begin{pmatrix} -1 \\ 1 \\ 0 \end{pmatrix} + z\begin{pmatrix} -1 \\ 0 \\ 1 \end{pmatrix} + \begin{pmatrix} 1 \\ 0 \\ 0 \end{pmatrix}$$

練習問題 16

1. ベクトル方程式と次元を求めよ．

(1) 原点Oと点A(1,2,3)を通る空間．

(2) 原点Oと2点A(1,1,1)，B(1,−1,−1)を通る空間．

(3) 原点Oと3点A(1,2,−1,−2)，B(2,−1,3,1)，C(3,1,2,−1)を通る空間．

(4) ベクトル $\boldsymbol{a}=\begin{pmatrix}1\\1\\-1\\0\end{pmatrix}$，$\boldsymbol{b}=\begin{pmatrix}-1\\1\\0\\1\end{pmatrix}$，$\boldsymbol{c}=\begin{pmatrix}2\\0\\1\\-1\end{pmatrix}$が作る空間．

2. ベクトル方程式と次元を求めよ．

(1) 点A(−1,1,2)を通り方向ベクトルが$\begin{pmatrix}2\\1\\3\end{pmatrix}$の直線．

(2) 3点A(1,2,−1,0)，B(2,−1,0,1)，C(−1,0,1,2)を通る空間．

(3) ベクトル $\boldsymbol{a}=\begin{pmatrix}1\\-1\\0\\2\end{pmatrix}$，$\boldsymbol{b}=\begin{pmatrix}-2\\2\\1\\-1\end{pmatrix}$，$\boldsymbol{c}=\begin{pmatrix}-1\\1\\1\\1\end{pmatrix}$が作る空間にベクトル $\boldsymbol{d}=\begin{pmatrix}2\\1\\0\\1\end{pmatrix}$をたした空間．

(4) 4点A(1,0,0,0)，B(0,1,0,0)，C(0,0,1,0)，D(0,0,0,1)を通る空間．

解答

問 16.1 (1) $s\begin{pmatrix}1\\1\end{pmatrix}+t\begin{pmatrix}1\\-1\end{pmatrix}$ 2次元　(2) $s\begin{pmatrix}1\\-1\end{pmatrix}+t\begin{pmatrix}-1\\1\end{pmatrix}$ 1次元

(3) $r\begin{pmatrix}2\\-1\\-1\end{pmatrix}+s\begin{pmatrix}-1\\2\\-1\end{pmatrix}+t\begin{pmatrix}-1\\-1\\2\end{pmatrix}$ 2次元

(4) $s\begin{pmatrix}1\\2\\3\end{pmatrix}+t\begin{pmatrix}3\\1\\2\end{pmatrix}$ 2次元

問 16.2

(1) $s\begin{pmatrix}1\\-2\end{pmatrix}+t\begin{pmatrix}-1\\2\end{pmatrix}+\begin{pmatrix}1\\1\end{pmatrix}$ 1次元　(2) $t\begin{pmatrix}0\\-3\\3\end{pmatrix}+\begin{pmatrix}1\\2\\-3\end{pmatrix}$ 1次元

(3) $s\begin{pmatrix}-1\\2\\-1\end{pmatrix}+t\begin{pmatrix}-2\\1\\1\end{pmatrix}+\begin{pmatrix}1\\-1\\0\end{pmatrix}$ 2 次元

(4) $s\begin{pmatrix}1\\4\\-5\end{pmatrix}+t\begin{pmatrix}-4\\5\\-1\end{pmatrix}+\begin{pmatrix}1\\-3\\2\end{pmatrix}$ 2 次元

練習問題16

1. (1) $t\begin{pmatrix}1\\2\\3\end{pmatrix}$ 1 次元　　(2) $s\begin{pmatrix}1\\1\\1\end{pmatrix}+t\begin{pmatrix}1\\-1\\-1\end{pmatrix}$ 2 次元

(3) $r\begin{pmatrix}1\\2\\-1\\-2\end{pmatrix}+s\begin{pmatrix}2\\-1\\3\\1\end{pmatrix}+t\begin{pmatrix}3\\1\\2\\-1\end{pmatrix}$ 2 次元

(4) $r\begin{pmatrix}1\\1\\-1\\0\end{pmatrix}+s\begin{pmatrix}-1\\1\\0\\1\end{pmatrix}+t\begin{pmatrix}2\\0\\1\\-1\end{pmatrix}$ 3 次元

2. (1) $t\begin{pmatrix}2\\1\\3\end{pmatrix}+\begin{pmatrix}-1\\1\\2\end{pmatrix}$ 1 次元

(2) $s\begin{pmatrix}1\\-3\\1\\1\end{pmatrix}+t\begin{pmatrix}-2\\-2\\2\\2\end{pmatrix}+\begin{pmatrix}1\\2\\-1\\0\end{pmatrix}$ 2 次元

(3) $r\begin{pmatrix}1\\-1\\0\\2\end{pmatrix}+s\begin{pmatrix}-2\\2\\1\\-1\end{pmatrix}+t\begin{pmatrix}-1\\1\\1\\1\end{pmatrix}+\begin{pmatrix}2\\1\\0\\1\end{pmatrix}$ 2 次元

(4) $r\begin{pmatrix}-1\\1\\0\\0\end{pmatrix}+s\begin{pmatrix}-1\\0\\1\\0\end{pmatrix}+t\begin{pmatrix}-1\\0\\0\\1\end{pmatrix}+\begin{pmatrix}1\\0\\0\\0\end{pmatrix}$ 3 次元

§17 線 形 写 像

ベクトルで表された図形を動かして別の図形に変形することを考える．ここではベクトルにベクトルを対応させる線形写像を導入する．

17.1 線 形 写 像

ある空間のベクトルに別の空間のベクトルを対応させる．

実数などの数値 x に数値 y を対応させる式 $y=f(x)$ を関数という．これを広げて，ベクトル $\boldsymbol{x}$ にベクトル $\boldsymbol{u}$ を対応させる式 $\boldsymbol{u}=F(\boldsymbol{x})$ を**写像**（ベクトル関数）という．

例 1　行列を用いて写像を作る．

$$\boldsymbol{u}=\begin{pmatrix}u\\v\\w\end{pmatrix}=\begin{pmatrix}1&0\\4&2\\-3&1\end{pmatrix}\begin{pmatrix}x\\y\end{pmatrix}=A\boldsymbol{x}=F(\boldsymbol{x})$$

ベクトル $\boldsymbol{x}$ にベクトル $\boldsymbol{u}$ を対応させる写像 F は，定数 k とベクトル $\boldsymbol{x},\boldsymbol{y}$ に対して次が成り立つ．

$$F(k\boldsymbol{x})=Ak\boldsymbol{x}=kA\boldsymbol{x}=kF(\boldsymbol{x})$$
$$F(\boldsymbol{x}+\boldsymbol{y})=A(\boldsymbol{x}+\boldsymbol{y})=A\boldsymbol{x}+A\boldsymbol{y}=F(\boldsymbol{x})+F(\boldsymbol{y})$$

一般のベクトル $\boldsymbol{x},\boldsymbol{u}$ と写像 F に対しても同様に考える．

公式 17.1　線形写像

n 次元空間 $\mathbf{R}^n$ のベクトル $\boldsymbol{x}$ に m 次元空間 $\mathbf{R}^m$ のベクトル $\boldsymbol{u}$ を対応させる写像を $\boldsymbol{u}=F(\boldsymbol{x})$ とする．定数 k とベクトル $\boldsymbol{x},\boldsymbol{y}$ に対して次が成り立つならば**線形写像**という．

(1)　$F(k\boldsymbol{x})=kF(\boldsymbol{x})$　　(2)　$F(\boldsymbol{x}+\boldsymbol{y})=F(\boldsymbol{x})+F(\boldsymbol{y})$

行列 A に対して $F(\boldsymbol{x})=A\boldsymbol{x}$ ならば A を**表現行列**という．このとき，F を行列 A で表された線形写像といい，F_A とも書く．

解説　線形写像ではベクトルの定数倍と和が保たれる．(1) ではベクトルの定数倍 $k\boldsymbol{x}$ に，写像したベクトルの定数倍 $kF(\boldsymbol{x})$ が対応する．(2) ではベクトルの和 $\boldsymbol{x}+\boldsymbol{y}$ に，写像したベクトルの和 $F(\boldsymbol{x})+F(\boldsymbol{y})$ が対応する．

注意　1 次関数 $y=ax$ をベクトルに広げると，線形写像 $\boldsymbol{u}=A\boldsymbol{x}$ になる．

例題 17.1　線形写像を作り，ベクトルと行列で表せ．

$$F(\boldsymbol{x})=\begin{pmatrix}1&0\\4&2\\-3&1\end{pmatrix}\begin{pmatrix}x\\y\end{pmatrix},\quad G(\boldsymbol{x})=\begin{pmatrix}3&1\\-2&-1\\0&2\end{pmatrix}\begin{pmatrix}x\\y\end{pmatrix},$$

$$H(\boldsymbol{p})=\begin{pmatrix}-1&1\\3&2\end{pmatrix}\begin{pmatrix}p\\q\end{pmatrix}$$

(1)　$2F(\boldsymbol{x})$（定数倍）　　(2)　$(F+G)(\boldsymbol{x})$（和）

(3)　$F\circ H(\boldsymbol{p})=F(H(\boldsymbol{p}))$（合成，積）

解　行列の定数倍や和や積を用いて，線形写像の表現行列を計算する．

(1)　$2F(\boldsymbol{x})=2\begin{pmatrix}1&0\\4&2\\-3&1\end{pmatrix}\begin{pmatrix}x\\y\end{pmatrix}=\begin{pmatrix}2&0\\8&4\\-6&2\end{pmatrix}\begin{pmatrix}x\\y\end{pmatrix}$

(2)　$(F+G)(\boldsymbol{x})=F(\boldsymbol{x})+G(\boldsymbol{x})=\begin{pmatrix}1&0\\4&2\\-3&1\end{pmatrix}\begin{pmatrix}x\\y\end{pmatrix}+\begin{pmatrix}3&1\\-2&-1\\0&2\end{pmatrix}\begin{pmatrix}x\\y\end{pmatrix}$

$$=\begin{pmatrix}4&1\\2&1\\-3&3\end{pmatrix}\begin{pmatrix}x\\y\end{pmatrix}$$

(3)　$F\circ H(\boldsymbol{p})=F(H(\boldsymbol{p}))=\begin{pmatrix}1&0\\4&2\\-3&1\end{pmatrix}\begin{pmatrix}-1&1\\3&2\end{pmatrix}\begin{pmatrix}p\\q\end{pmatrix}=\begin{pmatrix}-1&1\\2&8\\6&-1\end{pmatrix}\begin{pmatrix}p\\q\end{pmatrix}$

問 17.1　線形写像を作り，ベクトルと行列で表せ．

$$F(\boldsymbol{x})=\begin{pmatrix}1&-1&2\\-2&1&3\end{pmatrix}\begin{pmatrix}x\\y\\z\end{pmatrix},\quad G(\boldsymbol{x})=\begin{pmatrix}2&0&-3\\-1&2&1\end{pmatrix}\begin{pmatrix}x\\y\\z\end{pmatrix},$$

$$H(\boldsymbol{u})=\begin{pmatrix}3&1\\2&-1\\1&2\end{pmatrix}\begin{pmatrix}u\\v\end{pmatrix}$$

(1)　$(3F-G)(\boldsymbol{x})$　　(2)　$H\circ F(\boldsymbol{x})$

17.2 表 現 行 列

線形写像の表現行列を求める．

n 次元空間 $\mathbf{R}^n$ と標準基底 $[\boldsymbol{e}_1,\cdots,\boldsymbol{e}_n]$ を用いて線形写像 F の表現行列 A を計算する．

例 2　表現行列を求める．

2 次元平面 $\mathbf{R}^2$ と標準基底 $[\boldsymbol{e}_1,\boldsymbol{e}_2]$ のベクトル $\boldsymbol{x}$ に，2 次元平面 $\mathbf{R}^2$ と標準基

底 $[\boldsymbol{e}_1, \boldsymbol{e}_2]$ のベクトル $\boldsymbol{u}$ を対応させる線形写像を F とし，表現行列を $A = \begin{pmatrix} a & b \\ c & d \end{pmatrix}$ とする．

$$F(\boldsymbol{e}_1) = \begin{pmatrix} a & b \\ c & d \end{pmatrix}\begin{pmatrix} 1 \\ 0 \end{pmatrix} = \begin{pmatrix} a \\ c \end{pmatrix},\ F(\boldsymbol{e}_2) = \begin{pmatrix} a & b \\ c & d \end{pmatrix}\begin{pmatrix} 0 \\ 1 \end{pmatrix} = \begin{pmatrix} b \\ d \end{pmatrix}$$

よって，線形写像 F の表現行列 A とベクトル $\boldsymbol{x}, \boldsymbol{u}$ の成分について

$$A = (F(\boldsymbol{e}_1) \quad F(\boldsymbol{e}_2)), \qquad \begin{pmatrix} u \\ v \end{pmatrix} = A\begin{pmatrix} x \\ y \end{pmatrix}$$

たとえば，ベクトルの長さを 2 倍にする線形写像を F とすると，$F(\boldsymbol{x}) = 2\boldsymbol{x}$ よって

$$F(\boldsymbol{e}_1) = 2\begin{pmatrix} 1 \\ 0 \end{pmatrix} = \begin{pmatrix} 2 \\ 0 \end{pmatrix},\ F(\boldsymbol{e}_2) = 2\begin{pmatrix} 0 \\ 1 \end{pmatrix} = \begin{pmatrix} 0 \\ 2 \end{pmatrix} \text{より } A = \begin{pmatrix} 2 & 0 \\ 0 & 2 \end{pmatrix} \quad ▮$$

標準基底以外でも同様な結果が成り立つ．

公式 17.2　線形写像の表現行列

n 次元空間 $\mathbf{R}^n$ と基底 $\mathcal{B} = [\boldsymbol{b}_1, \cdots, \boldsymbol{b}_n]$ のベクトル $\boldsymbol{x}$ に，m 次元空間 $\mathbf{R}^m$ と基底 $\mathcal{C} = [\boldsymbol{c}_1, \cdots, \boldsymbol{c}_m]$ のベクトル $\boldsymbol{u}$ を対応させる線形写像を F とする．ベクトル $F(\boldsymbol{b}_1), \cdots, F(\boldsymbol{b}_n)$ の成分が

$$F(\boldsymbol{b}_1)_{\mathcal{C}} = \begin{pmatrix} a_{11} \\ \vdots \\ a_{m1} \end{pmatrix}_{\mathcal{C}}, \cdots, F(\boldsymbol{b}_n)_{\mathcal{C}} = \begin{pmatrix} a_{1n} \\ \vdots \\ a_{mn} \end{pmatrix}_{\mathcal{C}}$$

ならば，線形写像 F の表現行列 A とベクトル $\boldsymbol{x}, \boldsymbol{u}$ の成分について次が成り立つ．

$$A = \begin{pmatrix} a_{11} & \cdots & a_{1n} \\ \vdots & & \vdots \\ a_{m1} & \cdots & a_{mn} \end{pmatrix}, \qquad \begin{pmatrix} u_1 \\ \vdots \\ u_m \end{pmatrix}_{\mathcal{C}} = A\begin{pmatrix} x_1 \\ \vdots \\ x_n \end{pmatrix}_{\mathcal{B}}$$

解説　基底のベクトルを線形写像すると，表現行列の成分が求まる．線形写像は表現行列とベクトルの成分の積で計算できる．

17.3　線形写像と図形

平面図形を線形写像で写す．

写像で写した図形を**像**という．2 次元平面 $\mathbf{R}^2$ と標準基底 $[\boldsymbol{e}_1, \boldsymbol{e}_2]$ で考え，行列 A で表された線形写像を F_A と書く．すなわち

$$A = \begin{pmatrix} a & b \\ c & d \end{pmatrix} \quad \text{ならば} \quad F_A\begin{pmatrix} x \\ y \end{pmatrix} = \begin{pmatrix} a & b \\ c & d \end{pmatrix}\begin{pmatrix} x \\ y \end{pmatrix}$$

例題 17.2 行列で表された線形写像を用いて，図 17.1 の図形を写せ．

(1) $A=\begin{pmatrix}2 & 0\\ 0 & 1\end{pmatrix}$ (2) $B=\begin{pmatrix}0 & -1\\ 1 & 0\end{pmatrix}$

(3) $C=\begin{pmatrix}0 & 1\\ 1 & 0\end{pmatrix}$ (4) $D=\begin{pmatrix}1 & 0\\ 0 & 0\end{pmatrix}$

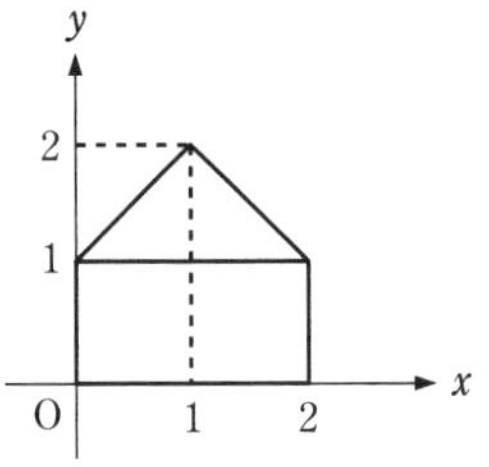

図 17.1 線形写像する図形．

解 原点 O と図形の各頂点を結ぶベクトルに行列を掛けて，写像したベクトルを計算する．

(1) $F_A\begin{pmatrix}x\\ y\end{pmatrix}=\begin{pmatrix}2 & 0\\ 0 & 1\end{pmatrix}\begin{pmatrix}x\\ y\end{pmatrix}$

$$F_A\begin{pmatrix}0\\ 0\end{pmatrix}=\begin{pmatrix}0\\ 0\end{pmatrix},\ F_A\begin{pmatrix}1\\ 0\end{pmatrix}=\begin{pmatrix}2\\ 0\end{pmatrix},\ F_A\begin{pmatrix}2\\ 0\end{pmatrix}=\begin{pmatrix}4\\ 0\end{pmatrix}$$

$$F_A\begin{pmatrix}2\\ 1\end{pmatrix}=\begin{pmatrix}4\\ 1\end{pmatrix},\ F_A\begin{pmatrix}1\\ 2\end{pmatrix}=\begin{pmatrix}2\\ 2\end{pmatrix},\ F_A\begin{pmatrix}0\\ 1\end{pmatrix}=\begin{pmatrix}0\\ 1\end{pmatrix}$$

図 17.2 より横に 2 倍拡大する．

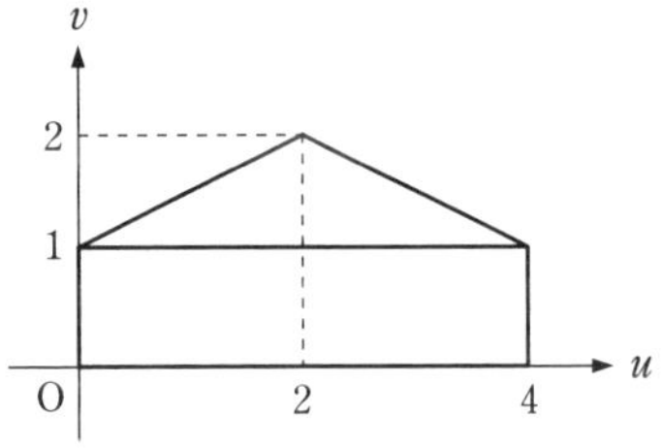

図 17.2 行列 A を用いて線形写像した図形．

(2) $F_B\begin{pmatrix}x\\ y\end{pmatrix}=\begin{pmatrix}0 & -1\\ 1 & 0\end{pmatrix}\begin{pmatrix}x\\ y\end{pmatrix}$

$$F_B\begin{pmatrix}0\\ 0\end{pmatrix}=\begin{pmatrix}0\\ 0\end{pmatrix},\ F_B\begin{pmatrix}1\\ 0\end{pmatrix}=\begin{pmatrix}0\\ 1\end{pmatrix},\ F_B\begin{pmatrix}2\\ 0\end{pmatrix}=\begin{pmatrix}0\\ 2\end{pmatrix}$$

$$F_B\begin{pmatrix}2\\ 1\end{pmatrix}=\begin{pmatrix}-1\\ 2\end{pmatrix},\ F_B\begin{pmatrix}1\\ 2\end{pmatrix}=\begin{pmatrix}-2\\ 1\end{pmatrix},\ F_B\begin{pmatrix}0\\ 1\end{pmatrix}=\begin{pmatrix}-1\\ 0\end{pmatrix}$$

図 17.3 より 90° 回転する．

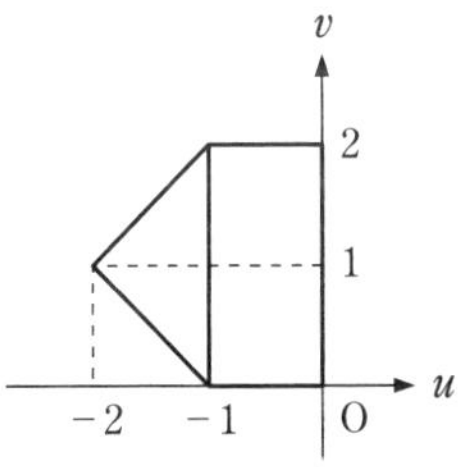

図 17.3 行列 B を用いて線形写像した図形．

(3) $F_C\begin{pmatrix}x\\ y\end{pmatrix}=\begin{pmatrix}0 & 1\\ 1 & 0\end{pmatrix}\begin{pmatrix}x\\ y\end{pmatrix}$

$$F_C\begin{pmatrix}0\\ 0\end{pmatrix}=\begin{pmatrix}0\\ 0\end{pmatrix},\ F_C\begin{pmatrix}1\\ 0\end{pmatrix}=\begin{pmatrix}0\\ 1\end{pmatrix},\ F_C\begin{pmatrix}2\\ 0\end{pmatrix}=\begin{pmatrix}0\\ 2\end{pmatrix}$$

$$F_C\begin{pmatrix}2\\ 1\end{pmatrix}=\begin{pmatrix}1\\ 2\end{pmatrix},\ F_C\begin{pmatrix}1\\ 2\end{pmatrix}=\begin{pmatrix}2\\ 1\end{pmatrix},\ F_C\begin{pmatrix}0\\ 1\end{pmatrix}=\begin{pmatrix}1\\ 0\end{pmatrix}$$

図 17.4 より直線 $y=x$ に関して対称移動する．

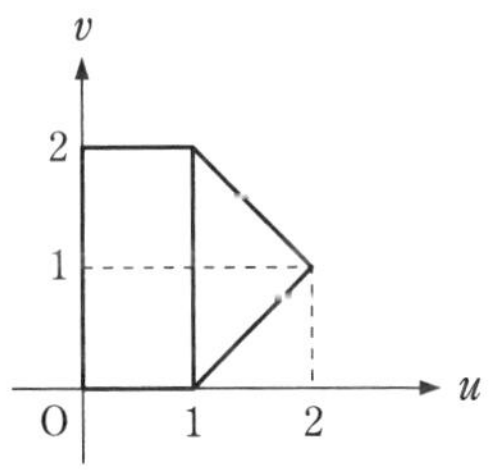

図 17.4 行列 C を用いて線形写像した図形．

(4) $F_D\begin{pmatrix}x\\ y\end{pmatrix}=\begin{pmatrix}1 & 0\\ 0 & 0\end{pmatrix}\begin{pmatrix}x\\ y\end{pmatrix}$

$$F_D\begin{pmatrix}0\\ 0\end{pmatrix}=\begin{pmatrix}0\\ 0\end{pmatrix},\ F_D\begin{pmatrix}1\\ 0\end{pmatrix}=\begin{pmatrix}1\\ 0\end{pmatrix},\ F_D\begin{pmatrix}2\\ 0\end{pmatrix}=\begin{pmatrix}2\\ 0\end{pmatrix}$$

$$F_D\begin{pmatrix}2\\ 1\end{pmatrix}=\begin{pmatrix}2\\ 0\end{pmatrix},\ F_D\begin{pmatrix}1\\ 2\end{pmatrix}=\begin{pmatrix}1\\ 0\end{pmatrix},\ F_D\begin{pmatrix}0\\ 1\end{pmatrix}=\begin{pmatrix}0\\ 0\end{pmatrix}$$

図 17.5 より線分につぶれる．このとき $|D|=0$．

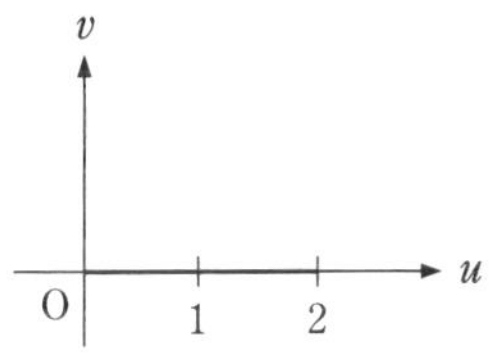

図 17.5 行列 D を用いて線形写像した図形．

問 17.2 行列で表された線形写像を用いて図 17.1 の図形を写せ．

(1) $E=\begin{pmatrix}1 & 0\\ 0 & 1\end{pmatrix}$ (2) $G=\begin{pmatrix}-1 & 0\\ 0 & 1\end{pmatrix}$

(3) $H=\begin{pmatrix}1 & 0\\ 0 & -1\end{pmatrix}$ (4) $O=\begin{pmatrix}0 & 0\\ 0 & 0\end{pmatrix}$

注意1 表現行列の行列式が 0 ならば図形はつぶれる（退化する）．

注意2 線分を線形写像すると線分になる．例題 17.2(2) で見ると，次のようになる．

$$l : \boldsymbol{x}=\begin{pmatrix}2\\0\end{pmatrix}+t\begin{pmatrix}0\\1\end{pmatrix} \quad (0 \leqq t \leqq 1)$$

$$F_B(l) : F_B(\boldsymbol{x})=F_B\begin{pmatrix}2\\0\end{pmatrix}+tF_B\begin{pmatrix}0\\1\end{pmatrix}=\begin{pmatrix}0\\2\end{pmatrix}+t\begin{pmatrix}-1\\0\end{pmatrix}$$

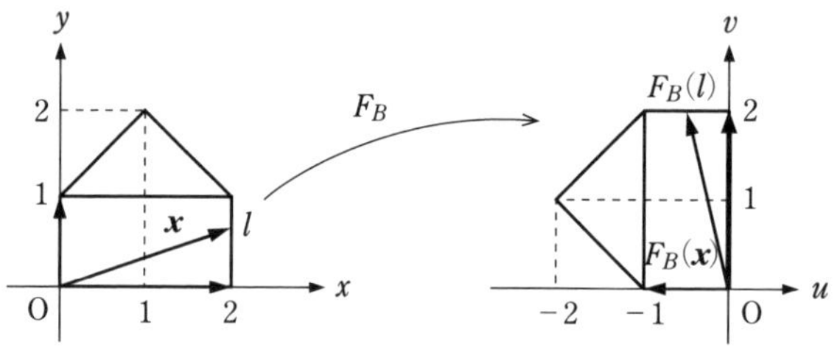

図 17.6 線分 l を線形写像した線分$F_B(l)$．

注意3 線形写像にベクトルをたして準線形写像（アフィン写像）という．

$$\boldsymbol{u}=F(\boldsymbol{x})+\boldsymbol{b}$$

たとえば平行移動は原点が動くので準線形写像になる．

$$F(\boldsymbol{x})=\begin{pmatrix}1 & 0\\ 0 & 1\end{pmatrix}\begin{pmatrix}x\\y\end{pmatrix}+\begin{pmatrix}1\\0\end{pmatrix}=\begin{pmatrix}x+1\\y\end{pmatrix}$$

$$F\begin{pmatrix}0\\0\end{pmatrix}=\begin{pmatrix}1\\0\end{pmatrix},\ F\begin{pmatrix}1\\0\end{pmatrix}=\begin{pmatrix}2\\0\end{pmatrix},\ F\begin{pmatrix}2\\0\end{pmatrix}=\begin{pmatrix}3\\0\end{pmatrix}$$

$$F\begin{pmatrix}2\\1\end{pmatrix}=\begin{pmatrix}3\\1\end{pmatrix},\ F\begin{pmatrix}1\\2\end{pmatrix}=\begin{pmatrix}2\\2\end{pmatrix},\ F\begin{pmatrix}0\\1\end{pmatrix}=\begin{pmatrix}1\\1\end{pmatrix}$$

図 17.7 より横軸方向に 1 だけ平行移動する．

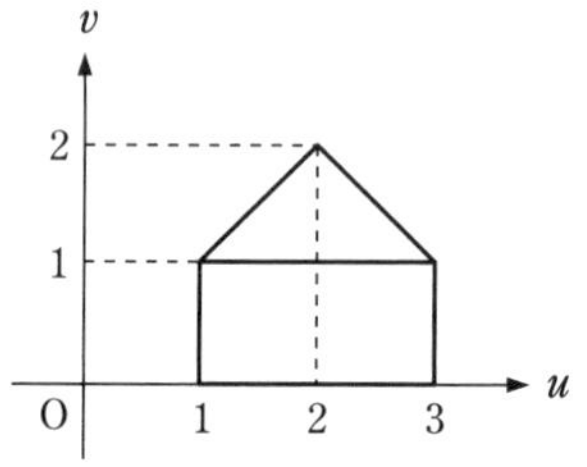

図 17.7 行列とベクトルを用いて準線形写像した図形．

線形変換

特殊な線形写像を考える．

空間内でベクトルの移動を表す線形写像を**線形変換**という．

例 3 線形写像と線形変換を比べる．

(1) 線形写像

xy 平面のベクトルに uv 平面のベクトルを対応させる．

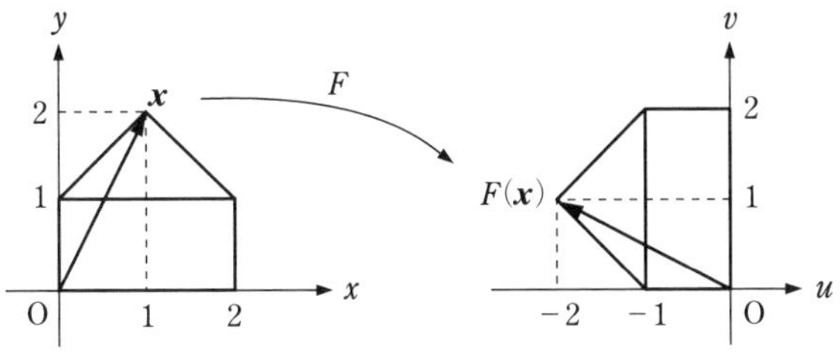

図 17.8 線形写像した図形.

(2) 線形変換

xy 平面のベクトルに xy 平面のベクトルを対応させる.

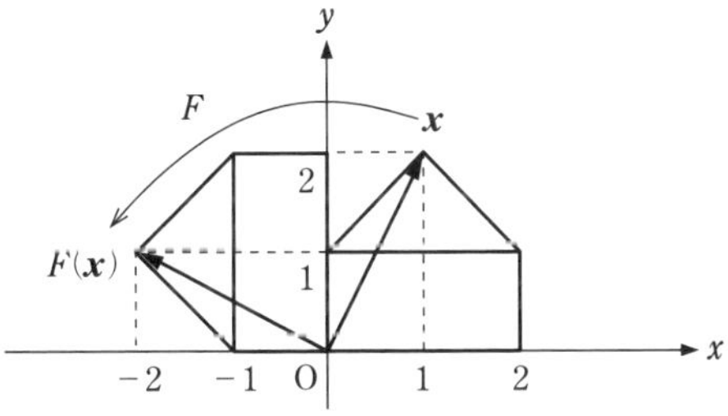

図 17.9 線形変換した図形.

練習問題 17

1. 線形写像を作り，ベクトルと行列で表せ.

$$F(\boldsymbol{x})=\begin{pmatrix}1&2&1\\3&-1&0\\-2&1&2\end{pmatrix}\begin{pmatrix}x\\y\\z\end{pmatrix},\quad G(\boldsymbol{x})=\begin{pmatrix}2&3&2\\1&4&-1\\-2&-3&1\end{pmatrix}\begin{pmatrix}x\\y\\z\end{pmatrix}$$

(1) $(2G-F)(\boldsymbol{x})$　　(2) $F\circ G(\boldsymbol{x})$

2. 行列で表された線形写像を用いて図 17.1 の図形を写せ．ただし，行列 A, B, C は例題 17.2 と同じとする.

(1) $-E$　　(2) $-C$　　(3) $A+B$　　(4) $B+C$

(5) AB　　(6) B^{-1}

解答

問 17.1 (1) $\begin{pmatrix}1&3&9\\-5&1&8\end{pmatrix}\begin{pmatrix}x\\y\\z\end{pmatrix}$　　(2) $\begin{pmatrix}-5&4&3\\4&-3&1\\-3&1&8\end{pmatrix}\begin{pmatrix}x\\y\\z\end{pmatrix}$

問 17.2

(1)

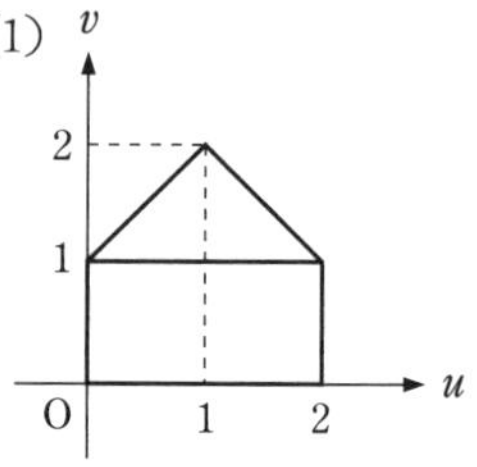

(2)

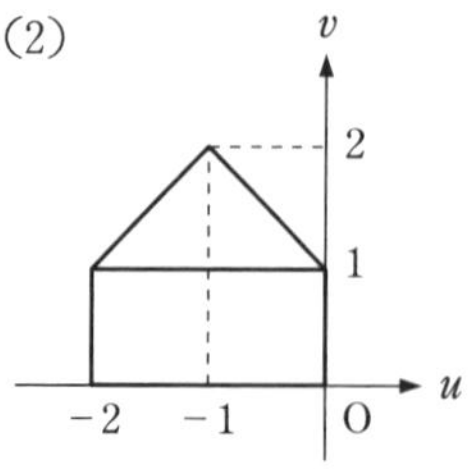

(3)

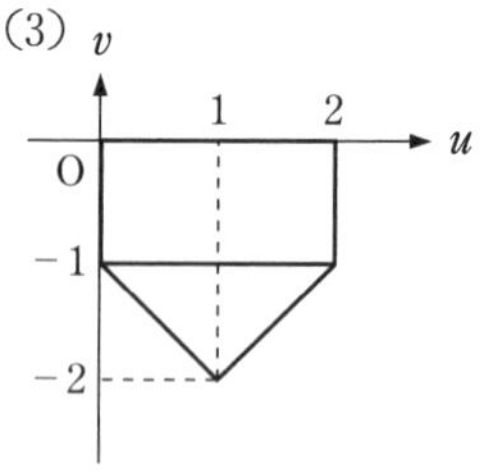

(4)

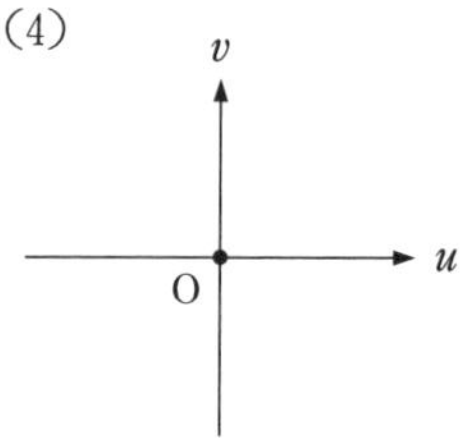

練習問題 17

1. (1) $\begin{pmatrix} 3 & 4 & 3 \\ -1 & 9 & -2 \\ -2 & -7 & 0 \end{pmatrix}\begin{pmatrix} x \\ y \\ z \end{pmatrix}$　　(2) $\begin{pmatrix} 2 & 8 & 1 \\ 5 & 5 & 7 \\ -7 & -8 & -3 \end{pmatrix}\begin{pmatrix} x \\ y \\ z \end{pmatrix}$

2. (1)

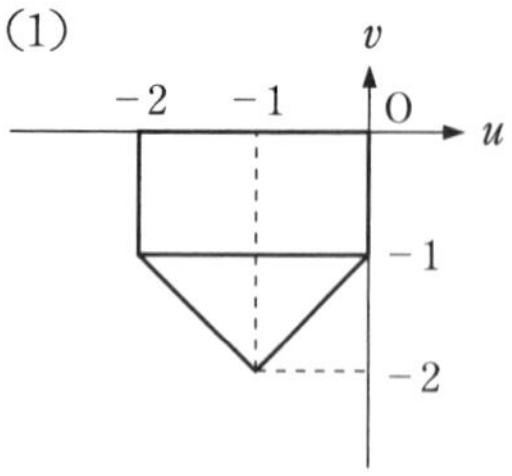

(2)

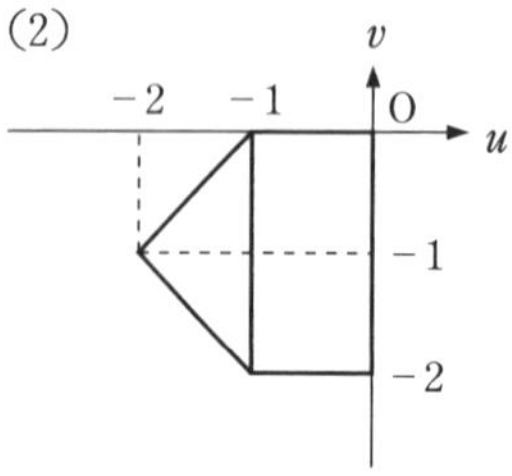

(3)

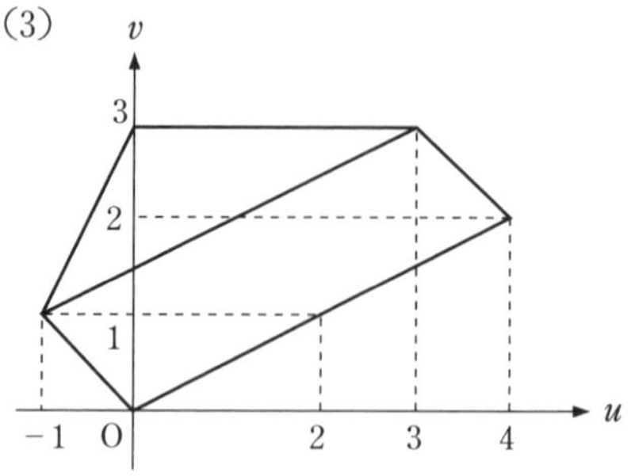

(4)

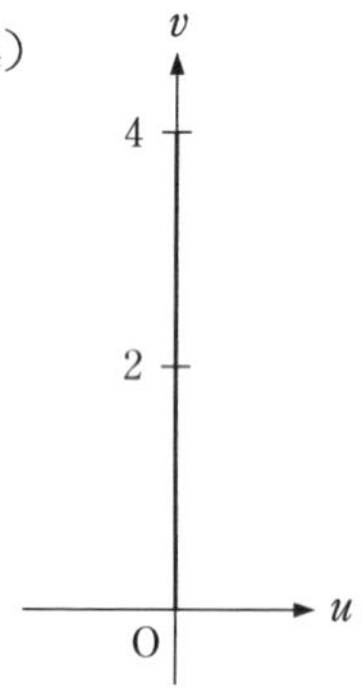

(5)

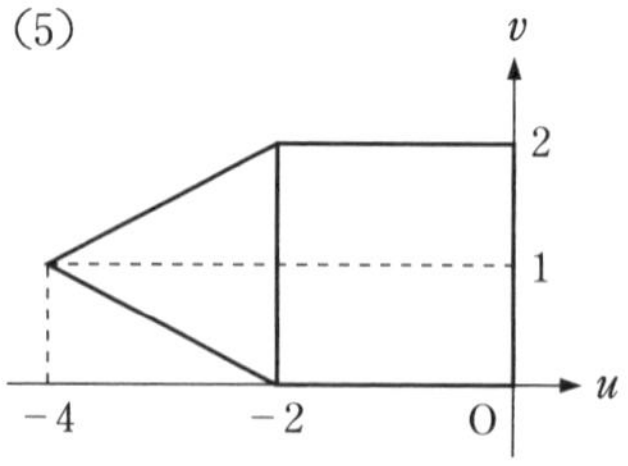

(6)

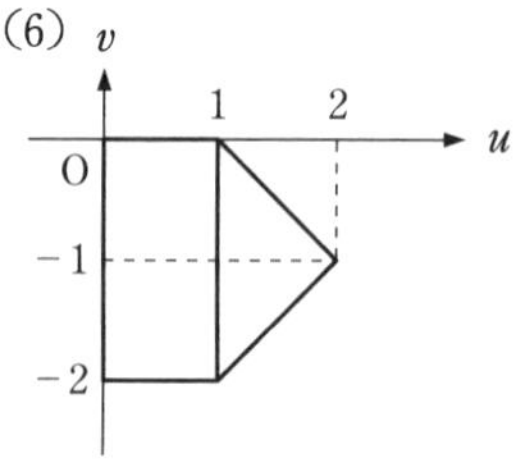

§18　線形空間と線形写像

直線や平面などを線形写像で写すと，どんな図形になるか調べる．ここでは線形空間や準線形空間を線形写像で写してみる．

18.1　線形空間と線形写像

線形空間を線形写像で写す．

原点を通る直線や平面などを線形写像で写すと，どうなるか調べる．n 次元空間 $\mathbf{R}^n$ と標準基底 $[\boldsymbol{e}_1, \cdots, \boldsymbol{e}_n]$ で考え，行列 A で表された線形写像を F_A と書く．

> **例題 18.1**　行列で表された線形写像で線形空間を写し，ベクトル方程式と次元を求めよ．
>
> (1)　$A = \begin{pmatrix} 1 & -1 \\ 1 & 1 \end{pmatrix}$，$l : \boldsymbol{x} = t\begin{pmatrix} 1 \\ 1 \end{pmatrix}$
>
> (2)　$B = \begin{pmatrix} 1 & 1 \\ 1 & 1 \end{pmatrix}$，$m : \boldsymbol{x} = t\begin{pmatrix} 1 \\ -1 \end{pmatrix}$
>
> (3)　$C = \begin{pmatrix} -1 & 0 & 1 \\ 1 & -1 & 0 \\ 0 & 1 & -1 \end{pmatrix}$，$\pi : \boldsymbol{x} = s\begin{pmatrix} 1 \\ 0 \\ 1 \end{pmatrix} + t\begin{pmatrix} 0 \\ 1 \\ 0 \end{pmatrix}$

解　線形空間のベクトル方程式に行列を掛けて，線形写像で写した空間のベクトル方程式を求める．また写した空間に入る線形独立なベクトルの個数を調べて，次元を求める．

(1)　$F_A(l)$. $F_A(\boldsymbol{x}) = \begin{pmatrix} 1 & -1 \\ 1 & 1 \end{pmatrix} t\begin{pmatrix} 1 \\ 1 \end{pmatrix} = t\begin{pmatrix} 0 \\ 2 \end{pmatrix}$

$\begin{pmatrix} 0 \\ 2 \end{pmatrix} \neq \mathbf{0}$ より，$F_A(l)$ は 1 次元の線形空間である（図 18.1）．

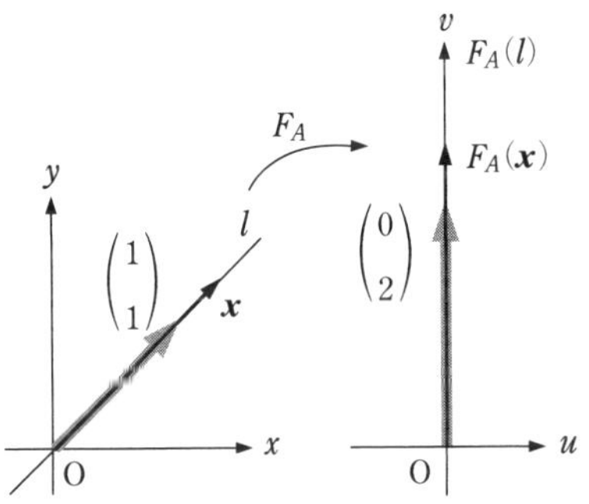

図 18.1　直線 l を線形写像 F_A で写した像 $F_A(l)$．

(2)　$F_B(m)$：$F_B(\boldsymbol{x})=\begin{pmatrix}1&1\\1&1\end{pmatrix}t\begin{pmatrix}1\\-1\end{pmatrix}$

$$=t\begin{pmatrix}0\\0\end{pmatrix}=\begin{pmatrix}0\\0\end{pmatrix}=\mathbf{0}$$

零ベクトル $\mathbf{0}$ になるので空間 $F_B(m)$ は 0 次元である(図 18.2).

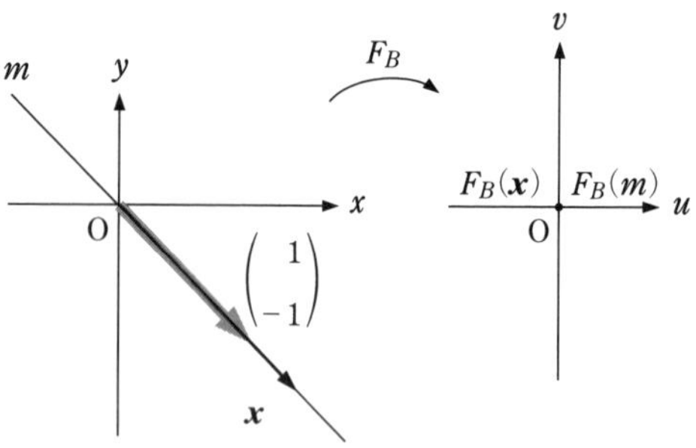

図 18.2　直線 m を線形写像 F_B で写した像 $F_B(m)$.

(3)　$F_C(\pi)$：$F_C(\boldsymbol{x})=\begin{pmatrix}-1&0&1\\1&-1&0\\0&1&-1\end{pmatrix}\left\{s\begin{pmatrix}1\\0\\1\end{pmatrix}+t\begin{pmatrix}0\\1\\0\end{pmatrix}\right\}$

$$=s\begin{pmatrix}0\\1\\-1\end{pmatrix}+t\begin{pmatrix}0\\-1\\1\end{pmatrix}$$

$$\left(\boxed{\begin{matrix}0\\①\\-1\end{matrix}}\begin{matrix}0\\-1\\1\end{matrix}\right)\longrightarrow\begin{pmatrix}0&0\\1&-1\\0&0\end{pmatrix}$$

より $F_C(\pi)$ は 1 次元の線形空間である.　▮

問 18.1　行列で表された線形写像で線形空間を写し，ベクトル方程式と次元を求めよ.

(1)　$\begin{pmatrix}1&-1\\-1&1\end{pmatrix}$,　$\boldsymbol{x}=t\begin{pmatrix}-1\\-1\end{pmatrix}$　　(2)　$\begin{pmatrix}1&3\\2&5\end{pmatrix}$,　$\boldsymbol{x}=t\begin{pmatrix}-3\\1\end{pmatrix}$

(3)　$\begin{pmatrix}1&3&1\\-1&1&3\end{pmatrix}$,　$\boldsymbol{x}=s\begin{pmatrix}1\\1\\1\end{pmatrix}+t\begin{pmatrix}1\\1\\0\end{pmatrix}$

(4)　$\begin{pmatrix}2&-1&-1\\-1&2&-1\\-1&-1&2\end{pmatrix}$,　$\boldsymbol{x}=s\begin{pmatrix}1\\0\\1\end{pmatrix}+t\begin{pmatrix}1\\-1\\1\end{pmatrix}$

以上の結果をまとめておく.

公式 18.1　線形写像による線形空間の像

線形空間 V を線形写像 F で写すと，像 $F(V)$ は線形空間になる. このとき

$$F(V)\text{ の次元} \leqq V\text{ の次元}$$

解説　原点を通る直線や平面などは線形写像で原点を通る直線や平面などに写る．このとき，次元の下がる場合がある．

注意　零（ゼロ）ベクトル $\mathbf{0}$ も 0 次元の線形空間である．

18.2　直線や平面と線形写像

準線形空間を線形写像で写す．

原点を通らない直線や平面などを線形写像で写すと，どうなるか調べる．n 次元空間 $\mathbf{R}^n$ と標準基底 $[\boldsymbol{e}_1, \cdots, \boldsymbol{e}_n]$ で考え，行列 A で表された線形写像を F_A と書く．

例題 18.2　例題 18.1 の行列で表された線形写像で準線形空間を写し，ベクトル方程式と次元を求めよ．

(1)　$l : \boldsymbol{x} = t\begin{pmatrix} 1 \\ 1 \end{pmatrix} + \begin{pmatrix} 0 \\ 1 \end{pmatrix}$　　(2)　$m : \boldsymbol{x} = t\begin{pmatrix} 1 \\ -1 \end{pmatrix} + \begin{pmatrix} 0 \\ -1 \end{pmatrix}$

(3)　$\pi : \boldsymbol{x} = s\begin{pmatrix} 1 \\ 0 \\ 1 \end{pmatrix} + t\begin{pmatrix} 0 \\ 1 \\ 0 \end{pmatrix} + \begin{pmatrix} 1 \\ 1 \\ 1 \end{pmatrix}$

解　準線形空間のベクトル方程式に行列を掛けて，線形写像で写した空間のベクトル方程式を求める．また写した空間に平行で線形独立なベクトルの個数を調べて，次元を求める．

(1)　$F_A(l) : F_A(\boldsymbol{x}) = \begin{pmatrix} 1 & -1 \\ 1 & 1 \end{pmatrix}\left\{t\begin{pmatrix} 1 \\ 1 \end{pmatrix} + \begin{pmatrix} 0 \\ 1 \end{pmatrix}\right\} = t\begin{pmatrix} 0 \\ 2 \end{pmatrix} + \begin{pmatrix} -1 \\ 1 \end{pmatrix}$

$\begin{pmatrix} 0 \\ 2 \end{pmatrix} \neq \mathbf{0}$ より　$F_A(l)$ は 1 次元の準線形空間である（図 18.3）．

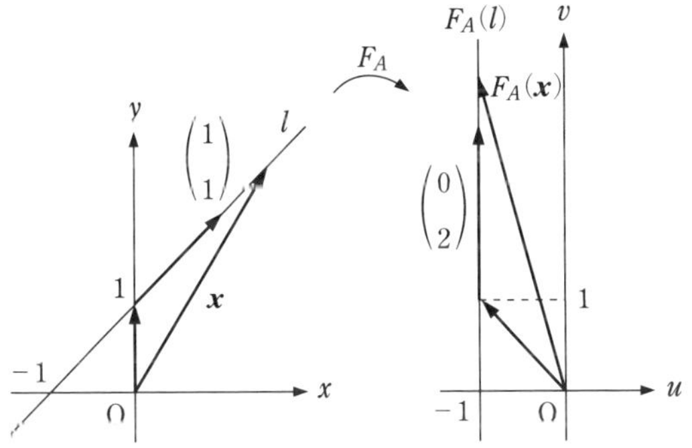

図 18.3　直線 l を線形写像 F_A で写した像 $F_A(l)$．

(2)　$F_B(m) : F_B(\boldsymbol{x}) = \begin{pmatrix} 1 & 1 \\ 1 & 1 \end{pmatrix}\left\{t\begin{pmatrix} 1 \\ -1 \end{pmatrix} + \begin{pmatrix} 0 \\ -1 \end{pmatrix}\right\} = t\begin{pmatrix} 0 \\ 0 \end{pmatrix} + \begin{pmatrix} -1 \\ -1 \end{pmatrix} = \begin{pmatrix} -1 \\ -1 \end{pmatrix}$

1 点 $\begin{pmatrix} -1 \\ -1 \end{pmatrix}$ になるので空間 $F_B(m)$ は 0 次元である（図 18.4）．

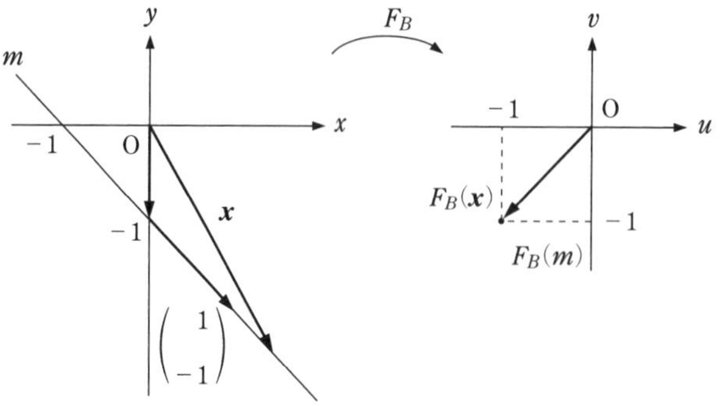

図 18.4　直線 m を線形写像 F_B で写した像 $F_B(m)$.

(3)　$F_C(\pi)$: $F_C(\boldsymbol{x}) = \begin{pmatrix} -1 & 0 & 1 \\ 1 & -1 & 0 \\ 0 & 1 & -1 \end{pmatrix} \left\{ s\begin{pmatrix} 1 \\ 0 \\ 1 \end{pmatrix} + t\begin{pmatrix} 0 \\ 1 \\ 0 \end{pmatrix} + \begin{pmatrix} 1 \\ 1 \\ 1 \end{pmatrix} \right\}$

$$= s\begin{pmatrix} 0 \\ 1 \\ -1 \end{pmatrix} + t\begin{pmatrix} 0 \\ -1 \\ 1 \end{pmatrix} + \begin{pmatrix} 0 \\ 0 \\ 0 \end{pmatrix} = s\begin{pmatrix} 0 \\ 1 \\ -1 \end{pmatrix} + t\begin{pmatrix} 0 \\ -1 \\ 1 \end{pmatrix}$$

$$\left(\begin{array}{|c|c} 0 & 0 \\ \textcircled{1} & -1 \\ -1 & 1 \end{array}\right) \longrightarrow \begin{pmatrix} 0 & 0 \\ 1 & -1 \\ 0 & 0 \end{pmatrix}$$

より $F_C(\pi)$ は 1 次元の線形空間である.

問 18.2　問 18.1 の行列で表された線形写像で準線形空間を写し，ベクトル方程式と次元を求めよ.

(1)　$\boldsymbol{x} = t\begin{pmatrix} 1 \\ 1 \end{pmatrix} + \begin{pmatrix} 1 \\ -1 \end{pmatrix}$　　(2)　$\boldsymbol{x} = t\begin{pmatrix} -5 \\ 2 \end{pmatrix} + \begin{pmatrix} 2 \\ -1 \end{pmatrix}$

(3)　$\boldsymbol{x} = s\begin{pmatrix} -1 \\ 1 \\ 1 \end{pmatrix} + t\begin{pmatrix} 1 \\ -1 \\ 1 \end{pmatrix} + \begin{pmatrix} 1 \\ 1 \\ -1 \end{pmatrix}$

(4)　$\boldsymbol{x} = s\begin{pmatrix} -1 \\ 1 \\ 1 \end{pmatrix} + t\begin{pmatrix} 0 \\ 1 \\ -1 \end{pmatrix} + \begin{pmatrix} 1 \\ 1 \\ 1 \end{pmatrix}$

以上の結果をまとめておく.

公式 18.2　線形写像による準線形空間の像

準線形空間 W を線形写像 F で写すと，像 $F(W)$ は準線形空間または線形空間になる. このとき

$$F(W) \text{ の次元} \leqq W \text{ の次元}$$

解説 直線や平面などは，線形写像で直線や平面などに写る．このとき次元の下がる場合がある．

注意 1点も0次元の準線形空間である．

18.3 *n* 次元空間と線形写像

n 次元空間自身を線形写像で写す．

n 次元空間 $\mathbf{R}^n$ を線形写像で写すと，その写像の特徴が見えてくる．標準基底 $[\boldsymbol{e}_1, \cdots, \boldsymbol{e}_n]$ で考え，行列 A で表された線形写像を F_A と書く．

例 1 例題 18.1 の行列で表された線形写像で n 次元空間 $\mathbf{R}^n$ を写す．

(1) $\mathbf{R}^2 : \boldsymbol{x} = s\boldsymbol{e}_1 + t\boldsymbol{e}_2 = s\begin{pmatrix}1\\0\end{pmatrix} + t\begin{pmatrix}0\\1\end{pmatrix}$

$$F_A(\mathbf{R}^2) : F_A(\boldsymbol{x}) = \begin{pmatrix}1 & -1\\1 & 1\end{pmatrix}\left\{s\begin{pmatrix}1\\0\end{pmatrix} + t\begin{pmatrix}0\\1\end{pmatrix}\right\}$$

$$= s\begin{pmatrix}1\\1\end{pmatrix} + t\begin{pmatrix}-1\\1\end{pmatrix}$$

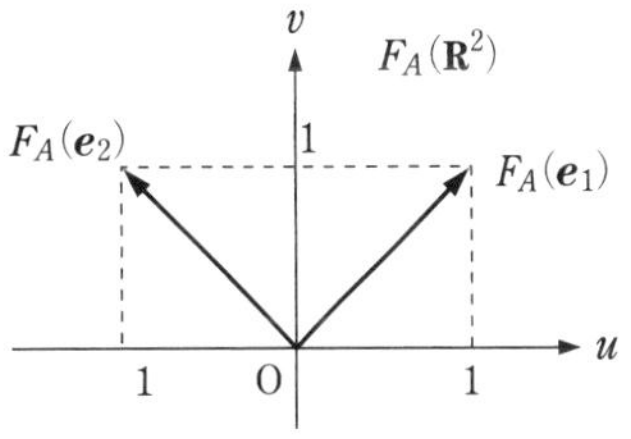

図 18.5 $\mathbf{R}^2$ を線形写像 F_A で写した像 $F_A(\mathbf{R}^2)$．

すなわち

$$F_A(\boldsymbol{x}) = sF_A(\boldsymbol{e}_1) + tF_A(\boldsymbol{e}_2)$$

$$\begin{pmatrix}\boxed{①} & -1\\ 1 & 1\end{pmatrix} \longrightarrow \begin{pmatrix}1 & -1\\0 & 2\end{pmatrix} \longrightarrow \begin{pmatrix}1 & \boxed{-1}\\0 & ①\end{pmatrix} \longrightarrow \begin{pmatrix}1 & 0\\0 & 1\end{pmatrix}$$

より $F_A(\mathbf{R}^2)$ は2次元の線形空間 $\mathbf{R}^2$ である(図 18.5)．

(2) $\mathbf{R}^2 : \boldsymbol{x} = s\boldsymbol{e}_1 + t\boldsymbol{e}_2 = s\begin{pmatrix}1\\0\end{pmatrix} + t\begin{pmatrix}0\\1\end{pmatrix}$

$$F_B(\mathbf{R}^2) : F_B(\boldsymbol{x}) = \begin{pmatrix}1 & 1\\1 & 1\end{pmatrix}\left\{s\begin{pmatrix}1\\0\end{pmatrix} + t\begin{pmatrix}0\\1\end{pmatrix}\right\} = s\begin{pmatrix}1\\1\end{pmatrix} + t\begin{pmatrix}1\\1\end{pmatrix}$$

$$= (s+t)\begin{pmatrix}1\\1\end{pmatrix}$$

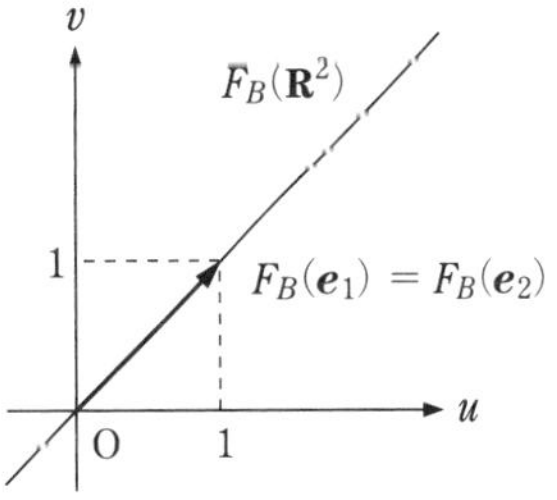

図 18.6 $\mathbf{R}^2$ を線形写像 F_B で写した像 $F_B(\mathbf{R}^2)$．

すなわち

$$F_B(\boldsymbol{x}) = sF_B(\boldsymbol{e}_1) + tF_B(\boldsymbol{e}_2)$$

$\begin{pmatrix}1\\1\end{pmatrix} \neq \mathbf{0}$ より $F_B(\mathbf{R}^2)$ は1次元の線形空間である(図 18.6)．

(3) $\mathbf{R}^3 : \boldsymbol{x} = r\boldsymbol{e}_1 + s\boldsymbol{e}_2 + t\boldsymbol{e}_3 = r\begin{pmatrix}1\\0\\0\end{pmatrix} + s\begin{pmatrix}0\\1\\0\end{pmatrix} + t\begin{pmatrix}0\\0\\1\end{pmatrix}$

$$F_C(\mathbf{R}^3) : F_C(\boldsymbol{x}) = \begin{pmatrix}-1 & 0 & 1\\1 & -1 & 0\\0 & 1 & -1\end{pmatrix}\left\{r\begin{pmatrix}1\\0\\0\end{pmatrix} + s\begin{pmatrix}0\\1\\0\end{pmatrix} + t\begin{pmatrix}0\\0\\1\end{pmatrix}\right\}$$

$$= r\begin{pmatrix}-1\\1\\0\end{pmatrix}+s\begin{pmatrix}0\\-1\\1\end{pmatrix}+t\begin{pmatrix}1\\0\\-1\end{pmatrix}$$

すなわち

$$F_C(\boldsymbol{x}) = rF_C(\boldsymbol{e}_1)+sF_C(\boldsymbol{e}_2)+tF_C(\boldsymbol{e}_3)$$

$$\begin{pmatrix}\boxed{-1} & 0 & 1\\ \textcircled{1} & -1 & 0\\ 0 & 1 & -1\end{pmatrix}\longrightarrow\begin{pmatrix}0 & -1 & \textcircled{1}\\ 1 & -1 & 0\\ 0 & 1 & -1\end{pmatrix}\longrightarrow\begin{pmatrix}0 & -1 & 1\\ 1 & -1 & 0\\ 0 & 0 & 0\end{pmatrix}$$

より $F_C(\mathbf{R}^3)$ は 2 次元の線形空間である． ▮

標準基底以外でも同様な結果が成り立つ．

公式 18.3　線形写像による n 次元空間 $\mathbf{R}^n$ の像

n 次元空間 $\mathbf{R}^n$ と基底 $\mathcal{B}=[\boldsymbol{b}_1,\cdots,\boldsymbol{b}_n]$ を線形写像 F で写すと，ベクトル $F(\boldsymbol{b}_1),\cdots,F(\boldsymbol{b}_n)$ が作る線形空間になる．このとき

$$F(\mathbf{R}^n)\text{の次元} \leqq n$$

解説　n 次元空間 $\mathbf{R}^n$ は線形写像で原点を通る直線や平面などに写る．このとき次元の下がる場合がある．公式 14.2 より像 $F(\mathbf{R}^n)$の次元は表現行列の階数に等しくなり，これを線形写像 F の階数という．

練習問題 18

1. 行列で表された線形写像で線形空間を写し，ベクトル方程式と次元を求めよ．

(1) $\begin{pmatrix}1 & 1\\ -3 & 2\\ 2 & -1\end{pmatrix},\ \boldsymbol{x}=t\begin{pmatrix}2\\1\end{pmatrix}$

(2) $\begin{pmatrix}1 & -1 & -1\\ 1 & 1 & -1\\ -1 & 1 & 1\\ -1 & -1 & 1\end{pmatrix},\ \boldsymbol{x}=s\begin{pmatrix}1\\1\\0\end{pmatrix}+t\begin{pmatrix}1\\2\\-1\end{pmatrix}$

(3) $\begin{pmatrix}-1 & 2 & 1 & 1\\ 1 & -1 & 0 & -2\\ 2 & 0 & -4 & 0\end{pmatrix},\ \boldsymbol{x}=r\begin{pmatrix}-1\\1\\0\\0\end{pmatrix}+s\begin{pmatrix}-1\\0\\1\\0\end{pmatrix}+t\begin{pmatrix}-1\\0\\0\\1\end{pmatrix}$

(4) $\begin{pmatrix} 1 & 2 & 0 & -3 \\ 2 & 0 & -3 & 1 \\ 0 & -3 & 1 & 2 \\ -3 & 1 & 2 & 0 \end{pmatrix}$, $\boldsymbol{x} = r\begin{pmatrix} -1 \\ -1 \\ 1 \\ 1 \end{pmatrix} + s\begin{pmatrix} -1 \\ 1 \\ -1 \\ 1 \end{pmatrix} + t\begin{pmatrix} 1 \\ -1 \\ -1 \\ 1 \end{pmatrix}$

2. 問題 ***1*** の行列で表された線形写像で準線形空間を写し，ベクトル方程式と次元を求めよ．

(1) $\boldsymbol{x} = t\begin{pmatrix} -1 \\ 1 \end{pmatrix} + \begin{pmatrix} 1 \\ 2 \end{pmatrix}$　　(2) $\boldsymbol{x} = s\begin{pmatrix} 1 \\ 1 \\ 1 \end{pmatrix} + t\begin{pmatrix} 1 \\ -1 \\ 1 \end{pmatrix} + \begin{pmatrix} 2 \\ 1 \\ -1 \end{pmatrix}$

(3) $\boldsymbol{x} = r\begin{pmatrix} 0 \\ 1 \\ 1 \\ 1 \end{pmatrix} + s\begin{pmatrix} 1 \\ 0 \\ 1 \\ 1 \end{pmatrix} + t\begin{pmatrix} 1 \\ 1 \\ 0 \\ 1 \end{pmatrix} + \begin{pmatrix} 1 \\ 1 \\ 1 \\ 0 \end{pmatrix}$

(4) $\boldsymbol{x} = r\begin{pmatrix} -1 \\ 1 \\ 1 \\ 0 \end{pmatrix} + s\begin{pmatrix} 2 \\ 1 \\ -1 \\ 1 \end{pmatrix} + t\begin{pmatrix} 0 \\ -1 \\ 1 \\ -2 \end{pmatrix} + \begin{pmatrix} 1 \\ 1 \\ 1 \\ 1 \end{pmatrix}$

解答

問 18.1 (1) $\boldsymbol{0}$　0 次元　　(2) $t\begin{pmatrix} 0 \\ -1 \end{pmatrix}$　1 次元

(3) $s\begin{pmatrix} 5 \\ 3 \end{pmatrix} + t\begin{pmatrix} 4 \\ 0 \end{pmatrix}$　2 次元　　(4) $s\begin{pmatrix} 1 \\ -2 \\ 1 \end{pmatrix} + t\begin{pmatrix} 2 \\ -4 \\ 2 \end{pmatrix}$　1 次元

問 18.2 (1) $\begin{pmatrix} 2 \\ -2 \end{pmatrix}$　0 次元　　(2) $t\begin{pmatrix} 1 \\ 0 \end{pmatrix} + \begin{pmatrix} -1 \\ -1 \end{pmatrix}$　1 次元

(3) $s\begin{pmatrix} 3 \\ 5 \end{pmatrix} + t\begin{pmatrix} -1 \\ 1 \end{pmatrix} + \begin{pmatrix} 3 \\ -3 \end{pmatrix}$　2 次元

(4) $s\begin{pmatrix} -4 \\ 2 \\ 2 \end{pmatrix} + t\begin{pmatrix} 0 \\ 3 \\ -3 \end{pmatrix}$　2 次元

練習問題 18

1. (1) $t\begin{pmatrix} 3 \\ -4 \\ 3 \end{pmatrix}$　1 次元　　(2) $s\begin{pmatrix} 0 \\ 2 \\ 0 \\ -2 \end{pmatrix} + t\begin{pmatrix} 0 \\ 4 \\ 0 \\ 4 \end{pmatrix}$　1 次元

(3) $r\begin{pmatrix} 3 \\ -2 \\ -2 \end{pmatrix} + s\begin{pmatrix} 2 \\ -1 \\ -6 \end{pmatrix} + t\begin{pmatrix} 2 \\ -3 \\ -2 \end{pmatrix}$　3 次元

(4)　$r\begin{pmatrix} -6 \\ -4 \\ 6 \\ 4 \end{pmatrix}+s\begin{pmatrix} -2 \\ 2 \\ -2 \\ 2 \end{pmatrix}+t\begin{pmatrix} -4 \\ 6 \\ 4 \\ -6 \end{pmatrix}$　3 次元

2. (1)　$t\begin{pmatrix} 0 \\ 5 \\ -3 \end{pmatrix}+\begin{pmatrix} 3 \\ 1 \\ 0 \end{pmatrix}$　1 次元

(2)　$s\begin{pmatrix} -1 \\ 1 \\ 1 \\ -1 \end{pmatrix}+t\begin{pmatrix} 1 \\ -1 \\ -1 \\ 1 \end{pmatrix}+\begin{pmatrix} 2 \\ 4 \\ -2 \\ -4 \end{pmatrix}$　1 次元

(3)　$r\begin{pmatrix} 4 \\ -3 \\ -4 \end{pmatrix}+s\begin{pmatrix} 1 \\ -1 \\ -2 \end{pmatrix}+t\begin{pmatrix} 2 \\ -2 \\ 2 \end{pmatrix}+\begin{pmatrix} 2 \\ 0 \\ -2 \end{pmatrix}$　3 次元

(4)　$r\begin{pmatrix} 1 \\ -5 \\ -2 \\ 6 \end{pmatrix}+s\begin{pmatrix} 1 \\ 8 \\ -2 \\ -7 \end{pmatrix}+t\begin{pmatrix} 4 \\ -5 \\ 0 \\ 1 \end{pmatrix}$　3 次元

§19　逆像の空間，次元定理

線形写像におけるベクトルの対応を詳しく見ていく．ここでは線形写像によってあるベクトルに写るすべてのベクトルを求める．

19.1　線形写像による零ベクトルの逆像

線形写像で零ベクトルに写るベクトルを求める．

F を線形写像とするとき，$F(\boldsymbol{x})=\boldsymbol{0}$ となる（線形写像 F で零ベクトル $\boldsymbol{0}$ に写る）ベクトル $\boldsymbol{x}$ の全体を $F^{-1}(\boldsymbol{0})$ と書く．これを線形写像 F による**零ベクトル $\boldsymbol{0}$ の逆像**という．n 次元空間 $\mathbf{R}^n$ と標準基底 $[\boldsymbol{e}_1,\cdots,\boldsymbol{e}_n]$ で考え，行列 A で表された線形写像を F_A と書く．

例題 19.1　行列で表された線形写像による零ベクトル $\boldsymbol{0}$ の逆像について，ベクトル方程式と次元を求めよ．

(1)　$A=\begin{pmatrix}1 & -1\\ 1 & 1\end{pmatrix}$　　(2)　$B=\begin{pmatrix}1 & 1\\ 1 & 1\end{pmatrix}$

(3)　$C=\begin{pmatrix}-1 & 0 & 1\\ 1 & -1 & 0\\ 0 & 1 & -1\end{pmatrix}$

解　$F(\boldsymbol{x})=\boldsymbol{0}$ とおき，連立 1 次方程式を用いてベクトル $\boldsymbol{x}$ を求める．

(1)　$F_A(\boldsymbol{x})=\boldsymbol{0}$ ならば $\boldsymbol{x}=\begin{pmatrix}x\\ y\end{pmatrix}$ として $\begin{pmatrix}1 & -1\\ 1 & 1\end{pmatrix}\begin{pmatrix}x\\ y\end{pmatrix}=\begin{pmatrix}0\\ 0\end{pmatrix}$

$$\left(\begin{array}{cc|c}\boxed{1} & -1 & 0\\ 1 & 1 & 0\end{array}\right)\longrightarrow\left(\begin{array}{cc|c}1 & -1 & 0\\ 0 & 2 & 0\end{array}\right)\longrightarrow\left(\begin{array}{cc|c}1 & -1 & 0\\ 0 & \boxed{1} & 0\end{array}\right)\longrightarrow\left(\begin{array}{cc|c}1 & 0 & 0\\ 0 & 1 & 0\end{array}\right)$$

$$F_A{}^{-1}(\boldsymbol{0}):\boldsymbol{x}=\begin{pmatrix}x\\ y\end{pmatrix}=\begin{pmatrix}0\\ 0\end{pmatrix}=\boldsymbol{0}$$

零ベクトル $\boldsymbol{0}$ となるので，$F_A{}^{-1}(\boldsymbol{0})$ は 0 次元の線形空間である．

(2)　$F_B(\boldsymbol{x})=\boldsymbol{0}$ ならば $\boldsymbol{x}=\begin{pmatrix}x\\ y\end{pmatrix}$ として

$$\begin{pmatrix}1 & 1\\ 1 & 1\end{pmatrix}\begin{pmatrix}x\\ y\end{pmatrix}=\begin{pmatrix}0\\ 0\end{pmatrix}$$

$$\left(\begin{array}{cc|c}\boxed{1} & 1 & 0\\ 1 & 1 & 0\end{array}\right)\longrightarrow\left(\begin{array}{cc|c}1 & 1 & 0\\ 0 & 0 & 0\end{array}\right)$$

方程式に戻すと

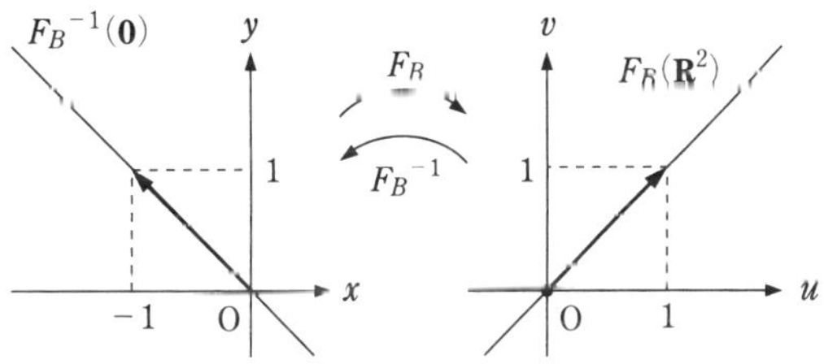

図 19.1　線形写像 F_B による $\boldsymbol{0}$ の逆像 $F_B{}^{-1}(\boldsymbol{0})$ と $\mathbf{R}^2$ の像 $F_B(\mathbf{R}^2)$．

$x+y=0$ より $x=-y$

$$F_B{}^{-1}(\mathbf{0}):\boldsymbol{x}=\begin{pmatrix}x\\y\end{pmatrix}=\begin{pmatrix}-y\\y\end{pmatrix}=y\begin{pmatrix}-1\\1\end{pmatrix}$$

$\begin{pmatrix}-1\\1\end{pmatrix}\neq\mathbf{0}$ より $F_B{}^{-1}(\mathbf{0})$ は1次元の線形空間である．

(3)　$F_C(\boldsymbol{x})=\mathbf{0}$ ならば $\boldsymbol{x}=\begin{pmatrix}x\\y\\z\end{pmatrix}$ として $\begin{pmatrix}-1&0&1\\1&-1&0\\0&1&-1\end{pmatrix}\begin{pmatrix}x\\y\\z\end{pmatrix}=\begin{pmatrix}0\\0\\0\end{pmatrix}$

$$\left(\begin{array}{ccc|c}\boxed{-1}&0&1&0\\ \textcircled{1}&-1&0&0\\ 0&1&-1&0\end{array}\right)\longrightarrow\left(\begin{array}{ccc|c}0&-1&\textcircled{1}&0\\1&-1&0&0\\0&1&-1&0\end{array}\right)\longrightarrow$$

$$\left(\begin{array}{ccc|c}0&-1&1&0\\1&-1&0&0\\0&0&0&0\end{array}\right)$$

方程式に戻すと

$$\begin{cases}-y+z=0\\x-y=0\end{cases}\text{より}\quad\begin{cases}z=y\\x=y\end{cases}$$

$$F_C{}^{-1}(\mathbf{0}):\boldsymbol{x}=\begin{pmatrix}x\\y\\z\end{pmatrix}=\begin{pmatrix}y\\y\\y\end{pmatrix}=y\begin{pmatrix}1\\1\\1\end{pmatrix}$$

$\begin{pmatrix}1\\1\\1\end{pmatrix}\neq\mathbf{0}$ より $F_C{}^{-1}(\mathbf{0})$ は1次元の線形空間である．　∎

問 19.1　行列で表された線形写像による零ベクトル $\mathbf{0}$ の逆像について，ベクトル方程式と次元を求めよ．

(1) $\begin{pmatrix}1&-1\\-1&1\end{pmatrix}$　(2) $\begin{pmatrix}1&3\\2&5\end{pmatrix}$　(3) $\begin{pmatrix}1&3&1\\-1&1&3\end{pmatrix}$

(4) $\begin{pmatrix}2&-1&-1\\-1&2&-1\\-1&-1&2\end{pmatrix}$

注意1　解が多数ある（不定の）方程式では係数に丸を書いてない文字を移項する．

注意2　$F^{-1}(\mathbf{0})\neq\mathbf{0}$ の場合は式の形が1通りでない．例題19.1(2)で上とは別に解く．

$$\left(\begin{array}{cc|c}1&\textcircled{1}&0\\1&1&0\end{array}\right)\longrightarrow\left(\begin{array}{cc|c}1&1&0\\0&0&0\end{array}\right)$$

方程式に戻すと

$x+y=0$ より $y=-x$

$$F_B{}^{-1}(\mathbf{0}):\boldsymbol{x}=\begin{pmatrix}x\\y\end{pmatrix}=\begin{pmatrix}x\\-x\end{pmatrix}=x\begin{pmatrix}1\\-1\end{pmatrix}$$

このときは $x=-y$ として y の式に直すと，上の解と等しくなる．

以上の結果をまとめておく．

公式 19.1　線形写像による零ベクトルの逆像

線形写像 F による零ベクトル $\mathbf{0}$ の逆像 $F^{-1}(\mathbf{0})$ は線形空間になる．

解説　原点を通る直線や平面などは線形写像で零ベクトル $\mathbf{0}$ に写る．

19.2　線形写像によるベクトルの逆像

線形写像で，あるベクトルに写るベクトルを調べる．

F を線形写像とするとき，ベクトル $\boldsymbol{p}$ に対して $F(\boldsymbol{x})=\boldsymbol{p}$ となる（線形写像 F でベクトル $\boldsymbol{p}$ に写る）ベクトル $\boldsymbol{x}$ の全体を $F^{-1}(\boldsymbol{p})$ と書く．これを線形写像 F による**ベクトル $\boldsymbol{p}$ の逆像**という．逆像がないベクトル $\boldsymbol{p}$ もある．n 次元空間 $\mathbf{R}^n$ と標準基底 $[\boldsymbol{e}_1,\cdots,\boldsymbol{e}_n]$ で考え，行列 A で表された線形写像を F_A と書く．

例題 19.2　行列で表された線形写像によるベクトル $\boldsymbol{p}$ の逆像について，ベクトル方程式と次元を求めよ．

(1)　$A=\begin{pmatrix}1&-1\\1&1\end{pmatrix}$，$\boldsymbol{p}=\begin{pmatrix}1\\3\end{pmatrix}$　　(2)　$B=\begin{pmatrix}1&1\\1&1\end{pmatrix}$，$\boldsymbol{p}=\begin{pmatrix}1\\1\end{pmatrix}$

(3)　$C=\begin{pmatrix}-1&0&1\\1&-1&0\\0&1&-1\end{pmatrix}$，$\boldsymbol{p}=\begin{pmatrix}1\\2\\-3\end{pmatrix}$

(4)　$B=\begin{pmatrix}1&1\\1&1\end{pmatrix}$，$\boldsymbol{p}=\begin{pmatrix}1\\0\end{pmatrix}$

解　$F(\boldsymbol{x})=\boldsymbol{p}$ とおき，連立1次方程式を用いてベクトル $\boldsymbol{x}$ を求める．

(1)　$F_A(\boldsymbol{x})=\boldsymbol{p}$ ならば $\boldsymbol{x}=\begin{pmatrix}x\\y\end{pmatrix}$ として $\begin{pmatrix}1&-1\\1&1\end{pmatrix}\begin{pmatrix}x\\y\end{pmatrix}=\begin{pmatrix}1\\3\end{pmatrix}$

$$\left(\begin{array}{cc|c}\textcircled{1}&-1&1\\1&1&3\end{array}\right)\longrightarrow\left(\begin{array}{cc|c}1&-1&1\\0&2&2\end{array}\right)\longrightarrow\left(\begin{array}{cc|c}1&-1&1\\0&\textcircled{1}&1\end{array}\right)$$

$$\longrightarrow\left(\begin{array}{cc|c}1&0&2\\0&1&1\end{array}\right)$$

$$F_A{}^{-1}(\boldsymbol{p}):\boldsymbol{x}=\begin{pmatrix}x\\y\end{pmatrix}=\begin{pmatrix}2\\1\end{pmatrix}$$

1点$\begin{pmatrix}2\\1\end{pmatrix}$なので$F_A{}^{-1}(\boldsymbol{p})$は0次元の準線形空間である．

(2)　$F_B(\boldsymbol{x})=\boldsymbol{p}$ならば$\boldsymbol{x}=\begin{pmatrix}x\\y\end{pmatrix}$として$\begin{pmatrix}1&1\\1&1\end{pmatrix}\begin{pmatrix}x\\y\end{pmatrix}=\begin{pmatrix}1\\1\end{pmatrix}$

$$\left(\begin{array}{cc|c}\textcircled{1}&1&1\\1&1&1\end{array}\right)\longrightarrow\left(\begin{array}{cc|c}1&1&1\\0&0&0\end{array}\right)$$

方程式に戻すと

$$x+y=1 \text{ より } x=-y+1$$

$$F_B{}^{-1}(\boldsymbol{p}):\boldsymbol{x}=\begin{pmatrix}x\\y\end{pmatrix}=\begin{pmatrix}-y+1\\y\end{pmatrix}=y\begin{pmatrix}-1\\1\end{pmatrix}+\begin{pmatrix}1\\0\end{pmatrix}$$

$\begin{pmatrix}-1\\1\end{pmatrix}\neq\boldsymbol{0}$より$F_B{}^{-1}(\boldsymbol{p})$は1次元の準線形空間である．

　このとき例題19.1(2)より空間$y\begin{pmatrix}-1\\1\end{pmatrix}$は零ベクトル$\boldsymbol{0}$の逆像$F_B{}^{-1}(\boldsymbol{0})$なので

$$F_B{}^{-1}(\boldsymbol{p})=F_B{}^{-1}(\boldsymbol{0})+\begin{pmatrix}1\\0\end{pmatrix}$$

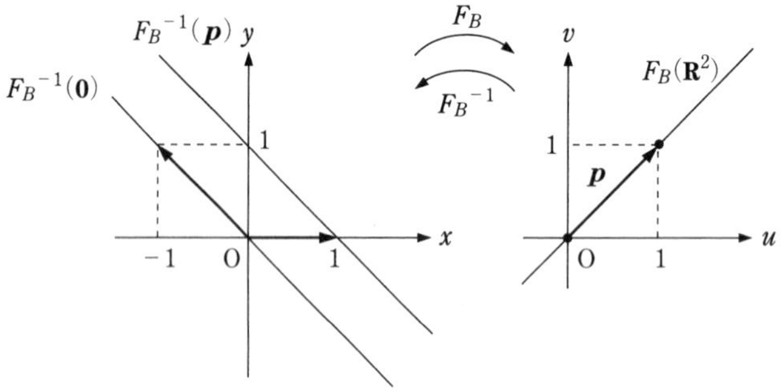

図 19.2　線形写像F_Bによる$\boldsymbol{p}$の逆像$F_B{}^{-1}(\boldsymbol{p})$と$\mathbf{R}^2$の像$F_B(\mathbf{R}^2)$.

(3)　$F_C(\boldsymbol{x})=\boldsymbol{p}$ならば$x=\begin{pmatrix}x\\y\\z\end{pmatrix}$として

$$\begin{pmatrix}-1&0&1\\1&-1&0\\0&1&-1\end{pmatrix}\begin{pmatrix}x\\y\\z\end{pmatrix}=\begin{pmatrix}1\\2\\-3\end{pmatrix}$$

$$\left(\begin{array}{ccc|c}-1&0&1&1\\\textcircled{1}&-1&0&2\\0&1&-1&-3\end{array}\right)\longrightarrow\left(\begin{array}{ccc|c}0&-1&\textcircled{1}&3\\1&-1&0&2\\0&1&-1&-3\end{array}\right)$$

$$\longrightarrow \left(\begin{array}{ccc|c} 0 & -1 & 1 & 3 \\ 1 & -1 & 0 & 2 \\ 0 & 0 & 0 & 0 \end{array}\right)$$

方程式に戻すと

$$\begin{cases} -y+z=3 \\ x-y \quad\ =2 \end{cases} \text{より} \begin{cases} z=y+3 \\ x=y+2 \end{cases}$$

$$F_C{}^{-1}(\boldsymbol{p}) : \boldsymbol{x}=\begin{pmatrix} x \\ y \\ z \end{pmatrix}=\begin{pmatrix} y+2 \\ y \\ y+3 \end{pmatrix}=y\begin{pmatrix} 1 \\ 1 \\ 1 \end{pmatrix}+\begin{pmatrix} 2 \\ 0 \\ 3 \end{pmatrix}$$

$\begin{pmatrix} 1 \\ 1 \\ 1 \end{pmatrix} \neq \mathbf{0}$ より $F_C{}^{-1}(\boldsymbol{p})$ は 1 次元の準線形空間である．

このとき例題 19.1(3)より空間 $y\begin{pmatrix} 1 \\ 1 \\ 1 \end{pmatrix}$ は零ベクトル $\mathbf{0}$ の逆像 $F_C{}^{-1}(\mathbf{0})$ なので

$$F_C{}^{-1}(\boldsymbol{p})=F_C{}^{-1}(\mathbf{0})+\begin{pmatrix} 2 \\ 0 \\ 3 \end{pmatrix}$$

(4)　$F_B(\boldsymbol{x})=\boldsymbol{p}$ ならば $\boldsymbol{x}=\begin{pmatrix} x \\ y \end{pmatrix}$ として $\begin{pmatrix} 1 & 1 \\ 1 & 1 \end{pmatrix}\begin{pmatrix} x \\ y \end{pmatrix}=\begin{pmatrix} 1 \\ 0 \end{pmatrix}$

$$\left(\begin{array}{cc|c} \textcircled{1} & 1 & 1 \\ 1 & 1 & 0 \end{array}\right) \longrightarrow \left(\begin{array}{cc|c} 1 & 1 & 1 \\ 0 & 0 & -1 \end{array}\right)$$

第 2 行で左辺 ≠ 右辺なので解はない．

(2) から像 $F_B(\mathbf{R}^2)$ は図 19.3 の直線になる．$F_B(\boldsymbol{x})=\boldsymbol{p}$ となるベクトル $\boldsymbol{x}$ がないので，ベクトル $\boldsymbol{p}$ の逆像 $F_B{}^{-1}(\boldsymbol{p})$ は存在しない．■

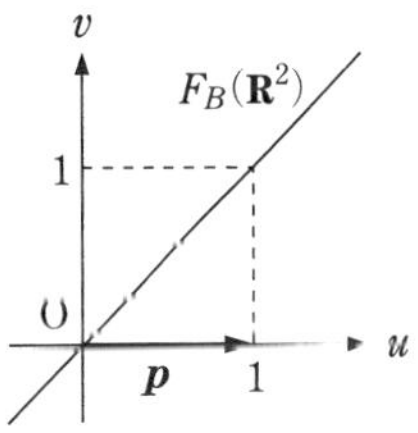

図 19.3　$\mathbf{R}^2$ の像 $F_B(\mathbf{R}^2)$ とベクトル $\boldsymbol{p}$.

問 19.2　問 19.1 の行列で表された線形写像によるベクトル $\boldsymbol{p}$ の逆像について，ベクトル方程式と次元を求めよ．

(1)　$\boldsymbol{p}=\begin{pmatrix} -2 \\ 2 \end{pmatrix}$　　(2)　$\boldsymbol{p}=\begin{pmatrix} 1 \\ 1 \end{pmatrix}$　　(3)　$\boldsymbol{p}=\begin{pmatrix} -1 \\ 5 \end{pmatrix}$

(4)　$\boldsymbol{p}=\begin{pmatrix} 3 \\ 0 \\ -3 \end{pmatrix}$

注意　$F^{-1}(\boldsymbol{p}) \neq 1$ 点の場合は式の形が 1 通りでない．例題 19.2(2) で上とは別に解く．

$$\begin{pmatrix} 1 & \boxed{①} & | & 1 \\ 1 & \boxed{1} & | & 1 \end{pmatrix} \longrightarrow \begin{pmatrix} 1 & 1 & | & 1 \\ 0 & 0 & | & 0 \end{pmatrix}$$

方程式に戻すと

$x+y=1$ より $y=-x+1$

$$F_B{}^{-1}(\boldsymbol{p}):\boldsymbol{x}=\begin{pmatrix} x \\ y \end{pmatrix}=\begin{pmatrix} x \\ -x+1 \end{pmatrix}=x\begin{pmatrix} 1 \\ -1 \end{pmatrix}+\begin{pmatrix} 0 \\ 1 \end{pmatrix}$$

このときは $x=-y+1$ として y の式に直すと，上の解と等しくなる．

以上の結果をまめておく．

公式 19.2　線形写像によるベクトルの逆像

線形写像 F によるベクトル $\boldsymbol{p}$ の逆像 $F^{-1}(\boldsymbol{p})$ は準線形空間になる．すなわち $F(\boldsymbol{b})=\boldsymbol{p}$ とすると，次が成り立つ．

$$F^{-1}(\boldsymbol{p})=F^{-1}(\boldsymbol{0})+\boldsymbol{b}$$

ただし，$F(\boldsymbol{x})=\boldsymbol{p}$ となるベクトル $\boldsymbol{x}$ がなければ，ベクトル $\boldsymbol{p}$ の逆像 $F^{-1}(\boldsymbol{p})$ は存在しない．

解説　逆像 $F^{-1}(\boldsymbol{p})$ が存在すれば，直線や平面になる．また，逆像 $F^{-1}(\boldsymbol{p})$ は零ベクトル $\boldsymbol{0}$ の逆像 $F^{-1}(\boldsymbol{0})$ にベクトル $\boldsymbol{b}$ をたした（平行移動した）図形になる．$F^{-1}(\boldsymbol{0})=\boldsymbol{0}$ ならば逆像 $F^{-1}(\boldsymbol{p})$ は 1 点になる．

注意　連立 1 次方程式の係数行列 A で表された線形写像 F_A を考えると，次が成り立つ．

$$\begin{cases} a_{11}x_1+\cdots+a_{1n}x_n=p_1 \\ \quad\vdots \qquad\qquad \vdots \qquad \vdots \\ a_{m1}x_1+\cdots+a_{mn}x_n=p_m \end{cases},$$

$$\begin{pmatrix} a_{11} & \cdots & a_{1n} \\ \vdots & & \vdots \\ a_{m1} & \cdots & a_{mn} \end{pmatrix}\begin{pmatrix} x_1 \\ \vdots \\ x_n \end{pmatrix}=\begin{pmatrix} p_1 \\ \vdots \\ p_m \end{pmatrix}, \qquad F_A(\boldsymbol{x})=A\boldsymbol{x}=\boldsymbol{p}$$

(1)　解が 1 組（正則）ならば逆像 $F_A{}^{-1}(\boldsymbol{p})$ は 1 点．

(2)　解が多数（不定）ならば逆像 $F_A{}^{-1}(\boldsymbol{p})=F_A{}^{-1}(\boldsymbol{0})+\boldsymbol{b}$　$(F_A(\boldsymbol{b})=\boldsymbol{p})$．

(3)　解がない（不能）ならば逆像 $F_A{}^{-1}(\boldsymbol{p})$ はない．

19.3　次 元 定 理

線形写像でつぶれない空間とつぶれる空間の関係を見る．

n 次元空間 $\mathbf{R}^n$ と標準基底 $[\boldsymbol{e}_1,\cdots,\boldsymbol{e}_n]$ で考え，行列 A で表された線形写像を F_A と書く．

例 1　例題 19.1 の線形写像による n 次元空間の像と零ベクトルの逆像の次元を調べる．

§18 例 1，例題 19.1 より次が成り立つ．

(1)　$F_A(\mathbf{R}^2)$：$F_A(\boldsymbol{x}) = s\begin{pmatrix}1\\1\end{pmatrix}+t\begin{pmatrix}-1\\1\end{pmatrix}$ より，像 $F_A(\mathbf{R}^2)$ は 2 次元である．

$F_A{}^{-1}(\mathbf{0})$：$\boldsymbol{x} = \begin{pmatrix}0\\0\end{pmatrix}$ より逆像 $F_A{}^{-1}(\mathbf{0})$ は 0 次元である．

$F_A(\mathbf{R}^2)$ の次元 ＋ $F_A{}^{-1}(\mathbf{0})$ の次元 ＝ 2

(2)　$F_B(\mathbf{R}^2)$：$F_B(\boldsymbol{x}) = (s+t)\begin{pmatrix}1\\1\end{pmatrix}$ より，像 $F_B(\mathbf{R}^2)$ は 1 次元である．

$F_B{}^{-1}(\mathbf{0})$：$\boldsymbol{x} = y\begin{pmatrix}-1\\1\end{pmatrix}$ より逆像 $F_B{}^{-1}(\mathbf{0})$ は 1 次元である．

$F_B(\mathbf{R}^2)$ の次元＋$F_B{}^{-1}(\mathbf{0})$ の次元 ＝ 2

(3)　$F_C(\mathbf{R}^3)$：$F_C(\boldsymbol{x}) = r\begin{pmatrix}-1\\1\\0\end{pmatrix}+s\begin{pmatrix}0\\-1\\1\end{pmatrix}+t\begin{pmatrix}1\\0\\-1\end{pmatrix}$ より，像 $F_C(\mathbf{R}^3)$ は 2 次元である．

$F_C{}^{-1}(\mathbf{0})$：$\boldsymbol{x} = y\begin{pmatrix}1\\1\\1\end{pmatrix}$ より逆像 $F_C{}^{-1}(\mathbf{0})$ は 1 次元である．

$F_C(\mathbf{R}^3)$ の次元＋$F_C{}^{-1}(\mathbf{0})$ の次元 ＝ 3　■

以上の結果をまとめておく．

公式 19.3　次元定理

線形写像 F による n 次元空間 $\mathbf{R}^n$ の像 $F(\mathbf{R}^n)$ と零ベクトル $\mathbf{0}$ の逆像 $F^{-1}(\mathbf{0})$ について，次が成り立つ．

$$F(\mathbf{R}^n) \text{ の次元} + F^{-1}(\mathbf{0}) \text{ の次元} = n$$

解説　線形写像で写してつぶれない空間の次元とつぶれる空間の次元の和は，写す前の空間の次元に等しい．

練習問題 19

1. 行列で表された線形写像による零ベクトル $\mathbf{0}$ の逆像について，ベクトル方程式と次元を求めよ．

(1) $\begin{pmatrix} 1 & 1 \\ -3 & 2 \\ 2 & -1 \end{pmatrix}$　(2) $\begin{pmatrix} 1 & -1 & -1 \\ 1 & 1 & -1 \\ -1 & 1 & 1 \\ -1 & -1 & 1 \end{pmatrix}$

(3) $\begin{pmatrix} -1 & 2 & 1 & 1 \\ 1 & -1 & 0 & -2 \\ 2 & 0 & -4 & 0 \end{pmatrix}$　(4) $\begin{pmatrix} 1 & 2 & 0 & -3 \\ 2 & 0 & -3 & 1 \\ 0 & -3 & 1 & 2 \\ -3 & 1 & 2 & 0 \end{pmatrix}$

2. 問題 ***1*** の行列で表された線形写像によるベクトル $\boldsymbol{p}$ の逆像について，ベクトル方程式と次元を求めよ．

(1) $\boldsymbol{p} = \begin{pmatrix} 2 \\ -1 \\ 1 \end{pmatrix}$　(2) $\boldsymbol{p} = \begin{pmatrix} 2 \\ 4 \\ -2 \\ -4 \end{pmatrix}$

(3) $\boldsymbol{p} = \begin{pmatrix} 1 \\ -2 \\ 6 \end{pmatrix}$　(4) $\boldsymbol{p} = \begin{pmatrix} 2 \\ 6 \\ -5 \\ -3 \end{pmatrix}$

解答

問 19.1 (1) $y\begin{pmatrix} 1 \\ 1 \end{pmatrix}$ 1 次元　(2) $\boldsymbol{0}$ 0 次元

(3) $y\begin{pmatrix} -2 \\ 1 \\ -1 \end{pmatrix}$ 1 次元　(4) $y\begin{pmatrix} 1 \\ 1 \\ 1 \end{pmatrix}$ 1 次元

問 19.2 (1) $y\begin{pmatrix} 1 \\ 1 \end{pmatrix}+\begin{pmatrix} -2 \\ 0 \end{pmatrix}$ 1 次元　(2) $\begin{pmatrix} -2 \\ 1 \end{pmatrix}$ 0 次元

(3) $y\begin{pmatrix} -2 \\ 1 \\ -1 \end{pmatrix}+\begin{pmatrix} -2 \\ 0 \\ 1 \end{pmatrix}$ 1 次元　(4) $y\begin{pmatrix} 1 \\ 1 \\ 1 \end{pmatrix}+\begin{pmatrix} 1 \\ 0 \\ -1 \end{pmatrix}$ 1 次元

練習問題 19

1. (1) $\boldsymbol{0}$ 0 次元　(2) $z\begin{pmatrix} 1 \\ 0 \\ 1 \end{pmatrix}$ 1 次元

(3) $w\begin{pmatrix} 2 \\ 0 \\ 1 \\ 1 \end{pmatrix}$ 1 次元　(4) $y\begin{pmatrix} 1 \\ 1 \\ 1 \\ 1 \end{pmatrix}$ 1 次元

2. (1) $\begin{pmatrix} 1 \\ 1 \end{pmatrix}$ 0 次元　(2) $z\begin{pmatrix} 1 \\ 0 \\ 1 \end{pmatrix}+\begin{pmatrix} 3 \\ 1 \\ 0 \end{pmatrix}$ 1 次元

(3) $w\begin{pmatrix}2\\0\\1\\1\end{pmatrix}+\begin{pmatrix}-1\\1\\-2\\0\end{pmatrix}$ 1 次元　　(4) $y\begin{pmatrix}1\\1\\1\\1\end{pmatrix}+\begin{pmatrix}-1\\0\\-3\\-1\end{pmatrix}$ 1 次元

§20 座標変換

これまでは主に標準基底を用いてベクトルや線形写像を考えてきた．ここでは基底を取りかえて，ベクトルの成分や線形写像の表現行列がどうなるか見ていく．

20.1 基底と座標の変換

基底を別の基底に取りかえて，2つの基底の関係を求める．また，このときベクトルの成分（座標）がどう変わるか調べる．

例1 基底を取りかえる．

2次元平面 $\mathbf{R}^2$ の基底を $\mathcal{E}=[\boldsymbol{e}_1,\boldsymbol{e}_2]$ から $\mathcal{B}=[\boldsymbol{b}_1,\boldsymbol{b}_2]=\left[\begin{pmatrix}2\\1\end{pmatrix},\begin{pmatrix}1\\1\end{pmatrix}\right]$ に取りかえると，次が成り立つ．

$$\begin{cases}\boldsymbol{b}_1=2\boldsymbol{e}_1+1\boldsymbol{e}_2\\ \boldsymbol{b}_2=1\boldsymbol{e}_1+1\boldsymbol{e}_2\end{cases}$$

$$(\boldsymbol{b}_1\quad\boldsymbol{b}_2)=(2\boldsymbol{e}_1+1\boldsymbol{e}_2\quad 1\boldsymbol{e}_1+1\boldsymbol{e}_2)=(\boldsymbol{e}_1\quad\boldsymbol{e}_2)\begin{pmatrix}2&1\\1&1\end{pmatrix}$$

また，このとき2次元平面 $\mathbf{R}^2$ のベクトル $\boldsymbol{x}$ の成分が $\begin{pmatrix}x\\y\end{pmatrix}_{\mathcal{E}}$ から $\begin{pmatrix}x'\\y'\end{pmatrix}_{\mathcal{B}}$ に変わったとすると，次が成り立つ．

$$\boldsymbol{x}=x\boldsymbol{e}_1+y\boldsymbol{e}_2=x\begin{pmatrix}1\\0\end{pmatrix}+y\begin{pmatrix}0\\1\end{pmatrix}=\begin{pmatrix}x\\y\end{pmatrix}_{\mathcal{E}}$$

$$\boldsymbol{x}=x'\boldsymbol{b}_1+y'\boldsymbol{b}_2=x'\begin{pmatrix}2\\1\end{pmatrix}+y'\begin{pmatrix}1\\1\end{pmatrix}=\begin{pmatrix}2&1\\1&1\end{pmatrix}\begin{pmatrix}x'\\y'\end{pmatrix}_{\mathcal{B}}$$

これより

$$\begin{pmatrix}2&1\\1&1\end{pmatrix}\begin{pmatrix}x'\\y'\end{pmatrix}_{\mathcal{B}}=\begin{pmatrix}x\\y\end{pmatrix}_{\mathcal{E}}$$

∎

以上をまとめておく．

公式 20.1 基底変換と成分

n 次元空間 $\mathbf{R}^n$ の基底を $\mathcal{B}=[\boldsymbol{b}_1,\cdots,\boldsymbol{b}_n]$ から $\mathcal{C}=[\boldsymbol{c}_1,\cdots,\boldsymbol{c}_n]$ に取りかえる（**変換する**）と，正則行列 P に対して次が成り立つ．P を**基底変換行列**という．

$$(\boldsymbol{b}_1\quad\cdots\quad\boldsymbol{b}_n)P=(\boldsymbol{c}_1\quad\cdots\quad\boldsymbol{c}_n)$$

また，n 次元空間 $\mathbf{R}^n$ のベクトル $\boldsymbol{x}$ の各基底 $\mathcal{B},\mathcal{C}$ に関する成分（座標）

$\begin{pmatrix} x_1 \\ \vdots \\ x_n \end{pmatrix}_{\mathcal{B}}, \begin{pmatrix} x'_1 \\ \vdots \\ x'_n \end{pmatrix}_{\mathcal{C}}$ について，次が成り立つ．

$$P\begin{pmatrix} x'_1 \\ \vdots \\ x'_n \end{pmatrix}_{\mathcal{C}} = \begin{pmatrix} x_1 \\ \vdots \\ x_n \end{pmatrix}_{\mathcal{B}}$$

解説　基底$\mathcal{B}$のベクトル $\boldsymbol{b}_1, \cdots, \boldsymbol{b}_n$ に基底変換行列 P を右から掛けると，新しい基底$\mathcal{C}$のベクトル $\boldsymbol{c}_1, \cdots, \boldsymbol{c}_n$ が求まる．また，ベクトル $\boldsymbol{x}$ の新しい基底$\mathcal{C}$に関する成分と基底変換行列 P を掛けると，基底$\mathcal{B}$に関する成分になる．

注意　例 1 で見たように標準基底を $\mathcal{E} = [\boldsymbol{e}_1, \cdots, \boldsymbol{e}_n]$ から $\mathcal{B} = [\boldsymbol{b}_1, \cdots, \boldsymbol{b}_n]$ に取りかえると基底交換行列は $P = (\boldsymbol{b}_1 \quad \cdots \quad \boldsymbol{b}_n)$ となる．

例題 20.1　公式 20.1 を用いて基底変換行列と基底$\mathcal{C}$に関するベクトル $\boldsymbol{x}$ の成分を求めよ．

(1)　$\mathcal{B} = \left[\begin{pmatrix} 2 \\ 1 \end{pmatrix}, \begin{pmatrix} 1 \\ 1 \end{pmatrix}\right] \longrightarrow \mathcal{C} = \left[\begin{pmatrix} 5 \\ 2 \end{pmatrix}, \begin{pmatrix} 3 \\ 1 \end{pmatrix}\right], \quad \boldsymbol{x}\begin{pmatrix} 1 \\ 2 \end{pmatrix}_{\mathcal{B}}$

(2)　$\mathcal{B} = \left[\begin{pmatrix} 0 \\ 1 \\ 1 \end{pmatrix}, \begin{pmatrix} 1 \\ 0 \\ 1 \end{pmatrix}, \begin{pmatrix} 1 \\ 1 \\ 0 \end{pmatrix}\right] \longrightarrow \mathcal{C} = \left[\begin{pmatrix} -1 \\ 1 \\ 0 \end{pmatrix}, \begin{pmatrix} 0 \\ -1 \\ 1 \end{pmatrix}, \begin{pmatrix} 1 \\ 2 \\ -1 \end{pmatrix}\right],$

$\boldsymbol{x}\begin{pmatrix} 3 \\ 1 \\ 0 \end{pmatrix}_{\mathcal{B}}$

解　連立 1 次方程式を用いて基底変換行列 P の成分とベクトル $\boldsymbol{x}$ の基底$\mathcal{C}$に関する成分を求める．

(1)　$P = \begin{pmatrix} p & r \\ q & s \end{pmatrix}, \ \boldsymbol{x}\begin{pmatrix} x \\ y \end{pmatrix}_{\mathcal{C}}$ とおくと，次が成り立つ．

・行列 P を求める．

$$\begin{pmatrix} 2 & 1 \\ 1 & 1 \end{pmatrix}\begin{pmatrix} p & r \\ q & s \end{pmatrix} = \begin{pmatrix} 5 & 3 \\ 2 & 1 \end{pmatrix}$$

未知数 p, q, r, s を求めるために連立 1 次方程式をまとめて解く．

$$\left(\begin{array}{cc|cc} 2 & \boxed{1} & 5 & 3 \\ 1 & \boxed{①} & 2 & 1 \end{array}\right) \longrightarrow \left(\begin{array}{cc|cc} \boxed{①} & 0 & 3 & 2 \\ \boxed{1} & 1 & 2 & 1 \end{array}\right) \longrightarrow \left(\begin{array}{cc|cc} 1 & 0 & 3 & 2 \\ 0 & 1 & -1 & -1 \end{array}\right)$$

p, q と r, s の方程式で係数は共通．
p, q の方程式の右辺．
r, s の方程式の右辺．
単位行列 E に変形．
行列 P が求まる．

これより

$$P=\begin{pmatrix}3 & 2\\ -1 & -1\end{pmatrix}$$

・ベクトル $\boldsymbol{x}$ の成分を求める．

$$\begin{pmatrix}3 & 2\\ -1 & -1\end{pmatrix}\begin{pmatrix}x\\ y\end{pmatrix}_{\mathcal{C}}=\begin{pmatrix}1\\ 2\end{pmatrix}_{\mathcal{B}}$$

$$\left(\begin{array}{cc|c}3 & 2 & 1\\ -1 & -1 & 2\end{array}\right)\longrightarrow\left(\begin{array}{cc|c}3 & \boxed{2} & 1\\ 1 & \boxed{\textcircled{1}} & -2\end{array}\right)\longrightarrow\left(\begin{array}{cc|c}\boxed{\textcircled{1}} & 0 & 5\\ \boxed{1} & 1 & -2\end{array}\right)\longrightarrow$$

$$\left(\begin{array}{cc|c}1 & 0 & 5\\ 0 & 1 & -7\end{array}\right)$$

↑ 単位行列 E に変形．　↑ ベクトル $\boldsymbol{x}$ の成分が求まる．

これより

$$\boldsymbol{x}\begin{pmatrix}5\\ -7\end{pmatrix}_{\mathcal{C}}$$

(2)　$P=\begin{pmatrix}p_1 & q_1 & r_1\\ p_2 & q_2 & r_2\\ p_3 & q_3 & r_3\end{pmatrix}$, $\boldsymbol{x}\begin{pmatrix}x\\ y\\ z\end{pmatrix}_{\mathcal{C}}$ とおくと，次が成り立つ．

・行列 P を求める．

$$\begin{pmatrix}0 & 1 & 1\\ 1 & 0 & 1\\ 1 & 1 & 0\end{pmatrix}\begin{pmatrix}p_1 & q_1 & r_1\\ p_2 & q_2 & r_2\\ p_3 & q_3 & r_3\end{pmatrix}=\begin{pmatrix}-1 & 0 & 1\\ 1 & -1 & 2\\ 0 & 1 & -1\end{pmatrix}$$

$$\left(\begin{array}{ccc|ccc}\boxed{0} & 1 & 1 & -1 & 0 & 1\\ \boxed{1} & 0 & 1 & 1 & -1 & 2\\ \boxed{\textcircled{1}} & 1 & 0 & 0 & 1 & -1\end{array}\right)\longrightarrow\left(\begin{array}{ccc|ccc}0 & 1 & \boxed{\textcircled{1}} & -1 & 0 & 1\\ 0 & -1 & \boxed{1} & 1 & -2 & 3\\ 1 & 1 & \boxed{0} & 0 & 1 & -1\end{array}\right)$$

$$\longrightarrow\left(\begin{array}{ccc|ccc}0 & 1 & 1 & -1 & 0 & 1\\ 0 & -2 & 0 & 2 & -2 & 2\\ 1 & 1 & 0 & 0 & 1 & -1\end{array}\right)\longrightarrow\left(\begin{array}{ccc|ccc}0 & \boxed{1} & 1 & -1 & 0 & 1\\ 0 & \boxed{\textcircled{1}} & 0 & -1 & 1 & -1\\ 1 & \boxed{1} & 0 & 0 & 1 & -1\end{array}\right)$$

$$\longrightarrow\left(\begin{array}{ccc|ccc}0 & 0 & 1 & 0 & -1 & 2\\ 0 & 1 & 0 & -1 & 1 & -1\\ 1 & 0 & 0 & 1 & 0 & 0\end{array}\right)\longrightarrow\left(\begin{array}{ccc|ccc}1 & 0 & 0 & 1 & 0 & 0\\ 0 & 1 & 0 & -1 & 1 & -1\\ 0 & 0 & 1 & 0 & -1 & 2\end{array}\right)$$

これより

$$P=\begin{pmatrix}1 & 0 & 0\\ -1 & 1 & -1\\ 0 & -1 & 2\end{pmatrix}$$

・ベクトル $\boldsymbol{x}$ の成分を求める．

$$\begin{pmatrix} 1 & 0 & 0 \\ -1 & 1 & -1 \\ 0 & -1 & 2 \end{pmatrix}\begin{pmatrix} x \\ y \\ z \end{pmatrix}_{\mathcal{C}} = \begin{pmatrix} 3 \\ 1 \\ 0 \end{pmatrix}_{\mathcal{B}}$$

$$\left(\begin{array}{ccc|c} \text{①} & 0 & 0 & 3 \\ -1 & 1 & -1 & 1 \\ 0 & -1 & 2 & 0 \end{array}\right) \longrightarrow \left(\begin{array}{ccc|c} 1 & 0 & 0 & 3 \\ 0 & \text{①} & -1 & 4 \\ 0 & -1 & 2 & 0 \end{array}\right) \longrightarrow$$

$$\left(\begin{array}{ccc|c} 1 & 0 & 0 & 3 \\ 0 & 1 & -1 & 4 \\ 0 & 0 & \text{①} & 4 \end{array}\right) \longrightarrow \left(\begin{array}{ccc|c} 1 & 0 & 0 & 3 \\ 0 & 1 & 0 & 8 \\ 0 & 0 & 1 & 4 \end{array}\right)$$

これより

$$\boldsymbol{x}\begin{pmatrix} 3 \\ 8 \\ 4 \end{pmatrix}_{\mathcal{C}}$$

■

問 20.1 公式 20.1 を用いて基底変換行列と基底 $\mathcal{C}$ に関するベクトル $\boldsymbol{x}$ の成分を求めよ.

(1) $\mathcal{B} = \left[\begin{pmatrix} 1 \\ 2 \end{pmatrix}, \begin{pmatrix} 1 \\ 3 \end{pmatrix}\right] \longrightarrow \mathcal{C} = \left[\begin{pmatrix} 1 \\ -1 \end{pmatrix}, \begin{pmatrix} 1 \\ 1 \end{pmatrix}\right]$, $\quad \boldsymbol{x}\begin{pmatrix} -2 \\ -1 \end{pmatrix}_{\mathcal{B}}$

(2) $\mathcal{B} = \left[\begin{pmatrix} 1 \\ 2 \end{pmatrix}, \begin{pmatrix} 2 \\ 5 \end{pmatrix}\right] \longrightarrow \mathcal{C} = \left[\begin{pmatrix} 3 \\ 5 \end{pmatrix}, \begin{pmatrix} 2 \\ 3 \end{pmatrix}\right]$, $\quad \boldsymbol{x}\begin{pmatrix} 1 \\ -2 \end{pmatrix}_{\mathcal{B}}$

20.2 線形写像と基底変換

基底を取りかえたとき，線形写像の表現行列がどう変わるか調べる．ただし，ここでは線形変換を除く．線形変換は § 23 を見よ．

例 2 基底を変換して表現行列を調べる．

2 次元平面 $\mathbf{R}^2$ と標準基底 $\mathcal{E} = [\boldsymbol{e}_1, \boldsymbol{e}_2]$ のベクトル $\boldsymbol{x}$ に，2 次元平面 $\mathbf{R}^2$ と標準基底 $\mathcal{E} = [\boldsymbol{e}_1, \boldsymbol{e}_2]$ のベクトル $\boldsymbol{u}$ を対応させる線形写像の表現行列を $A = \begin{pmatrix} 2 & 1 \\ 3 & 2 \end{pmatrix}$ とすると

$$\begin{pmatrix} u \\ v \end{pmatrix}_{\mathcal{E}} = A\begin{pmatrix} x \\ y \end{pmatrix}_{\mathcal{E}}$$

基底を取りかえると，基底変換行列は公式 20.1 の注意より

$$\boldsymbol{x} : \mathbf{R}^2,\ \mathcal{E} = [\boldsymbol{e}_1, \boldsymbol{e}_2] \longrightarrow \mathcal{B} = \left[\begin{pmatrix} -1 \\ 2 \end{pmatrix}, \begin{pmatrix} 0 \\ 1 \end{pmatrix}\right] \text{ より } P = \begin{pmatrix} 1 & 0 \\ 2 & 1 \end{pmatrix}$$

$$\boldsymbol{u} : \mathbf{R}^2,\ \mathcal{E} = [\boldsymbol{e}_1, \boldsymbol{e}_2] \longrightarrow \mathcal{C} = \left[\begin{pmatrix} 0 \\ 1 \end{pmatrix}, \begin{pmatrix} 1 \\ 2 \end{pmatrix}\right] \text{ より } Q = \begin{pmatrix} 0 & 1 \\ 1 & 2 \end{pmatrix}$$

公式 20.1 より

$$P\begin{pmatrix} x' \\ y' \end{pmatrix}_{\mathcal{B}} = \begin{pmatrix} x \\ y \end{pmatrix}_{\mathcal{E}}, \quad Q\begin{pmatrix} u' \\ v' \end{pmatrix}_{\mathcal{C}} = \begin{pmatrix} u \\ v \end{pmatrix}_{\mathcal{E}}$$

これを線形写像の式に代入すると

$$Q\begin{pmatrix} u' \\ v' \end{pmatrix}_{\mathcal{C}} = AP\begin{pmatrix} x' \\ y' \end{pmatrix}_{\mathcal{B}}$$

一方，基底$\mathcal{B}$,$\mathcal{C}$に関する線形写像 F の表現行列を $A' = \begin{pmatrix} a & c \\ b & d \end{pmatrix}$ とすると

$$\begin{pmatrix} u' \\ v' \end{pmatrix}_{\mathcal{C}} = A'\begin{pmatrix} x' \\ y' \end{pmatrix}_{\mathcal{B}}$$

よって

$$QA'\begin{pmatrix} x' \\ y' \end{pmatrix}_{\mathcal{B}} = AP\begin{pmatrix} x' \\ y' \end{pmatrix}_{\mathcal{B}}$$

行列の部分を取り出すと

$$QA' = AP$$

これより連立 1 次方程式を用いて表現行列 A' を求めると，単位行列になる．

$$\begin{pmatrix} 0 & 1 \\ 1 & 2 \end{pmatrix}\begin{pmatrix} a & c \\ b & d \end{pmatrix} = \begin{pmatrix} 2 & 1 \\ 3 & 2 \end{pmatrix}\begin{pmatrix} -1 & 0 \\ 2 & 1 \end{pmatrix} = \begin{pmatrix} 0 & 1 \\ 1 & 2 \end{pmatrix}$$

$$\left(\begin{array}{cc|cc} 0 & \boxed{①} & 0 & 1 \\ 1 & \boxed{2} & 1 & 2 \end{array}\right) \longrightarrow \left(\begin{array}{cc|cc} 0 & 1 & 0 & 1 \\ 1 & 0 & 1 & 0 \end{array}\right) \longrightarrow \left(\begin{array}{cc|cc} 1 & 0 & 1 & 0 \\ 0 & 1 & 0 & 1 \end{array}\right)$$

↑ 単位行列 E に変形．　↑ 行列 A' が求まる．

これより

$$A' = \begin{pmatrix} 1 & 0 \\ 0 & 1 \end{pmatrix}$$

▮

以上をまとめておく．

公式 20.2　基底変換と表現行列

n 次元空間 $\mathbf{R}^n$ と基底$\mathcal{B}$のベクトル $\boldsymbol{x}$ に，m 次元空間 $\mathbf{R}^m$ と基底$\mathcal{C}$のベクトル $\boldsymbol{u}$ を対応させる線形写像 F の表現行列を A とする．n 次元空間 $\mathbf{R}^n$ の基底$\mathcal{B}$を$\mathcal{B}'$にかえる基底変換行列を P とする．m 次元空間 $\mathbf{R}^m$ の基底$\mathcal{C}$を$\mathcal{C}'$にかえる基底変換行列を Q とする．このとき，基底$\mathcal{B}'$,$\mathcal{C}'$に関する線形写像 F の表現行列 A' は $QA' = AP$ を満たす．つまり $A' = Q^{-1}AP$ となる．

解説　空間の基底を取りかえると，線形写像の表現行列も変化する．基底変換行列を両側から掛けると，新しい基底に関する表現行列が求まる．

注意　線形変換でない線形写像では基底をうまく取りかえると，表現行列が標

準形$\begin{pmatrix} E & O \\ O & O \end{pmatrix}$になる．

n 次元空間 $\mathbf{R}^n$ と標準基底 $[\boldsymbol{e}_1, \cdots, \boldsymbol{e}_n]$ で考え，行列で表された線形写像で基底変換する．そして表現行列を標準形に直す．

例題 20.2 行列で表された線形写像で，公式 20.2 を用いて基底変換したときの表現行列を求めよ．

$$A = \begin{pmatrix} 1 & 1 \\ 1 & 1 \end{pmatrix}$$

$$\boldsymbol{x} : \mathbf{R}^2,\ [\boldsymbol{e}_1, \boldsymbol{e}_2] \longrightarrow \left[\begin{pmatrix} 1 \\ 0 \end{pmatrix}, \begin{pmatrix} -1 \\ 1 \end{pmatrix}\right]$$

$$\boldsymbol{u} : \mathbf{R}^2,\ [\boldsymbol{e}_1, \boldsymbol{e}_2] \longrightarrow \left[\begin{pmatrix} 1 \\ 1 \end{pmatrix}, \begin{pmatrix} 0 \\ 1 \end{pmatrix}\right]$$

解　連立 1 次方程式を用いて表現行列 A' の成分を求める．

公式 20.1 の注意より基底変換行列は，ベクトル $\boldsymbol{x}$ の平面 $\mathbf{R}^2$ では

$P = \begin{pmatrix} 1 & -1 \\ 0 & 1 \end{pmatrix}$，ベクトル $\boldsymbol{u}$ の平面 $\mathbf{R}^2$ では $Q = \begin{pmatrix} 1 & 0 \\ 1 & 1 \end{pmatrix}$ となる．

$A' = \begin{pmatrix} a & c \\ b & d \end{pmatrix}$ とおくと $QA' = AP$ より，次が成り立つ．

$$\begin{pmatrix} 1 & 0 \\ 1 & 1 \end{pmatrix}\begin{pmatrix} a & c \\ b & d \end{pmatrix} = \begin{pmatrix} 1 & 1 \\ 1 & 1 \end{pmatrix}\begin{pmatrix} 1 & -1 \\ 0 & 1 \end{pmatrix} = \begin{pmatrix} 1 & 0 \\ 1 & 0 \end{pmatrix}$$

$$\left(\begin{array}{cc|cc} \boxed{\textcircled{1}} & 0 & 1 & 0 \\ \boxed{1} & 1 & 1 & 0 \end{array}\right) \longrightarrow \left(\begin{array}{cc|cc} 1 & 0 & 1 & 0 \\ 0 & 1 & 0 & 0 \end{array}\right)$$

これより

$$A' = \begin{pmatrix} 1 & 0 \\ 0 & 0 \end{pmatrix}$$ ▮

問 20.2 行列で表された線形写像で，公式 20.2 を用いて基底変換したときの表現行列を求めよ．

(1) $\begin{pmatrix} 1 & 3 \\ 2 & 7 \end{pmatrix}$

$$\boldsymbol{x} : \mathbf{R}^2,\ [\boldsymbol{e}_1, \boldsymbol{e}_2] \longrightarrow \left[\begin{pmatrix} 1 \\ 0 \end{pmatrix}, \begin{pmatrix} -3 \\ 1 \end{pmatrix}\right],\quad \boldsymbol{u} : \mathbf{R}^2,\ [\boldsymbol{e}_1, \boldsymbol{e}_2] \longrightarrow \left[\begin{pmatrix} 1 \\ 2 \end{pmatrix}, \begin{pmatrix} 0 \\ 1 \end{pmatrix}\right]$$

(2) $\begin{pmatrix} 1 & -1 \\ -1 & 1 \end{pmatrix}$

$$\boldsymbol{x} : \mathbf{R}^2,\ [\boldsymbol{e}_1, \boldsymbol{e}_2] \longrightarrow \left[\begin{pmatrix} 1 \\ 0 \end{pmatrix}, \begin{pmatrix} 1 \\ 1 \end{pmatrix}\right],\quad \boldsymbol{u} : \mathbf{R}^2,\ [\boldsymbol{e}_1, \boldsymbol{e}_2] \longrightarrow \left[\begin{pmatrix} 1 \\ -1 \end{pmatrix}, \begin{pmatrix} 0 \\ 1 \end{pmatrix}\right]$$

練習問題 20

1. 公式 20.1 を用いて基底変換行列と基底 $\mathcal{C}$ に関するベクトル $\boldsymbol{x}$ の成分を求めよ.

(1) $\mathcal{B}=\left[\begin{pmatrix}1\\1\\1\end{pmatrix},\begin{pmatrix}1\\1\\0\end{pmatrix},\begin{pmatrix}1\\2\\1\end{pmatrix}\right]\longrightarrow\mathcal{C}=\left[\begin{pmatrix}1\\-1\\0\end{pmatrix},\begin{pmatrix}0\\1\\-1\end{pmatrix},\begin{pmatrix}1\\-1\\1\end{pmatrix}\right]$

$\boldsymbol{x}\begin{pmatrix}-1\\1\\-2\end{pmatrix}_{\mathcal{B}}$

(2) $\mathcal{B}=\left[\begin{pmatrix}1\\2\\1\end{pmatrix},\begin{pmatrix}2\\2\\1\end{pmatrix},\begin{pmatrix}1\\-3\\-2\end{pmatrix}\right]\longrightarrow\mathcal{C}=\left[\begin{pmatrix}1\\1\\0\end{pmatrix},\begin{pmatrix}1\\0\\1\end{pmatrix},\begin{pmatrix}0\\1\\1\end{pmatrix}\right]$

$\boldsymbol{x}\begin{pmatrix}-1\\0\\1\end{pmatrix}_{\mathcal{B}}$

2. 行列で表された線形写像で, 公式 20.2 を用いて基底変換したときの表現行列を求めよ.

(1) $\begin{pmatrix}1&-3\\-1&2\\2&1\end{pmatrix}$

$\boldsymbol{x}:\mathbf{R}^2,[\boldsymbol{e}_1,\boldsymbol{e}_2]\longrightarrow\left[\begin{pmatrix}1\\0\end{pmatrix},\begin{pmatrix}3\\1\end{pmatrix}\right]$

$\boldsymbol{u}:\mathbf{R}^3,[\boldsymbol{e}_1,\boldsymbol{e}_2,\boldsymbol{e}_3]\longrightarrow\left[\begin{pmatrix}1\\-1\\2\end{pmatrix},\begin{pmatrix}0\\-1\\7\end{pmatrix},\begin{pmatrix}0\\0\\1\end{pmatrix}\right]$

(2) $\begin{pmatrix}1&0&-1\\-1&1&0\\0&-1&1\end{pmatrix}$

$\boldsymbol{x}:\mathbf{R}^3,[\boldsymbol{e}_1,\boldsymbol{e}_2,\boldsymbol{e}_3]\longrightarrow\left[\begin{pmatrix}1\\0\\0\end{pmatrix},\begin{pmatrix}0\\1\\0\end{pmatrix},\begin{pmatrix}1\\1\\1\end{pmatrix}\right]$

$\boldsymbol{u}:\mathbf{R}^3,[\boldsymbol{e}_1,\boldsymbol{e}_2,\boldsymbol{e}_3]\longrightarrow\left[\begin{pmatrix}1\\-1\\0\end{pmatrix},\begin{pmatrix}0\\1\\-1\end{pmatrix},\begin{pmatrix}0\\0\\1\end{pmatrix}\right]$

解答

問 20.1 (1) $\begin{pmatrix} 4 & 2 \\ -3 & -1 \end{pmatrix}$, $\begin{pmatrix} 2 \\ -5 \end{pmatrix}_{\mathcal{C}}$ (2) $\begin{pmatrix} 5 & 4 \\ -1 & -1 \end{pmatrix}$, $\begin{pmatrix} -7 \\ 9 \end{pmatrix}_{\mathcal{C}}$

問 20.2 (1) $\begin{pmatrix} 1 & 0 \\ 0 & 1 \end{pmatrix}$ (2) $\begin{pmatrix} 1 & 0 \\ 0 & 0 \end{pmatrix}$

練習問題20

1. (1) $\begin{pmatrix} 2 & -2 & 3 \\ 1 & 1 & 0 \\ -2 & 1 & -2 \end{pmatrix}$, $\begin{pmatrix} 7 \\ -6 \\ -9 \end{pmatrix}_{\mathcal{C}}$ (2) $\begin{pmatrix} 4 & -9 & -3 \\ -2 & 6 & 2 \\ 1 & -2 & -1 \end{pmatrix}$, $\begin{pmatrix} -1 \\ 1 \\ -4 \end{pmatrix}_{\mathcal{C}}$

2. (1) $\begin{pmatrix} 1 & 0 \\ 0 & 1 \\ 0 & 0 \end{pmatrix}$ (2) $\begin{pmatrix} 1 & 0 & 0 \\ 0 & 1 & 0 \\ 0 & 0 & 0 \end{pmatrix}$

§ 21 複素行列と複素ベクトル

これまで実数の行列やベクトルを扱ってきたが，ここでは複素数の行列やベクトルを導入する．

21.1 複 素 行 列

成分が複素数の行列を見ていく．

複素行列でも実行列と同様に（複素）定数倍や和，積，逆行列，基本変形などの計算ができる．さらに行列式や連立１次方程式などについても同様である．

例 1 複素行列を作る．

(1) $A=\begin{pmatrix}1+i & 2\\ -i & 2-i\end{pmatrix}$　　(2) $B=\begin{pmatrix}3+i & 3i\\ 2 & -2+i\\ -i & -1-2i\end{pmatrix}$ ▮

● 共役転置行列

複素行列 A で行と列を取りかえ，各成分を共役複素数にして**共役転置**という．共役転置行列（随伴行列）を $\overline{{}^tA}$ または A^* と書く．

例題 21.1 計算せよ．

(1) $\begin{pmatrix}1+i & 2\\ -i & 2-i\end{pmatrix}^*$　　(2) $\begin{pmatrix}3+i & 3i\\ 2 & -2+i\\ -i & -1-2i\end{pmatrix}^*$

解 まず行と列を取りかえてから，各成分を共役複素数にする．

(1) $\begin{pmatrix}1+i & 2\\ -i & 2-i\end{pmatrix}^*=\begin{pmatrix}\overline{1+i} & \overline{-i}\\ \overline{2} & \overline{2-i}\end{pmatrix}=\begin{pmatrix}1-i & i\\ 2 & 2+i\end{pmatrix}$

(2) $\begin{pmatrix}3+i & 3i\\ 2 & -2+i\\ -i & -1-2i\end{pmatrix}^*=\begin{pmatrix}\overline{3+i} & \overline{2} & \overline{-i}\\ \overline{3i} & \overline{-2+i} & \overline{-1-2i}\end{pmatrix}$

$$=\begin{pmatrix}3-i & 2 & i\\ -3i & -2-i & -1+2i\end{pmatrix}$$ ▮

問 21.1 計算せよ．

(1) $\begin{pmatrix}1 & 2i\\ 3+i & 4-5i\end{pmatrix}^*$　　(2) $\begin{pmatrix}-4i & 1+i\\ 2-i & 3\\ -1-5i & 6i\end{pmatrix}^*$

(3) $\begin{pmatrix} 1-2i & 5i & -3-i \\ 2+3i & 6 & -2-4i \end{pmatrix}^*$　　(4) $\begin{pmatrix} 1+i & 2+i & 3-i \\ 4-i & 5-i & 6+i \\ 7+i & 8-i & 9+i \end{pmatrix}^*$

共役転置行列の性質をまとめておく．

公式 21.1　共役転置行列の性質，k は定数

(1)　$(A^*)^* = A$　　(2)　$(kA)^* = \overline{k}A^*$

(3)　$(A+B)^* = A^*+B^*$　　(4)　$(AB)^* = B^*A^*$

(5)　$(A^*)^{-1} = (A^{-1})^*$　　(6)　A の階数 $= A^*$ の階数

解説　(1) では行列を 2 回共役転置すると，始めの行列に戻る．(2),(3) では定数を外に出し，行列の和を分けてから共役転置する．(4) では行列の積の共役転置は各共役転置行列の積になる．ただし，積の順序が逆転する．(5) では行列の逆と共役転置は順序によらない．(6) では共役転置すると階数は等しい．

いろいろな行列

転置や共役転置を用いていろいろな行列を導入する．

公式 21.2　いろいろな種類の行列

A を実正方行列，B を複素正方行列とする．このとき，次が成り立つ．

(1)　${}^tA = A$ ならば A は対称行列という．

(2)　${}^tA = -A$ ならば A は反対称 (交代) 行列という．

(3)　${}^tA = A^{-1}$ または $A{}^tA = {}^tAA = E$ ならば A は直交 (実ユニタリー) 行列という．

(4)　$B^* = B$ ならば B はエルミート行列という．

(5)　$B^* = -B$ ならば B は反エルミート (交代エルミート) 行列という．

(6)　$B^* = B^{-1}$ または $BB^* = B^*B = E$ ならば B はユニタリー行列という．

解説　(1) では転置しても等しいならば，対称行列という．(2) では転置すると符号が逆になるならば，反対称行列という．(3) では転置すると逆行列になるならば，直交行列という．(4) では共役転置しても等しいならば，エルミート行列という．(5) では共役転置すると符号が逆になるならば，反エルミート行列という．(6) では共役転置すると逆行列になるならばユニタリー行列という．

例題 21.2 公式 21.2 を用いて行列の種類を調べよ．

(1) $\begin{pmatrix} 1 & 2 \\ 2 & 3 \end{pmatrix}$ (2) $\begin{pmatrix} 0 & -1 \\ 1 & 0 \end{pmatrix}$ (3) $\dfrac{1}{\sqrt{2}}\begin{pmatrix} 1 & -1 \\ 1 & 1 \end{pmatrix}$

(4) $\begin{pmatrix} 1 & 3+i \\ 3-i & 2 \end{pmatrix}$ (5) $\begin{pmatrix} i & -3+i \\ 3+i & 2i \end{pmatrix}$ (6) $\dfrac{1}{\sqrt{2}}\begin{pmatrix} 1 & i \\ i & 1 \end{pmatrix}$

解 転置行列や共役転置行列を計算して，成分を比べるか積を求める．

(1) $${}^t\begin{pmatrix} 1 & 2 \\ 2 & 3 \end{pmatrix} = \begin{pmatrix} 1 & 2 \\ 2 & 3 \end{pmatrix}$$

より対称行列になる．

(2) $${}^t\begin{pmatrix} 0 & -1 \\ 1 & 0 \end{pmatrix} = \begin{pmatrix} 0 & 1 \\ -1 & 0 \end{pmatrix}$$

より反対称行列になる．

(3) $$\frac{1}{\sqrt{2}}\begin{pmatrix} 1 & -1 \\ 1 & 1 \end{pmatrix}\frac{1}{\sqrt{2}}{}^t\begin{pmatrix} 1 & -1 \\ 1 & 1 \end{pmatrix} = \frac{1}{2}\begin{pmatrix} 1 & -1 \\ 1 & 1 \end{pmatrix}\begin{pmatrix} 1 & 1 \\ -1 & 1 \end{pmatrix} = \begin{pmatrix} 1 & 0 \\ 0 & 1 \end{pmatrix}$$

より直交行列になる．

(4) $$\begin{pmatrix} 1 & 3+i \\ 3-i & 2 \end{pmatrix}^* = \begin{pmatrix} 1 & \overline{3-i} \\ \overline{3+i} & 2 \end{pmatrix} = \begin{pmatrix} 1 & 3+i \\ 3-i & 2 \end{pmatrix}$$

よりエルミート行列になる．

(5) $$\begin{pmatrix} i & -3+i \\ 3+i & 2i \end{pmatrix}^* = \begin{pmatrix} \overline{i} & \overline{3+i} \\ \overline{-3+i} & \overline{2i} \end{pmatrix} = \begin{pmatrix} -i & 3-i \\ -3-i & -2i \end{pmatrix}$$

より反エルミート行列になる．

(6) $$\frac{1}{\sqrt{2}}\begin{pmatrix} 1 & i \\ i & 1 \end{pmatrix}\frac{1}{\sqrt{2}}\begin{pmatrix} 1 & i \\ i & 1 \end{pmatrix}^* = \frac{1}{2}\begin{pmatrix} 1 & i \\ i & 1 \end{pmatrix}\begin{pmatrix} 1 & \overline{i} \\ \overline{i} & 1 \end{pmatrix} = \frac{1}{2}\begin{pmatrix} 1 & i \\ i & 1 \end{pmatrix}\begin{pmatrix} 1 & -i \\ -i & 1 \end{pmatrix}$$
$$= \begin{pmatrix} 1 & 0 \\ 0 & 1 \end{pmatrix}$$

よりユニタリー行列になる． ▮

問 21.2 公式 21.2 を用いて行列の種類を調べよ．

(1) $\begin{pmatrix} 2 & 4 \\ 4 & 3 \end{pmatrix}$ (2) $\dfrac{1}{\sqrt{5}}\begin{pmatrix} 1 & 2 \\ -2 & 1 \end{pmatrix}$ (3) $\begin{pmatrix} 2 & 1+4i \\ 1-4i & 3 \end{pmatrix}$

(4) $\dfrac{1}{\sqrt{5}}\begin{pmatrix} 2i & 1 \\ -1 & -2i \end{pmatrix}$

21.2 複素ベクトル

成分が複素数のベクトルを考える．

複素ベクトルでも実ベクトルと同様に（複素）定数倍や和などが計算できる．さらに線形独立，基底，線形空間，線形写像などについても同様である．また複素数の全体（複素平面）を $\mathbf{C}$ と表し，複素数をスカラーともいう．**複素 n 次元空間**を $\mathbf{C}^n$ と書く．

例 2 複素ベクトルを作る．

(1) $\boldsymbol{a}=\begin{pmatrix} i \\ 1+i \end{pmatrix}$　　(2) $\boldsymbol{b}=\begin{pmatrix} 2-i \\ 3i \\ 2 \end{pmatrix}$ ▮

● 複素ベクトルの内積

複素ベクトルで内積を考える．

公式 21.3 複素ベクトルの大きさと内積

(1) $|\boldsymbol{a}|=\left|\begin{pmatrix} a_1 \\ \vdots \\ a_n \end{pmatrix}\right|=\sqrt{|a_1|^2+\cdots+|a_n|^2}$

(2) $\boldsymbol{a}\cdot\boldsymbol{b}=\begin{pmatrix} a_1 \\ \vdots \\ a_n \end{pmatrix}\cdot\begin{pmatrix} b_1 \\ \vdots \\ b_n \end{pmatrix}=a_1\bar{b}_1+\cdots+a_n\bar{b}_n$

解説 (1) では複素ベクトルの大きさは各成分の絶対値の 2 乗和の正の平方根になる．(2) では複素ベクトルの内積は対応する成分と共役成分同士を掛けてたす．

例題 21.3 公式 21.3 を用いてベクトルの大きさと内積を求めよ．

(1) $\left|\begin{pmatrix} 1 \\ i \\ 1+i \end{pmatrix}\right|$　　(2) $\begin{pmatrix} 1 \\ i \\ 1+i \end{pmatrix}\cdot\begin{pmatrix} 1 \\ i \\ 1+i \end{pmatrix}$

(3) $\begin{pmatrix} 1 \\ i \\ 1+i \end{pmatrix}\cdot\begin{pmatrix} 2-i \\ 3i \\ 2 \end{pmatrix}$　　(4) $\begin{pmatrix} 2-i \\ 3i \\ 2 \end{pmatrix}\cdot\begin{pmatrix} 1 \\ i \\ 1+i \end{pmatrix}$

解 (1) ではベクトルの各成分の絶対値を 2 乗してたし合わせ，平方根を計算する．(2)〜(4) ではベクトルの対応する成分と共役成分同士を掛けてたす．

(1) $\left|\begin{pmatrix} 1 \\ i \\ 1+i \end{pmatrix}\right|=\sqrt{1^2+|i|^2+|1+i|^2}=\sqrt{1+1+1+1}=2$

(2) $\begin{pmatrix} 1 \\ i \\ 1+i \end{pmatrix}\cdot\begin{pmatrix} 1 \\ i \\ 1+i \end{pmatrix}=1\cdot 1+i\bar{i}+(1+i)(\overline{1+i})=1-i^2+1-i^2=4$

(3) $$\begin{pmatrix} 1 \\ i \\ 1+i \end{pmatrix} \cdot \begin{pmatrix} 2-i \\ 3i \\ 2 \end{pmatrix} = 1(\overline{2-i}) + i\overline{3i} + (1+i)2 = 2+i-3i^2+2+2i$$
$$= 7+3i$$

(4) $$\begin{pmatrix} 2-i \\ 3i \\ 2 \end{pmatrix} \cdot \begin{pmatrix} 1 \\ i \\ 1+i \end{pmatrix} = (2-i)1 + 3i\bar{i} + 2(\overline{1+i}) = 2-i-3i^2+2-2i$$
$$= 7-3i$$ ▮

問 21.3 ベクトル $\boldsymbol{a} = \begin{pmatrix} 2 \\ -i \\ 1-2i \end{pmatrix}$, $\boldsymbol{b} = \begin{pmatrix} 2-i \\ 1+i \\ 3i \end{pmatrix}$ から，公式 21.3 を用いて大きさと内積を求めよ．

(1) $|\boldsymbol{a}|$　(2) $|\boldsymbol{b}|$　(3) $\boldsymbol{a} \cdot \boldsymbol{b}$　(4) $\boldsymbol{a} \cdot \boldsymbol{a} + \boldsymbol{b} \cdot \boldsymbol{b}$

注意　ベクトルの大きさでは絶対値 $|a_1|, \cdots, |a_n|$ を必ず書く．内積では共役 $\bar{b}_1, \cdots, \bar{b}_n$ を必ず書く．正しくは公式 21.3 を見よ．

$$|\boldsymbol{a}| = \sqrt{{a_1}^2 + \cdots + {a_n}^2} \quad ✗ \qquad \boldsymbol{a} \cdot \boldsymbol{b} = a_1 b_1 + \cdots + a_n b_n \quad ✗$$

複素ベクトルの内積の性質をまとめておく．

公式 21.4　複素ベクトルの内積の性質，k は定数

(1) $\boldsymbol{a} \cdot \boldsymbol{a} = |\boldsymbol{a}|^2$　(2) $\boldsymbol{a} \cdot \boldsymbol{b} = \overline{\boldsymbol{b} \cdot \boldsymbol{a}}$

(3) $\boldsymbol{a} \cdot (\boldsymbol{b} + \boldsymbol{c}) = \boldsymbol{a} \cdot \boldsymbol{b} + \boldsymbol{a} \cdot \boldsymbol{c}$　(4) $(\boldsymbol{a} + \boldsymbol{b}) \cdot \boldsymbol{c} = \boldsymbol{a} \cdot \boldsymbol{c} + \boldsymbol{b} \cdot \boldsymbol{c}$

(5) $(k\boldsymbol{a}) \cdot \boldsymbol{b} = \boldsymbol{a} \cdot (\bar{k}\boldsymbol{b}) = k(\boldsymbol{a} \cdot \boldsymbol{b})$

(6) $\boldsymbol{a} \perp \boldsymbol{b}$ ならば $\boldsymbol{a} \cdot \boldsymbol{b} = 0$

解説　複素ベクトルの内積では複素数と似た性質が成り立つ．(2) では掛ける順序をかえると共役複素数になる．(6) では 2 つのベクトルが垂直ならば内積は 0 になる．

21.3　ユニタリー行列と内積

直交行列やユニタリー行列とベクトルの内積との関係を見ていく．

行列の各行から**行ベクトル**を作り，各列から**列ベクトル**を作る．

$$A = \begin{pmatrix} a_{11} & \cdots & a_{1n} \\ \vdots & & \vdots \\ a_{m1} & \cdots & a_{mn} \end{pmatrix} = \begin{pmatrix} a_{11} & \cdots & a_{1n} \\ \vdots & & \vdots \\ a_{m1} & \cdots & a_{mn} \end{pmatrix}$$

行ベクトル　列ベクトル

例 3　直交行列とユニタリー行列の行ベクトルと列ベクトルを調べる．

(1) $$A = \frac{1}{\sqrt{2}} \begin{pmatrix} 1 & -1 \\ 1 & 1 \end{pmatrix} = \begin{matrix} \boldsymbol{a} \\ \boldsymbol{b} \end{matrix} \begin{pmatrix} 1/\sqrt{2} & -1/\sqrt{2} \\ 1/\sqrt{2} & 1/\sqrt{2} \end{pmatrix} = \begin{pmatrix} 1/\sqrt{2} & -1/\sqrt{2} \\ 1/\sqrt{2} & 1/\sqrt{2} \end{pmatrix}$$
$$\qquad \boldsymbol{c} \qquad \boldsymbol{d}$$

これは例題 21.2(3)より直交行列になるので，次が成り立つ．

$$A^tA = \begin{matrix} \boldsymbol{a} \\ \boldsymbol{b} \end{matrix}\begin{pmatrix} 1/\sqrt{2} & -1/\sqrt{2} \\ 1/\sqrt{2} & 1/\sqrt{2} \end{pmatrix}\underset{\qquad\boldsymbol{a}\qquad\qquad\boldsymbol{b}}{\begin{pmatrix} 1/\sqrt{2} & 1/\sqrt{2} \\ -1/\sqrt{2} & 1/\sqrt{2} \end{pmatrix}} = \begin{pmatrix} 1 & 0 \\ 0 & 1 \end{pmatrix} = E$$

$$\begin{pmatrix} \boldsymbol{a}\cdot\boldsymbol{a} & \boldsymbol{a}\cdot\boldsymbol{b} \\ \boldsymbol{b}\cdot\boldsymbol{a} & \boldsymbol{b}\cdot\boldsymbol{b} \end{pmatrix} = \begin{pmatrix} |\boldsymbol{a}|^2 & \boldsymbol{a}\cdot\boldsymbol{b} \\ \boldsymbol{a}\cdot\boldsymbol{b} & |\boldsymbol{b}|^2 \end{pmatrix} = \begin{pmatrix} 1 & 0 \\ 0 & 1 \end{pmatrix}$$

$${}^tAA = \begin{matrix} \boldsymbol{c} \\ \boldsymbol{d} \end{matrix}\begin{pmatrix} 1/\sqrt{2} & 1/\sqrt{2} \\ -1/\sqrt{2} & 1/\sqrt{2} \end{pmatrix}\underset{\qquad\boldsymbol{c}\qquad\qquad\boldsymbol{d}}{\begin{pmatrix} 1/\sqrt{2} & -1/\sqrt{2} \\ 1/\sqrt{2} & 1/\sqrt{2} \end{pmatrix}} = \begin{pmatrix} 1 & 0 \\ 0 & 1 \end{pmatrix} = E$$

$$\begin{pmatrix} \boldsymbol{c}\cdot\boldsymbol{c} & \boldsymbol{c}\cdot\boldsymbol{d} \\ \boldsymbol{d}\cdot\boldsymbol{c} & \boldsymbol{d}\cdot\boldsymbol{d} \end{pmatrix} = \begin{pmatrix} |\boldsymbol{c}|^2 & \boldsymbol{c}\cdot\boldsymbol{d} \\ \boldsymbol{c}\cdot\boldsymbol{d} & |\boldsymbol{d}|^2 \end{pmatrix} = \begin{pmatrix} 1 & 0 \\ 0 & 1 \end{pmatrix}$$

すなわち，行ベクトル $\boldsymbol{a}, \boldsymbol{b}$ と列ベクトル $\boldsymbol{c}, \boldsymbol{d}$ は正規直交ベクトルになる．

$$\begin{cases} |\boldsymbol{a}| = |\boldsymbol{b}| = 1,\ \boldsymbol{a}\cdot\boldsymbol{b} = 0 \quad (\boldsymbol{a}\perp\boldsymbol{b}) \\ |\boldsymbol{c}| = |\boldsymbol{d}| = 1,\ \boldsymbol{c}\cdot\boldsymbol{d} = 0 \quad (\boldsymbol{c}\perp\boldsymbol{d}) \end{cases}$$

(2) $B = \dfrac{1}{\sqrt{2}}\begin{pmatrix} 1 & i \\ i & 1 \end{pmatrix} = \begin{matrix} \boldsymbol{a} \\ \boldsymbol{b} \end{matrix}\begin{pmatrix} 1/\sqrt{2} & i/\sqrt{2} \\ i/\sqrt{2} & 1/\sqrt{2} \end{pmatrix} = \underset{\qquad\boldsymbol{c}\qquad\qquad\boldsymbol{d}}{\begin{pmatrix} 1/\sqrt{2} & i/\sqrt{2} \\ i/\sqrt{2} & 1/\sqrt{2} \end{pmatrix}}$

これは例題 21.2(6)よりユニタリー行列になるので，次が成り立つ．

$$BB^* = \begin{matrix} \boldsymbol{a} \\ \boldsymbol{b} \end{matrix}\begin{pmatrix} 1/\sqrt{2} & i/\sqrt{2} \\ i/\sqrt{2} & 1/\sqrt{2} \end{pmatrix}\underset{\qquad\bar{\boldsymbol{a}}\qquad\qquad\bar{\boldsymbol{b}}}{\begin{pmatrix} 1/\sqrt{2} & \bar{i}/\sqrt{2} \\ \bar{i}/\sqrt{2} & 1/\sqrt{2} \end{pmatrix}} = \begin{pmatrix} 1 & 0 \\ 0 & 1 \end{pmatrix} = E$$

$$\begin{pmatrix} \boldsymbol{a}\cdot\boldsymbol{a} & \boldsymbol{a}\cdot\boldsymbol{b} \\ \boldsymbol{b}\cdot\boldsymbol{a} & \boldsymbol{b}\cdot\boldsymbol{b} \end{pmatrix} = \begin{pmatrix} |\boldsymbol{a}|^2 & \boldsymbol{a}\cdot\boldsymbol{b} \\ \overline{\boldsymbol{a}\cdot\boldsymbol{b}} & |\boldsymbol{b}|^2 \end{pmatrix} = \begin{pmatrix} 1 & 0 \\ 0 & 1 \end{pmatrix}$$

$$B^*B = \begin{matrix} \bar{\boldsymbol{c}} \\ \bar{\boldsymbol{d}} \end{matrix}\begin{pmatrix} 1/\sqrt{2} & \bar{i}/\sqrt{2} \\ \bar{i}/\sqrt{2} & 1/\sqrt{2} \end{pmatrix}\underset{\qquad\boldsymbol{c}\qquad\qquad\boldsymbol{d}}{\begin{pmatrix} 1/\sqrt{2} & i/\sqrt{2} \\ i/\sqrt{2} & 1/\sqrt{2} \end{pmatrix}} = \begin{pmatrix} 1 & 0 \\ 0 & 1 \end{pmatrix} = E$$

$$\begin{pmatrix} \boldsymbol{c}\cdot\boldsymbol{c} & \boldsymbol{d}\cdot\boldsymbol{c} \\ \boldsymbol{c}\cdot\boldsymbol{d} & \boldsymbol{d}\cdot\boldsymbol{d} \end{pmatrix} = \begin{pmatrix} |\boldsymbol{c}|^2 & \boldsymbol{c}\cdot\boldsymbol{d} \\ \boldsymbol{c}\cdot\boldsymbol{d} & |\boldsymbol{d}|^2 \end{pmatrix} = \begin{pmatrix} 1 & 0 \\ 0 & 1 \end{pmatrix}$$

すなわち，行ベクトル $\boldsymbol{a}, \boldsymbol{b}$ と列ベクトル $\boldsymbol{c}, \boldsymbol{d}$ は正規直交ベクトルになる．

$$\begin{cases} |\boldsymbol{a}| = |\boldsymbol{b}| = 1,\ \boldsymbol{a}\cdot\boldsymbol{b} = 0 \quad (\boldsymbol{a}\perp\boldsymbol{b}) \\ |\boldsymbol{c}| = |\boldsymbol{d}| = 1,\ \boldsymbol{c}\cdot\boldsymbol{d} = 0 \quad (\boldsymbol{c}\perp\boldsymbol{d}) \end{cases}$$

これらをまとめておく．

公式 21.5　直交行列，ユニタリー行列とベクトル

$$A=\begin{pmatrix}\boldsymbol{a}_1\\ \vdots\\ \boldsymbol{a}_n\end{pmatrix}=(\boldsymbol{b}_1\ \ \cdots\ \ \boldsymbol{b}_n)$$

が直交行列またはユニタリー行列ならば行ベクトル $\boldsymbol{a}_1,\cdots,\boldsymbol{a}_n$ と列ベクトル $\boldsymbol{b}_1,\cdots,\boldsymbol{b}_n$ は正規直交ベクトルになる．

解説　直交行列やユニタリー行列の行ベクトルや列ベクトルはどの 2 つも垂直で大きさが 1 である．

練習問題 21

1. 計算せよ．

(1) $\left\{\begin{pmatrix}1+i & i\\ 3 & 4-i\end{pmatrix}^*\right\}^{-1}$　(2) $\begin{pmatrix}1-i & 3-2i\\ 2+i & 4i\end{pmatrix}+\begin{pmatrix}1-i & 3-2i\\ 2+i & 4i\end{pmatrix}^*$

(3) $\begin{pmatrix}2-3i & 5\\ 3+2i & 1+i\end{pmatrix}^*+\begin{pmatrix}1-i & 3i\\ 3-3i & -1+2i\end{pmatrix}^*$

(4) $\begin{pmatrix}1+i & 2+3i\\ 3-2i & 4-i\end{pmatrix}^*\begin{pmatrix}-1-i & 3+2i\\ 2-i & 4+3i\end{pmatrix}$

2. 公式 21.2 を用いて行列の種類を調べよ．

(1) $\begin{pmatrix}0 & -2\\ 2 & 0\end{pmatrix}$　(2) $\dfrac{1}{5}\begin{pmatrix}4 & 3\\ -3 & 4\end{pmatrix}$

(3) $\begin{pmatrix}4i & 1+2i\\ -1+2i & -3i\end{pmatrix}$　(4) $\dfrac{1}{5}\begin{pmatrix}4i & -3\\ 3 & -4i\end{pmatrix}$

3. ベクトル $\boldsymbol{a}=\begin{pmatrix}1-i\\ 2+i\\ 1-2i\end{pmatrix}$, $\boldsymbol{b}=\begin{pmatrix}1+3i\\ 1+2i\\ 2-i\end{pmatrix}$ から，公式 21.3 を用いて大きさと内積を求めよ．

(1) $|\boldsymbol{a}+\boldsymbol{b}|$　(2) $|\boldsymbol{a}-\boldsymbol{b}|$　(3) $\boldsymbol{a}\cdot\boldsymbol{b}+\boldsymbol{b}\cdot\boldsymbol{a}$

(4) $\boldsymbol{a}\cdot\boldsymbol{b}-\boldsymbol{b}\cdot\boldsymbol{a}$

解答

問 21.1 (1) $\begin{pmatrix}1 & 3-i\\ -2i & 4+5i\end{pmatrix}$　(2) $\begin{pmatrix}4i & 2+i & -1+5i\\ 1-i & 3 & -6i\end{pmatrix}$

(3) $\begin{pmatrix}1+2i & 2-3i\\ -5i & 6\\ -3+i & -2+4i\end{pmatrix}$　(4) $\begin{pmatrix}1-i & 4+i & 7-i\\ 2-i & 5+i & 8+i\\ 3+i & 6-i & 9-i\end{pmatrix}$

問 21.2 (1) 対称行列　(2) 直交行列　(3) エルミート行列
(4) ユニタリー行列

問 21.3 (1) $\sqrt{10}$　(2) 4　(3) $-3-2i$　(4) 26

練習問題 21

1. (1) $\frac{1}{5}\begin{pmatrix} 4+i & -3 \\ i & 1-i \end{pmatrix}$　(2) $\begin{pmatrix} 2 & 5-3i \\ 5+3i & 0 \end{pmatrix}$　(3) $\begin{pmatrix} 3+4i & 6+i \\ 5-3i & -3i \end{pmatrix}$

(4) $\begin{pmatrix} 6+i & 11+16i \\ 4-i & 25+11i \end{pmatrix}$

2. (1) 反対称行列　(2) 直交行列　(3) 反エルミート行列
(4) ユニタリー行列

3. (1) $2\sqrt{11}$　(2) $2\sqrt{5}$　(3) 12　(4) $-20i$

§ 22　固有値と固有ベクトル

ベクトルを線形変換すると，1つの空間の中で移動する．ここでは線形変換によってベクトルや点がどのように動くか見ていく．そして固有値と固有ベクトルを導入する．

22.1　線形変換と点の移動

線形変換を用いて平面上の点の動きを調べる．

2次元平面 $\mathbf{R}^2$ と標準基底 $[\boldsymbol{e}_1, \boldsymbol{e}_2]$ で考え，行列 A で表された線形変換を F_A と書く．

例 1　線形変換で点を移動して調べる．

$$A = \begin{pmatrix} 1.2 & 0.1 \\ 0.1 & 1.2 \end{pmatrix} \quad ならば \quad F_A\begin{pmatrix} x \\ y \end{pmatrix} = \begin{pmatrix} 1.2 & 0.1 \\ 0.1 & 1.2 \end{pmatrix}\begin{pmatrix} x \\ y \end{pmatrix} = A\boldsymbol{x}$$

$$F_A\begin{pmatrix} 1 \\ 0 \end{pmatrix} = \begin{pmatrix} 1.2 \\ 0.1 \end{pmatrix},\ F_A\begin{pmatrix} 1 \\ 1 \end{pmatrix} = \begin{pmatrix} 1.3 \\ 1.3 \end{pmatrix},\ F_A\begin{pmatrix} 0 \\ 1 \end{pmatrix} = \begin{pmatrix} 0.1 \\ 1.2 \end{pmatrix}$$

$$F_A\begin{pmatrix} -1 \\ 1 \end{pmatrix} = \begin{pmatrix} -1.1 \\ 1.1 \end{pmatrix},\ F_A\begin{pmatrix} -1 \\ 0 \end{pmatrix} = \begin{pmatrix} -1.2 \\ -0.1 \end{pmatrix}$$

$$F_A\begin{pmatrix} -1 \\ -1 \end{pmatrix} = \begin{pmatrix} -1.3 \\ -1.3 \end{pmatrix},\ F_A\begin{pmatrix} 0 \\ -1 \end{pmatrix} = \begin{pmatrix} -0.1 \\ -1.2 \end{pmatrix}$$

$$F_A\begin{pmatrix} 1 \\ -1 \end{pmatrix} = \begin{pmatrix} 1.1 \\ -1.1 \end{pmatrix}$$

▮

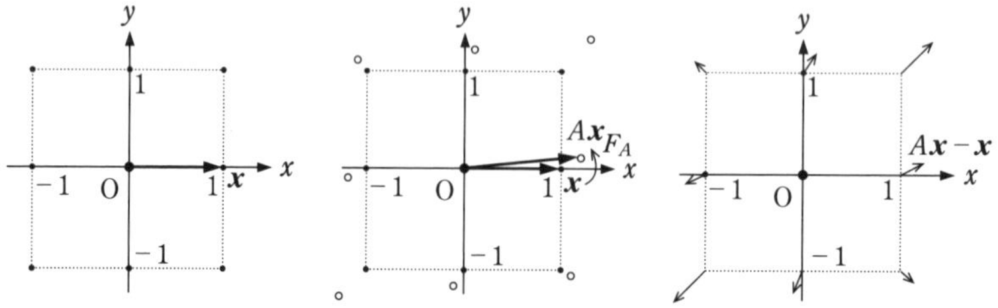

図 22.1　線形変換 F_A による点の移動．●は変換前，○は変換後，●から○へ矢印を引く．

> **例題 22.1**　行列で表された線形変換で，図 22.2 の各点を移動して調べよ．
>
> (1)　$A = \begin{pmatrix} 1.2 & 0.1 \\ 0.1 & 1.2 \end{pmatrix}$　　(2)　$B = \begin{pmatrix} 1.1 & -0.2 \\ -0.2 & 1.1 \end{pmatrix}$
>
> (3)　$C = \begin{pmatrix} 0.8 & -0.1 \\ -0.1 & 0.8 \end{pmatrix}$　　(4)　$D = \begin{pmatrix} 1.1 & -0.1 \\ 0.1 & 1.1 \end{pmatrix}$

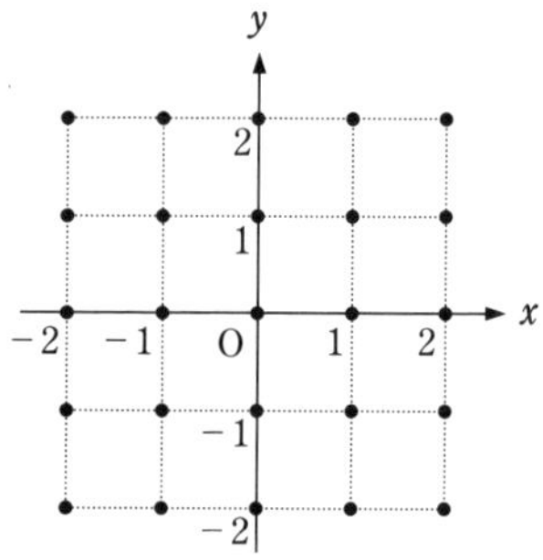

図 22.2　線形変換する点．

解　原点 O を始点，各点を終点とするベクトルに行列を掛けて，変換したベクトルを計算する．そして 2 つのベクトルの終点を矢印で結ぶ．

(1)

$$F_A\begin{pmatrix}x\\y\end{pmatrix}=\begin{pmatrix}1.2 & 0.1\\0.1 & 1.2\end{pmatrix}\begin{pmatrix}x\\y\end{pmatrix}$$

$$F_A\begin{pmatrix}1\\0\end{pmatrix}=\begin{pmatrix}1.2\\0.1\end{pmatrix},\quad F_A\begin{pmatrix}1\\1\end{pmatrix}=\begin{pmatrix}1.3\\1.3\end{pmatrix}$$

$$F_A\begin{pmatrix}0\\1\end{pmatrix}=\begin{pmatrix}0.1\\1.2\end{pmatrix},\quad F_A\begin{pmatrix}-1\\1\end{pmatrix}=\begin{pmatrix}-1.1\\1.1\end{pmatrix}$$

$$F_A\begin{pmatrix}-1\\0\end{pmatrix}=\begin{pmatrix}-1.2\\-0.1\end{pmatrix},\quad F_A\begin{pmatrix}-1\\-1\end{pmatrix}=\begin{pmatrix}-1.3\\-1.3\end{pmatrix}$$

$$F_A\begin{pmatrix}0\\-1\end{pmatrix}=\begin{pmatrix}-0.1\\-1.2\end{pmatrix},\quad F_A\begin{pmatrix}1\\-1\end{pmatrix}=\begin{pmatrix}1.1\\-1.1\end{pmatrix}$$

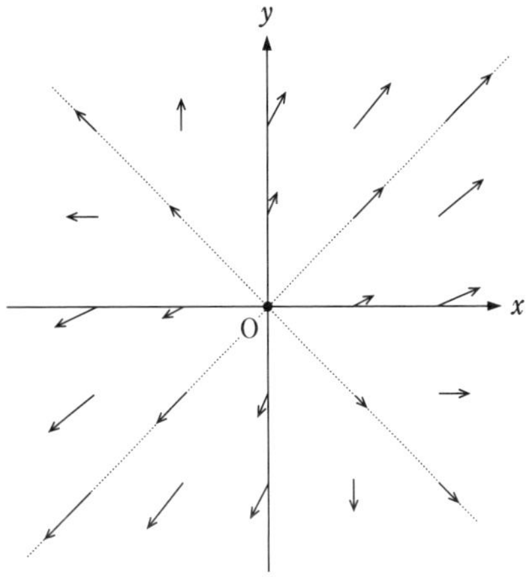

図 22.3　行列 A を用いた線形変換による点の移動．

(2)

$$F_B\begin{pmatrix}x\\y\end{pmatrix}=\begin{pmatrix}1.1 & -0.2\\-0.2 & 1.1\end{pmatrix}\begin{pmatrix}x\\y\end{pmatrix}$$

$$F_B\begin{pmatrix}1\\0\end{pmatrix}=\begin{pmatrix}1.1\\-0.2\end{pmatrix},\quad F_B\begin{pmatrix}1\\1\end{pmatrix}=\begin{pmatrix}0.9\\0.9\end{pmatrix}$$

$$F_B\begin{pmatrix}0\\1\end{pmatrix}=\begin{pmatrix}-0.2\\1.1\end{pmatrix},\quad F_B\begin{pmatrix}-1\\1\end{pmatrix}=\begin{pmatrix}-1.3\\1.3\end{pmatrix}$$

$$F_B\begin{pmatrix}-1\\0\end{pmatrix}=\begin{pmatrix}-1.1\\0.2\end{pmatrix},\quad F_B\begin{pmatrix}-1\\-1\end{pmatrix}=\begin{pmatrix}-0.9\\-0.9\end{pmatrix}$$

$$F_B\begin{pmatrix}0\\-1\end{pmatrix}=\begin{pmatrix}0.2\\-1.1\end{pmatrix},\quad F_B\begin{pmatrix}1\\-1\end{pmatrix}=\begin{pmatrix}1.3\\-1.3\end{pmatrix}$$

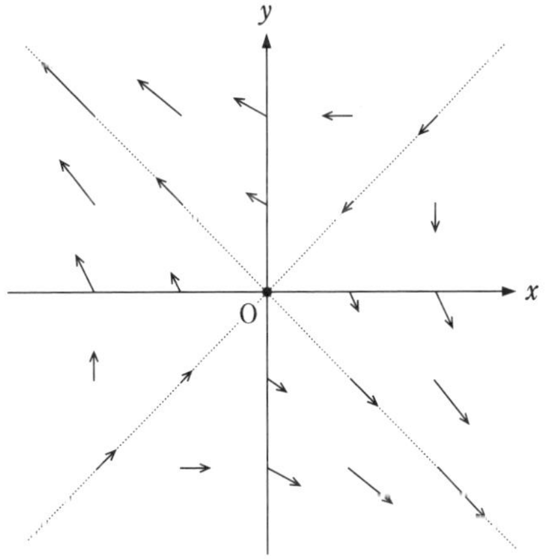

図 22.4　行列 B を用いた線形変換による点の移動．

(3)

$$F_C\begin{pmatrix}x\\y\end{pmatrix}=\begin{pmatrix}0.8 & -0.1\\-0.1 & 0.8\end{pmatrix}\begin{pmatrix}x\\y\end{pmatrix}$$

$$F_C\begin{pmatrix}1\\0\end{pmatrix}=\begin{pmatrix}0.8\\-0.1\end{pmatrix},\quad F_C\begin{pmatrix}1\\1\end{pmatrix}=\begin{pmatrix}0.7\\0.7\end{pmatrix}$$

$$F_C\begin{pmatrix}0\\1\end{pmatrix}=\begin{pmatrix}-0.1\\0.8\end{pmatrix},\quad F_C\begin{pmatrix}-1\\1\end{pmatrix}=\begin{pmatrix}-0.9\\0.9\end{pmatrix}$$

$$F_C\begin{pmatrix}-1\\0\end{pmatrix}=\begin{pmatrix}-0.8\\0.1\end{pmatrix},\quad F_C\begin{pmatrix}-1\\-1\end{pmatrix}=\begin{pmatrix}-0.7\\-0.7\end{pmatrix}$$

$$F_C\begin{pmatrix}0\\-1\end{pmatrix}=\begin{pmatrix}0.1\\-0.8\end{pmatrix},\quad F_C\begin{pmatrix}1\\-1\end{pmatrix}=\begin{pmatrix}0.9\\-0.9\end{pmatrix}$$

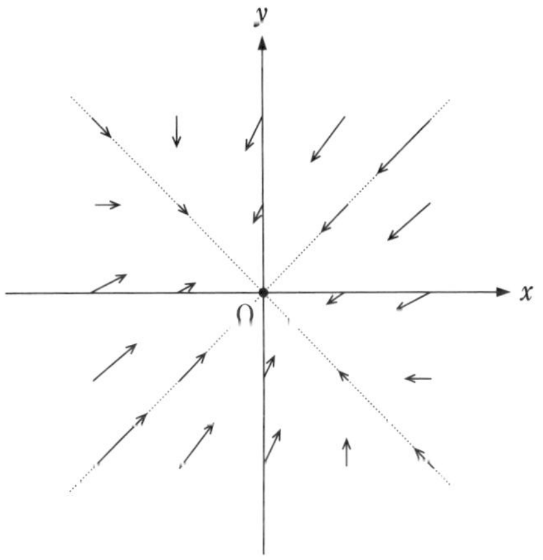

図 22.5　行列 C を用いた線形変換による点の移動．

(4) $F_D\begin{pmatrix}x\\y\end{pmatrix}=\begin{pmatrix}1.1 & -0.1\\0.1 & 1.1\end{pmatrix}\begin{pmatrix}x\\y\end{pmatrix}$

$$F_D\begin{pmatrix}1\\0\end{pmatrix}=\begin{pmatrix}1.1\\0.1\end{pmatrix},\ F_D\begin{pmatrix}1\\1\end{pmatrix}=\begin{pmatrix}1.0\\1.2\end{pmatrix}$$

$$F_D\begin{pmatrix}0\\1\end{pmatrix}=\begin{pmatrix}-0.1\\1.1\end{pmatrix},\ F_D\begin{pmatrix}-1\\1\end{pmatrix}=\begin{pmatrix}-1.2\\1.0\end{pmatrix}$$

$$F_D\begin{pmatrix}-1\\0\end{pmatrix}=\begin{pmatrix}-1.1\\-0.1\end{pmatrix},\ F_D\begin{pmatrix}-1\\-1\end{pmatrix}=\begin{pmatrix}-1.0\\-1.2\end{pmatrix}$$

$$F_D\begin{pmatrix}0\\-1\end{pmatrix}=\begin{pmatrix}0.1\\-1.1\end{pmatrix},\ F_D\begin{pmatrix}1\\-1\end{pmatrix}=\begin{pmatrix}1.2\\-1.0\end{pmatrix}$$

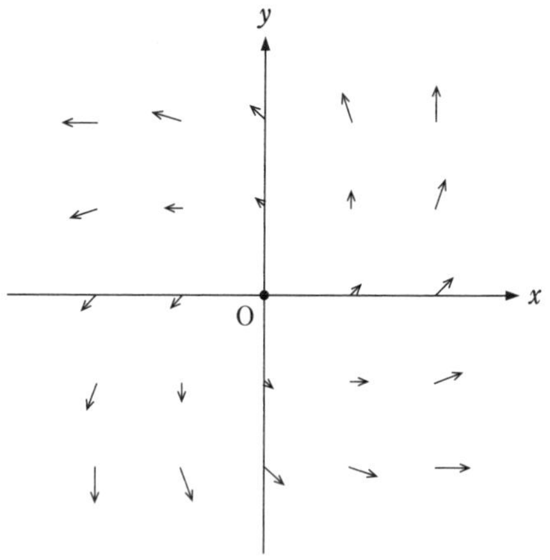

図 22.6 行列 D を用いた線形変換による点の移動.

問 22.1 行列で表された線形変換で，図 22.2 の内側（$-1 \leqq x \leqq 1$，$-1 \leqq y \leqq 1$）の各点を移動して調べよ.

(1) $\begin{pmatrix}1.1 & 0\\0 & 1.1\end{pmatrix}$ (2) $\begin{pmatrix}1.1 & 0\\0 & 0.9\end{pmatrix}$ (3) $\begin{pmatrix}0.9 & 0\\0 & 0.9\end{pmatrix}$

(4) $\begin{pmatrix}1.1 & 0.1\\0.1 & 1.1\end{pmatrix}$

注意 線形変換による点の移動(流れ)は，例題 22.1(4)を除けば主に原点に近づくか遠ざかる方向にまとまる．このとき $\boldsymbol{x} /\!/ A\boldsymbol{x}$ が成り立つ.

22.2 固有値と固有ベクトル

線形変換による流れの方向と強さについて考える.

まず $\boldsymbol{p} /\!/ A\boldsymbol{p}$ となる零ベクトル $\boldsymbol{0}$ でないベクトル $\boldsymbol{p}$ に注目すると，次が成り立つ.

$$A\boldsymbol{p} = h\boldsymbol{p} \qquad (h \text{ は定数})$$

ベクトル $\boldsymbol{p}$ を**固有ベクトル**といい，流れの方向を表す．定数 h を**固有値**といい，流れの強さを表す.

例 2 線形変換による流れの方向と強さを調べる.

例 1 の線形変換 $F_A(\boldsymbol{x}) = A\boldsymbol{x}$ で $\boldsymbol{p} /\!/ A\boldsymbol{p}$ となるのは，図 22.3 よりたとえば

$$\boldsymbol{p} = \begin{pmatrix}1\\1\end{pmatrix},\ \begin{pmatrix}1\\-1\end{pmatrix}$$

このとき

$$A\begin{pmatrix}1\\1\end{pmatrix}=\begin{pmatrix}1.3\\1.3\end{pmatrix}=1.3\begin{pmatrix}1\\1\end{pmatrix} \quad より \quad h = 1.3$$

$$A\begin{pmatrix}1\\-1\end{pmatrix}=\begin{pmatrix}1.1\\-1.1\end{pmatrix}=1.1\begin{pmatrix}1\\-1\end{pmatrix} \quad \text{より} \quad h=1.1$$

右辺のベクトルを左辺に移項して，単位行列 E を書くと

$$A\begin{pmatrix}1\\1\end{pmatrix}-1.3E\begin{pmatrix}1\\1\end{pmatrix}=(A-1.3E)\begin{pmatrix}1\\1\end{pmatrix}=\begin{pmatrix}0\\0\end{pmatrix}$$

$$A\begin{pmatrix}1\\-1\end{pmatrix}-1.1E\begin{pmatrix}1\\-1\end{pmatrix}=(A-1.1E)\begin{pmatrix}1\\-1\end{pmatrix}=\begin{pmatrix}0\\0\end{pmatrix}$$

さて，このとき次が成り立つ．これは例題 17.2 の注意 1 でも触れた．

$$|A-1.3E|=\left|\begin{pmatrix}1.2&0.1\\0.1&1.2\end{pmatrix}-\begin{pmatrix}1.3&0\\0&1.3\end{pmatrix}\right|=\begin{vmatrix}-0.1&0.1\\0.1&-0.1\end{vmatrix}=0$$

$$|A-1.1E|=\left|\begin{pmatrix}1.2&0.1\\0.1&1.2\end{pmatrix}-\begin{pmatrix}1.1&0\\0&1.1\end{pmatrix}\right|=\begin{vmatrix}0.1&0.1\\0.1&0.1\end{vmatrix}=0$$ ∎

これらをまとめておく．

公式 22.1　固有値の求め方

n 次の正方行列 A の固有値 h は，次の固有方程式（特性方程式）の解になる．

$$|A-hE|=0$$

解説　固有方程式を解いて固有値を求める．

例題 22.2　公式 22.1 を用いて固有値を求めよ．

(1)　$A=\begin{pmatrix}1&-3\\-3&1\end{pmatrix}$　　(2)　$B=\begin{pmatrix}0&-1\\1&0\end{pmatrix}$

(3)　$C=\begin{pmatrix}-1&1&1\\1&-1&1\\1&1&-1\end{pmatrix}$

解　行列から固有方程式を作り，それを解いて固有値 h を計算する．

(1)　$|A-hE|=\left|\begin{pmatrix}1&-3\\-3&1\end{pmatrix}-\begin{pmatrix}h&0\\0&h\end{pmatrix}\right|=\begin{vmatrix}1-h&-3\\-3&1-h\end{vmatrix}=0$

$(1-h)^2-9=0$

$h^2-2h-8=0$

$(h+2)(h-4)=0,\ h=-2, 4$

(2)　$|B-hE|=\left|\begin{pmatrix}0&-1\\1&0\end{pmatrix}-\begin{pmatrix}h&0\\0&h\end{pmatrix}\right|=\begin{vmatrix}-h&-1\\1&-h\end{vmatrix}=0$

$h^2+1=0$

$h^2 = -1$, $h = \pm i$

(3) $|C-hE| = \left|\begin{pmatrix} -1 & 1 & 1 \\ 1 & -1 & 1 \\ 1 & 1 & -1 \end{pmatrix} - \begin{pmatrix} h & 0 & 0 \\ 0 & h & 0 \\ 0 & 0 & h \end{pmatrix}\right|$

$$= \begin{vmatrix} -1-h & 1 & 1 \\ 1 & -1-h & 1 \\ 1 & 1 & -1-h \end{vmatrix} = 0$$

$(-1-h)^3+2-3(-1-h) = 0$

$h^3+3h^2-4 = 0$

$(h-1)(h+2)^2 = 0$, $h = 1, -2$ ▮

問 22.2 公式 22.1 を用いて固有値を求めよ．

(1) $\begin{pmatrix} 1 & 2 \\ 2 & 1 \end{pmatrix}$ (2) $\begin{pmatrix} 2 & 1 \\ 1 & 2 \end{pmatrix}$ (3) $\begin{pmatrix} 1 & 1 \\ 1 & 1 \end{pmatrix}$

(4) $\begin{pmatrix} 3 & 2 \\ -2 & 7 \end{pmatrix}$

22.3 固有ベクトルの求め方

固有値に対応する固有ベクトルを求める．

公式 22.2 固有ベクトルの求め方

n 次の正方行列 A とその固有値 h に対応する固有ベクトル $\boldsymbol{p}$ は次の連立 1 次方程式の解になる．

$$A\boldsymbol{p} = h\boldsymbol{p} \quad \text{または} \quad (A-hE)\boldsymbol{p} = \boldsymbol{0}$$

解説 行列と固有値から作った連立 1 次方程式を解いて固有ベクトルを求める．

注意 固有ベクトルは多数ある．1 つの固有値に対応する固有ベクトルの全体に零ベクトル $\boldsymbol{0}$ を加えると線形空間になる．

例題 22.3 公式 22.2 を用いて，例題 22.2 の行列の各固有値に対する固有ベクトルを求めよ．

解 行列と各固有値から連立 1 次方程式を作り，固有ベクトル $\boldsymbol{p}$ を計算する．

(1) $A = \begin{pmatrix} 1 & -3 \\ -3 & 1 \end{pmatrix}$ の固有値は $h = -2, 4$ なので

・$h = -2$ ならば $A+2E = \begin{pmatrix} 1 & -3 \\ -3 & 1 \end{pmatrix} + \begin{pmatrix} 2 & 0 \\ 0 & 2 \end{pmatrix} = \begin{pmatrix} 3 & -3 \\ -3 & 3 \end{pmatrix}$

$$\boldsymbol{p}=\begin{pmatrix}x\\y\end{pmatrix}\text{として}\begin{pmatrix}3&-3\\-3&3\end{pmatrix}\begin{pmatrix}x\\y\end{pmatrix}=\begin{pmatrix}0\\0\end{pmatrix}$$

$$\left(\begin{array}{cc|c}3&-3&0\\-3&3&0\end{array}\right)\longrightarrow\left(\begin{array}{cc|c}1&-1&0\\0&0&0\end{array}\right)$$

方程式に戻すと

$$x-y=0\text{ より }x=y$$

$$\boldsymbol{p}=\begin{pmatrix}x\\y\end{pmatrix}=\begin{pmatrix}y\\y\end{pmatrix}=y\begin{pmatrix}1\\1\end{pmatrix}$$

・$h=4$ ならば $A-4E=\begin{pmatrix}1&-3\\-3&1\end{pmatrix}-\begin{pmatrix}4&0\\0&4\end{pmatrix}=\begin{pmatrix}-3&-3\\-3&-3\end{pmatrix}$

$$\boldsymbol{p}=\begin{pmatrix}x\\y\end{pmatrix}\text{として}\begin{pmatrix}-3&-3\\-3&-3\end{pmatrix}\begin{pmatrix}x\\y\end{pmatrix}=\begin{pmatrix}0\\0\end{pmatrix}$$

$$\left(\begin{array}{cc|c}-3&-3&0\\-3&-3&0\end{array}\right)\longrightarrow\left(\begin{array}{cc|c}1&1&0\\0&0&0\end{array}\right)$$

方程式に戻すと

$$x+y=0\text{ より }x=-y$$

$$\boldsymbol{p}=\begin{pmatrix}x\\y\end{pmatrix}=\begin{pmatrix}-y\\y\end{pmatrix}=y\begin{pmatrix}-1\\1\end{pmatrix}$$

(2)　$B=\begin{pmatrix}0&-1\\1&0\end{pmatrix}$の固有値は $h=\pm i$ なので

・$h=i$ ならば $B-iE=\begin{pmatrix}0&-1\\1&0\end{pmatrix}-\begin{pmatrix}i&0\\0&i\end{pmatrix}=\begin{pmatrix}-i&-1\\1&-i\end{pmatrix}$

$$\boldsymbol{p}=\begin{pmatrix}x\\y\end{pmatrix}\text{として}\begin{pmatrix}-i&-1\\1&-i\end{pmatrix}\begin{pmatrix}x\\y\end{pmatrix}=\begin{pmatrix}0\\0\end{pmatrix}$$

$$\left(\begin{array}{cc|c}\boxed{-i}&-1&0\\\boxed{①}&-i&0\end{array}\right)\longrightarrow\left(\begin{array}{cc|c}0&0&0\\1&-i&0\end{array}\right)$$

方程式に戻すと

$$x-iy=0\text{ より }x=iy$$

$$\boldsymbol{p}=\begin{pmatrix}x\\y\end{pmatrix}=\begin{pmatrix}iy\\y\end{pmatrix}=y\begin{pmatrix}i\\1\end{pmatrix}$$

・$h=-i$ ならば $B+iE=\begin{pmatrix}0&-1\\1&0\end{pmatrix}+\begin{pmatrix}i&0\\0&i\end{pmatrix}=\begin{pmatrix}i&-1\\1&i\end{pmatrix}$

$$\boldsymbol{p}=\begin{pmatrix}x\\y\end{pmatrix}\text{として}\begin{pmatrix}i&-1\\1&i\end{pmatrix}\begin{pmatrix}x\\y\end{pmatrix}=\begin{pmatrix}0\\0\end{pmatrix}$$

$$\left(\begin{array}{cc|c}\boxed{i}&-1&0\\\boxed{①}&i&0\end{array}\right)\longrightarrow\left(\begin{array}{cc|c}0&0&0\\1&i&0\end{array}\right)$$

方程式に戻すと

$x+iy=0$ より $x=-iy$

$$\boldsymbol{p}=\begin{pmatrix}x\\y\end{pmatrix}=\begin{pmatrix}-iy\\y\end{pmatrix}=-iy\begin{pmatrix}1\\i\end{pmatrix}$$

(3)　$C=\begin{pmatrix}-1&1&1\\1&-1&1\\1&1&-1\end{pmatrix}$ の固有値は $h=1, -2$ なので

・$h=1$ ならば $C-1E=\begin{pmatrix}-1&1&1\\1&-1&1\\1&1&-1\end{pmatrix}-\begin{pmatrix}1&0&0\\0&1&0\\0&0&1\end{pmatrix}$

$$=\begin{pmatrix}-2&1&1\\1&-2&1\\1&1&-2\end{pmatrix}$$

$\boldsymbol{p}=\begin{pmatrix}x\\y\\z\end{pmatrix}$ として $\begin{pmatrix}-2&1&1\\1&-2&1\\1&1&-2\end{pmatrix}\begin{pmatrix}x\\y\\z\end{pmatrix}=\begin{pmatrix}0\\0\\0\end{pmatrix}$

$$\left(\begin{array}{ccc|c}\boxed{-2}&1&1&0\\1&-2&1&0\\①&1&-2&0\end{array}\right)\longrightarrow\left(\begin{array}{ccc|c}0&3&-3&0\\0&-3&3&0\\1&1&-2&0\end{array}\right)\longrightarrow$$

$$\left(\begin{array}{ccc|c}0&\boxed{①}&-1&0\\0&1&-1&0\\1&1&-2&0\end{array}\right)\longrightarrow\left(\begin{array}{ccc|c}0&1&-1&0\\0&0&0&0\\1&0&-1&0\end{array}\right)$$

方程式に戻すと

$$\begin{cases}y-z=0\\x\quad-z=0\end{cases}\text{ より }\begin{cases}y=z\\x=z\end{cases}$$

$$\boldsymbol{p}=\begin{pmatrix}x\\y\\z\end{pmatrix}=\begin{pmatrix}z\\z\\z\end{pmatrix}=z\begin{pmatrix}1\\1\\1\end{pmatrix}$$

・$h=-2$ ならば $C+2E=\begin{pmatrix}-1&1&1\\1&-1&1\\1&1&-1\end{pmatrix}+2\begin{pmatrix}1&0&0\\0&1&0\\0&0&1\end{pmatrix}$

$$=\begin{pmatrix}1&1&1\\1&1&1\\1&1&1\end{pmatrix}$$

$\boldsymbol{p}=\begin{pmatrix}x\\y\\z\end{pmatrix}$ として $\begin{pmatrix}1&1&1\\1&1&1\\1&1&1\end{pmatrix}\begin{pmatrix}x\\y\\z\end{pmatrix}=\begin{pmatrix}0\\0\\0\end{pmatrix}$

$$\left(\begin{array}{ccc|c} \boxed{①} & 1 & 1 & 0 \\ 1 & 1 & 1 & 0 \\ 1 & 1 & 1 & 0 \end{array}\right) \longrightarrow \left(\begin{array}{ccc|c} 1 & 1 & 1 & 0 \\ 0 & 0 & 0 & 0 \\ 0 & 0 & 0 & 0 \end{array}\right)$$

方程式に戻すと

$$x+y+z=0 \quad \text{より} \quad x=-y-z$$

$$\boldsymbol{p}=\begin{pmatrix} x \\ y \\ z \end{pmatrix}=\begin{pmatrix} -y-z \\ y \\ z \end{pmatrix}=y\begin{pmatrix} -1 \\ 1 \\ 0 \end{pmatrix}+z\begin{pmatrix} -1 \\ 0 \\ 1 \end{pmatrix}$$

問 22.3 公式 22.2 を用いて問 22.2 の行列の各固有値に対する固有ベクトルを求めよ.

注意 1 例題 22.3(3) のように 1 つの固有値に 2 つ以上の線形独立な固有ベクトルが対応する場合もある.

注意 2 固有ベクトルの書き方は 1 通りではない. 定数を掛けても良い. たとえば例題 22.3(2) で次のように書いてもよい.

$$\boldsymbol{p}=\begin{pmatrix} x \\ y \end{pmatrix}=\begin{pmatrix} -iy \\ y \end{pmatrix}=y\begin{pmatrix} -i \\ 1 \end{pmatrix}$$

練習問題 22

1. 行列で表された線形変換で, 図 22.2 の内側 $(-1 \leqq x \leqq 1,\ -1 \leqq y \leqq 1)$ の各点を移動して調べよ.

(1) $\begin{pmatrix} 1.1 & 0.1 \\ 0.1 & 0.9 \end{pmatrix}$ (2) $\begin{pmatrix} 1.1 & 0.2 \\ 0.2 & 1.1 \end{pmatrix}$ (3) $\begin{pmatrix} 0.9 & -0.1 \\ -0.1 & 1.1 \end{pmatrix}$

(4) $\begin{pmatrix} 1.1 & 0.1 \\ -0.1 & 1.1 \end{pmatrix}$

2. 公式 22.1 を用いて固有値を求めよ.

(1) $\begin{pmatrix} 2 & 0 \\ 0 & 2 \end{pmatrix}$ (2) $\begin{pmatrix} 1 & -1 \\ 1 & 1 \end{pmatrix}$ (3) $\begin{pmatrix} 1 & 1 & 0 \\ 1 & 0 & 1 \\ 0 & 1 & 1 \end{pmatrix}$

(4) $\begin{pmatrix} 3 & 2 & 2 \\ 1 & 2 & 1 \\ -2 & -2 & -1 \end{pmatrix}$ (5) $\begin{pmatrix} 1 & 4 & 2 \\ 1 & 1 & 1 \\ 2 & -5 & 1 \end{pmatrix}$

(6) $\begin{pmatrix} 3 & 0 & 0 \\ 0 & 3 & 0 \\ 0 & 0 & 3 \end{pmatrix}$ (7) $\begin{pmatrix} 1 & -2 & -2 \\ 1 & 4 & 1 \\ 1 & 1 & 4 \end{pmatrix}$

(8) $\begin{pmatrix} -3 & 4 & 1 \\ -2 & 2 & 1 \\ 2 & -1 & -2 \end{pmatrix}$

3. 公式 22.2 を用いて問題 ***2*** の行列の各固有値 h に対する固有ベクトルを求めよ.

解答

問 22.1 図 22.2 の外側の各点に対する矢印も書き加えてある.

(1)

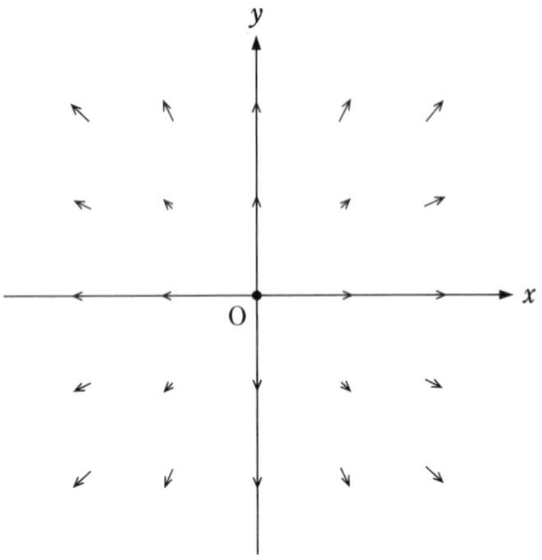

(2)

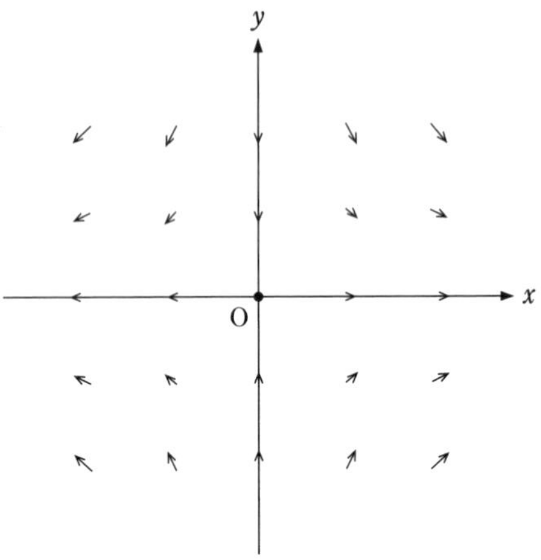

(3)

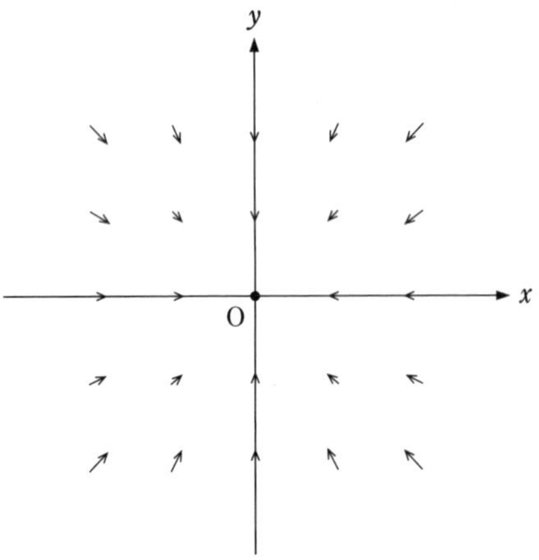

(4)

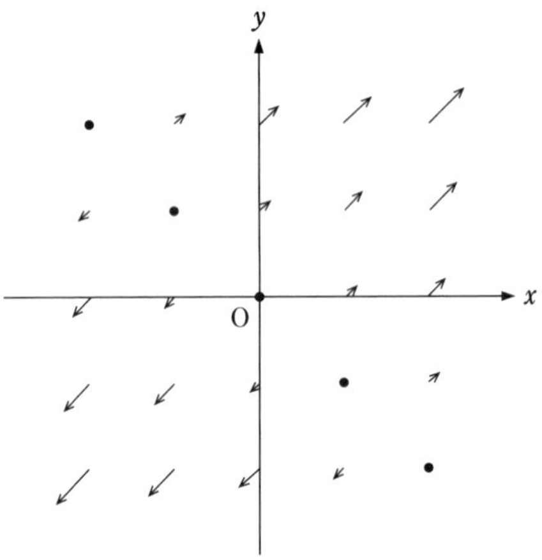

問 22.2 (1) −1, 3 (2) 1, 3 (3) 0, 2 (4) 5

問 22.3 (1) $h=-1$ ならば $x\begin{pmatrix} 1 \\ -1 \end{pmatrix}$, $h=3$ ならば $x\begin{pmatrix} 1 \\ 1 \end{pmatrix}$

(2) $h=1$ ならば $x\begin{pmatrix} 1 \\ -1 \end{pmatrix}$, $h=3$ ならば $x\begin{pmatrix} 1 \\ 1 \end{pmatrix}$

(3) $h=0$ ならば $x\begin{pmatrix} 1 \\ -1 \end{pmatrix}$, $h=2$ ならば $x\begin{pmatrix} 1 \\ 1 \end{pmatrix}$

(4) $x\begin{pmatrix} 1 \\ 1 \end{pmatrix}$

練習問題22

1. 図22.2の外側の各点に対する矢印も書き加えてある．

(1)

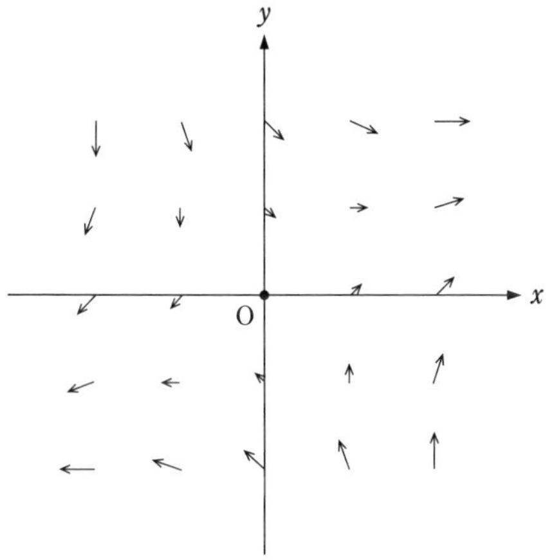

(2)

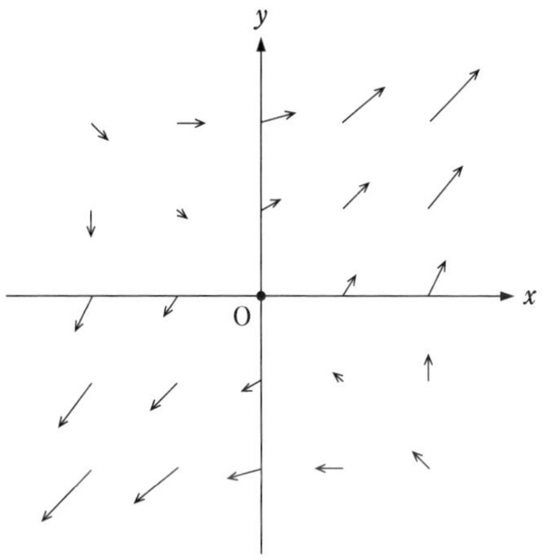

(3)

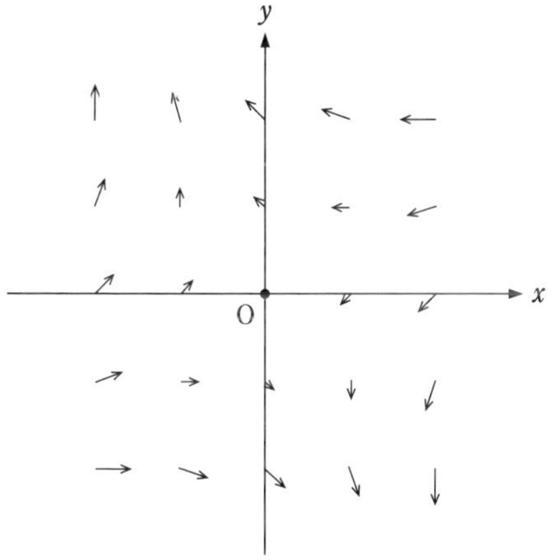

(4)

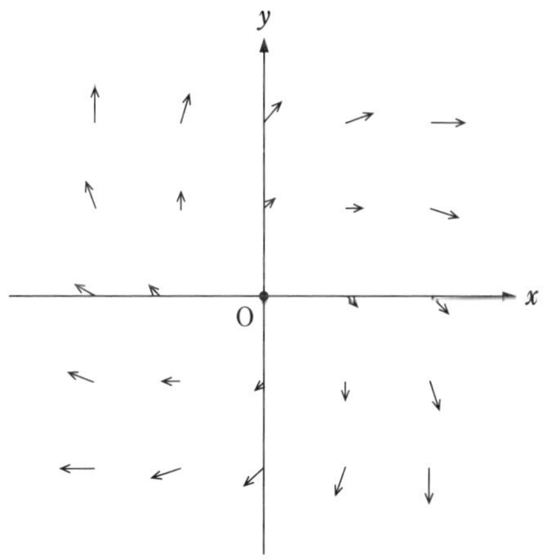

2. (1) 2　(2) $1\pm i$　(3) ± 1，2　(4) 1，2　(5) -1，2
(6) 3　(7) 3　(8) -1

3. (1) $x\begin{pmatrix}1\\0\end{pmatrix}+y\begin{pmatrix}0\\1\end{pmatrix}$　(2) $h=1+i$ ならば $y\begin{pmatrix}i\\1\end{pmatrix}$，$h=1-i$ ならば $x\begin{pmatrix}1\\i\end{pmatrix}$

(3) $h=1$ ならば $x\begin{pmatrix}1\\0\\-1\end{pmatrix}$，$h=-1$ ならば $z\begin{pmatrix}1\\-2\\1\end{pmatrix}$，$h=2$ ならば $z\begin{pmatrix}1\\1\\1\end{pmatrix}$

(4) $h=1$ ならば $x\begin{pmatrix}1\\0\\-1\end{pmatrix}+y\begin{pmatrix}0\\1\\-1\end{pmatrix}$，$h=2$ ならば $y\begin{pmatrix}2\\1\\-2\end{pmatrix}$

(5) $h=-1$ ならば $x\begin{pmatrix}1\\0\\-1\end{pmatrix}$，$h=2$ ならば $z\begin{pmatrix}-2\\-1\\1\end{pmatrix}$

(6) $x\begin{pmatrix}1\\0\\0\end{pmatrix}+y\begin{pmatrix}0\\1\\0\end{pmatrix}+z\begin{pmatrix}0\\0\\1\end{pmatrix}$　(7) $x\begin{pmatrix}1\\0\\-1\end{pmatrix}+y\begin{pmatrix}0\\1\\-1\end{pmatrix}$

(8) $x\begin{pmatrix}1\\0\\2\end{pmatrix}$

§23 対称行列とエルミート行列の対角化

固有値と固有ベクトルの応用を考える．ここでは対称行列とエルミート行列を対角行列に変形する．

23.1 線形変換と基底変換

基底を取りかえたとき，線形変換の表現行列がどう変わるか調べる．線形写像と基底変換（公式 20.2）より次が成り立つ．

公式 23.1 基底変換と表現行列

n 次元空間 $\mathbf{R}^n$ と基底 $\mathscr{B}$ のベクトル $\boldsymbol{x}$ を移動する線形変換 F の表現行列を A とする．n 次元空間 $\mathbf{R}^n$ の基底 $\mathscr{B}$ を $\mathscr{B}'$ にかえる基底変換行列を P とする．このとき基底 $\mathscr{B}'$ に関する線形変換 F の表現行列 A' は $PA' = AP$ を満たす．これより $A' = P^{-1}AP$ となる．

解説　空間の基底を取りかえると，線形変換の表現行列も変化する．基底変換行列とその逆行列を両側から掛けると，新しい基底に関する表現行列が求まる．

注意　線形写像の場合（$A' = Q^{-1}AP$）と違い，線形変換では 1 つの行列 P を用いる（$A' = P^{-1}AP$）．そのため行列 A' を標準形に直せない．

n 次元空間 $\mathbf{R}^n$ と標準基底 $[\boldsymbol{e}_1, \cdots, \boldsymbol{e}_n]$ で考え，行列で表された線形変換で基底変換する．そして表現行列を対角行列に直す．

例題 23.1　行列で表された線形変換で，公式 23.1 を用いて基底変換したときの表現行列を求めよ．

$$A = \begin{pmatrix} 1 & -3 \\ -3 & 1 \end{pmatrix}$$

$$\mathbf{R}^2, [\boldsymbol{e}_1, \boldsymbol{e}_2] \longrightarrow \left[\begin{pmatrix} 1 \\ 1 \end{pmatrix}, \begin{pmatrix} -1 \\ 1 \end{pmatrix}\right]$$

解　連立 1 次方程式を用いて表現行列 A' の成分を求める．

公式 20.1 の注意より，基底変換行列は $P = \begin{pmatrix} 1 & -1 \\ 1 & 1 \end{pmatrix}$ となる．

$A' = \begin{pmatrix} a & c \\ b & d \end{pmatrix}$ とおくと，$PA' = AP$ より次が成り立つ．

$$\begin{pmatrix} 1 & -1 \\ 1 & 1 \end{pmatrix}\begin{pmatrix} a & c \\ b & d \end{pmatrix} = \begin{pmatrix} 1 & -3 \\ -3 & 1 \end{pmatrix}\begin{pmatrix} 1 & -1 \\ 1 & 1 \end{pmatrix} = \begin{pmatrix} -2 & -4 \\ -2 & 4 \end{pmatrix}$$

$$\left(\begin{array}{cc|cc} \boxed{①} & -1 & -2 & -4 \\ \boxed{1} & 1 & -2 & 4 \end{array}\right) \longrightarrow \left(\begin{array}{cc|cc} 1 & -1 & -2 & -4 \\ 0 & 2 & 0 & 8 \end{array}\right) \longrightarrow$$

$$\left(\begin{array}{cc|cc} 1 & \boxed{-1} & -2 & -4 \\ 0 & \boxed{①} & 0 & 4 \end{array}\right) \longrightarrow \left(\begin{array}{cc|cc} 1 & 0 & -2 & 0 \\ 0 & 1 & 0 & 4 \end{array}\right)$$

これより

$$A' = \begin{pmatrix} -2 & 0 \\ 0 & 4 \end{pmatrix}$$

問 23.1 行列で表された線形変換で，公式 23.1 を用いて基底変換したときの表現行列を求めよ．

(1) $\begin{pmatrix} 1 & 2 \\ 2 & 1 \end{pmatrix}$

$$\mathbf{R}^2, [\boldsymbol{e}_1, \boldsymbol{e}_2] \longrightarrow \left[\begin{pmatrix} 1 \\ 1 \end{pmatrix}, \begin{pmatrix} -1 \\ 1 \end{pmatrix}\right]$$

(2) $\begin{pmatrix} 1 & 1 \\ 1 & 1 \end{pmatrix}$

$$\mathbf{R}^2, [\boldsymbol{e}_1, \boldsymbol{e}_2] \longrightarrow \left[\begin{pmatrix} 1 \\ 1 \end{pmatrix}, \begin{pmatrix} 1 \\ -1 \end{pmatrix}\right]$$

注意　行列 A' の対角成分は行列 A の固有値になる．行列 P の列ベクトルは各固有値に対応する固有ベクトルになる．

23.2 対称行列の対角化

対称行列を対角行列に直す．

線形変換では表現行列が正方行列になるが，対称行列ならばさらに対角行列に変形（**対角化**）できる．このとき固有値と固有ベクトルを利用する．

例 1　対称行列を対角化する．

$$A = \begin{pmatrix} 1 & -3 \\ -3 & 1 \end{pmatrix}$$

行列 A の固有値は例題 22.2(1) より $h = -2, 4$ となる．固有ベクトルは例題 22.3(1) より

- $h = -2$ ならば $\boldsymbol{p} = y\begin{pmatrix} 1 \\ 1 \end{pmatrix}$ より $y = 1$ として $\boldsymbol{p}_1 = \begin{pmatrix} 1 \\ 1 \end{pmatrix}$ とおくと

$$A\boldsymbol{p}_1 = \begin{pmatrix} 1 & -3 \\ -3 & 1 \end{pmatrix}\begin{pmatrix} 1 \\ 1 \end{pmatrix} = \begin{pmatrix} -2 \\ 2 \end{pmatrix} = -2\begin{pmatrix} 1 \\ 1 \end{pmatrix}$$

- $h = 4$ ならば $\boldsymbol{p} = y\begin{pmatrix} -1 \\ 1 \end{pmatrix}$ より $y = 1$ として $\boldsymbol{p}_2 = \begin{pmatrix} -1 \\ 1 \end{pmatrix}$ とおくと

$$A\boldsymbol{p}_2 = \begin{pmatrix} 1 & -3 \\ -3 & 1 \end{pmatrix}\begin{pmatrix} -1 \\ 1 \end{pmatrix} = \begin{pmatrix} -4 \\ 4 \end{pmatrix} = 4\begin{pmatrix} -1 \\ 1 \end{pmatrix}$$

固有ベクトル $\boldsymbol{p}_1$，$\boldsymbol{p}_2$ を並べて行列 P を作ると

$$P = (\boldsymbol{p}_1 \quad \boldsymbol{p}_2) = \begin{pmatrix} 1 & -1 \\ 1 & 1 \end{pmatrix}$$

これより

$$AP = \begin{pmatrix} 1 & -3 \\ -3 & 1 \end{pmatrix}\begin{pmatrix} 1 & -1 \\ 1 & 1 \end{pmatrix} = \begin{pmatrix} -2 & -4 \\ -2 & 4 \end{pmatrix} = \begin{pmatrix} -2\cdot 1 & 4\cdot(-1) \\ -2\cdot 1 & 4\cdot 1 \end{pmatrix}$$

$$= \begin{pmatrix} 1 & -1 \\ 1 & 1 \end{pmatrix}\begin{pmatrix} -2 & 0 \\ 0 & 4 \end{pmatrix} = PA'$$

よって

$$P^{-1}AP = A' = \begin{pmatrix} -2 & 0 \\ 0 & 4 \end{pmatrix}$$

これは例題 23.1 の結果と等しくなる．対角成分は行列 A の固有値である．

$$\boldsymbol{u}_1 = \frac{1}{\sqrt{2}}\boldsymbol{p}_1 = \frac{1}{\sqrt{2}}\begin{pmatrix} 1 \\ 1 \end{pmatrix}, \quad \boldsymbol{u}_2 = \frac{1}{\sqrt{2}}\boldsymbol{p}_2 = \frac{1}{\sqrt{2}}\begin{pmatrix} -1 \\ 1 \end{pmatrix}$$

$$U = (\boldsymbol{u}_1 \quad \boldsymbol{u}_2) = \frac{1}{\sqrt{2}}(\boldsymbol{p}_1 \quad \boldsymbol{p}_2) = \frac{1}{\sqrt{2}}P = \frac{1}{\sqrt{2}}\begin{pmatrix} 1 & -1 \\ 1 & 1 \end{pmatrix}$$

とおくと，例題 21.2(3) より U は直交行列 $({}^tU = U^{-1})$ になる．$AP = PA'$ の両辺を $\sqrt{2}$ で割ると

$$A\frac{1}{\sqrt{2}}P = \frac{1}{\sqrt{2}}PA'$$

$$AU = UA'$$

$$U^{-1}AU = {}^tUAU = A' = \begin{pmatrix} -2 & 0 \\ 0 & 4 \end{pmatrix}$$

∎

以上をまとめておく．

公式 23.2　対称行列の対角化

A が n 次の対称行列 $({}^tA = A)$ ならば行列 A の固有値 $h = \alpha_1, \cdots, \alpha_n$ は実数で，対応する固有ベクトル $\boldsymbol{u}_1, \cdots, \boldsymbol{u}_n$ は正規直交ベクトル（正規直交基底）になる．行列 $U = (\boldsymbol{u}_1 \quad \cdots \quad \boldsymbol{u}_n)$ は直交行列 $({}^tU = U^{-1})$ になり

$${}^tUAU = \begin{pmatrix} \alpha_1 & & \\ & \ddots & \\ & & \alpha_n \end{pmatrix}$$

[解説]　対称行列 A の固有ベクトルを並べて，直交行列 U を作る．${}^tUAU$ として行列 A を対角化できる．このとき対角成分は行列 A の固有値で，実数に

なる．

注意　固有ベクトルは1通りでないので，行列 U も1通りに決まらない．また，固有ベクトルを取りかえると，固有値も並べかえる．例1では

$$U' = \frac{1}{\sqrt{2}}\begin{pmatrix} -1 & 1 \\ 1 & 1 \end{pmatrix} \text{ならば } {}^tU'AU' = \begin{pmatrix} 4 & 0 \\ 0 & -2 \end{pmatrix}$$

例題 23.2　公式 23.2 を用いて対角化せよ．

(1)　$A = \begin{pmatrix} 1 & -3 \\ -3 & 1 \end{pmatrix}$　　(2)　$B = \begin{pmatrix} -1 & 1 & 1 \\ 1 & -1 & 1 \\ 1 & 1 & -1 \end{pmatrix}$

解　固有値と固有ベクトルを用いて直交行列と対角行列を作る．

(1)　行列 A の固有値は例題 22.2(1) より $h = -2, 4$ となる．固有ベクトルは例題 22.3(1) より

・$h = -2$ ならば $\boldsymbol{p} = y\begin{pmatrix} 1 \\ 1 \end{pmatrix}$ より $\boldsymbol{u}_1 = \frac{1}{\sqrt{2}}\begin{pmatrix} 1 \\ 1 \end{pmatrix}$ とおく．

・$h = 4$ ならば $\boldsymbol{p} = y\begin{pmatrix} -1 \\ 1 \end{pmatrix}$ より，$\boldsymbol{u}_2 = \frac{1}{\sqrt{2}}\begin{pmatrix} -1 \\ 1 \end{pmatrix}$ とおく．

$$U = \frac{1}{\sqrt{2}}\begin{pmatrix} 1 & -1 \\ 1 & 1 \end{pmatrix},\quad {}^tUAU = \begin{pmatrix} -2 & \\ & 4 \end{pmatrix}$$

(2)　行列 B の固有値は例題 22.2(3) より $h = 1, -2$ となる．固有ベクトルは例題 22.3(3) より

・$h = 1$ ならば $\boldsymbol{p} = z\begin{pmatrix} 1 \\ 1 \\ 1 \end{pmatrix}$ より $\boldsymbol{u}_1 = \frac{1}{\sqrt{3}}\begin{pmatrix} 1 \\ 1 \\ 1 \end{pmatrix}$ とおく．

・$h = -2$ ならば $\boldsymbol{p} = y\begin{pmatrix} -1 \\ 1 \\ 0 \end{pmatrix} + z\begin{pmatrix} -1 \\ 0 \\ 1 \end{pmatrix}$ より $\boldsymbol{u}_2 = \frac{1}{\sqrt{2}}\begin{pmatrix} -1 \\ 1 \\ 0 \end{pmatrix}$ とおく．

公式 15.3 を用いて正規直交化すると

$$\begin{pmatrix} -1 \\ 0 \\ 1 \end{pmatrix} - \left\{\begin{pmatrix} -1 \\ 0 \\ 1 \end{pmatrix} \cdot \frac{1}{\sqrt{2}}\begin{pmatrix} -1 \\ 1 \\ 0 \end{pmatrix}\right\}\frac{1}{\sqrt{2}}\begin{pmatrix} -1 \\ 1 \\ 0 \end{pmatrix}$$

$$= \begin{pmatrix} -1 \\ 0 \\ 1 \end{pmatrix} - \begin{pmatrix} -1/2 \\ 1/2 \\ 0 \end{pmatrix} = \begin{pmatrix} -1/2 \\ -1/2 \\ 1 \end{pmatrix} = \frac{1}{2}\begin{pmatrix} -1 \\ -1 \\ 2 \end{pmatrix}$$

$$\boldsymbol{u}_3 = \frac{\frac{1}{2}\begin{pmatrix}-1\\-1\\2\end{pmatrix}}{\left|\frac{1}{2}\begin{pmatrix}-1\\-1\\2\end{pmatrix}\right|} = \frac{1}{\sqrt{6}}\begin{pmatrix}-1\\-1\\2\end{pmatrix}$$ とおく．

$$U = \begin{pmatrix}1/\sqrt{3} & -1/\sqrt{2} & -1/\sqrt{6}\\ 1/\sqrt{3} & 1/\sqrt{2} & -1/\sqrt{6}\\ 1/\sqrt{3} & 0 & 2/\sqrt{6}\end{pmatrix}, \quad {}^tUBU = \begin{pmatrix}1 & & \\ & -2 & \\ & & -2\end{pmatrix}$$ ∎

問 23.2 公式 23.2 を用いて対角化せよ．

(1) $\begin{pmatrix}1 & -1\\ -1 & 1\end{pmatrix}$ (2) $\begin{pmatrix}-1 & 2\\ 2 & 2\end{pmatrix}$

注意 異なる固有値に対応する固有ベクトルは直交する．同じ固有値に対応する固有ベクトルは公式 15.3 を用いて正規直交化する．ただし，複素ベクトルの大きさや内積は公式 21.3 を用いて計算する．

23.3 エルミート行列の対角化

エルミート行列を対角行列に直す．

複素正方行列では実数の対称行列に対応するエルミート行列が対角化できる．このとき固有値と固有ベクトルを利用する．

公式 23.3 エルミート行列の対角化

A が n 次のエルミート行列（$A^* = A$）ならば行列 A の固有値 $h = \alpha_1, \cdots, \alpha_n$ は実数で，対応する固有ベクトル $\boldsymbol{u}_1, \cdots, \boldsymbol{u}_n$ は正規直交ベクトル（正規直交基底）になる．行列 $U = (\boldsymbol{u}_1 \ \cdots \ \boldsymbol{u}_n)$ はユニタリー行列（$U^* = U^{-1}$）になり

$$U^*AU = \begin{pmatrix}\alpha_1 & & \\ & \ddots & \\ & & \alpha_n\end{pmatrix}$$

解説 エルミート行列 A の固有ベクトルを並べて，ユニタリー行列 U を作る．U^*AU として行列 A を対角化できる．このとき対角成分は行列 A の固有値で，実数になる．

例題 23.3 公式 23.3 を用いて対角化せよ．

$$A = \begin{pmatrix}-1 & 2i\\ -2i & 2\end{pmatrix}$$

解 固有値と固有ベクトルを用いてユニタリー行列と対角行列を作る．

$$|A-hE| = \left|\begin{pmatrix} -1 & 2i \\ -2i & 2 \end{pmatrix} - \begin{pmatrix} h & 0 \\ 0 & h \end{pmatrix}\right| = \begin{vmatrix} -1-h & 2i \\ -2i & 2-h \end{vmatrix} = 0$$

$$(-1-h)(2-h)-4=0$$

$$h^2-h-6=0$$

$$(h+2)(h-3)=0,\ \ h=-2, 3$$

・$h=-2$ ならば $A+2E = \begin{pmatrix} -1 & 2i \\ -2i & 2 \end{pmatrix} + \begin{pmatrix} 2 & 0 \\ 0 & 2 \end{pmatrix} = \begin{pmatrix} 1 & 2i \\ -2i & 4 \end{pmatrix}$

固有ベクトルを $\boldsymbol{p} = \begin{pmatrix} x \\ y \end{pmatrix}$ として $\begin{pmatrix} 1 & 2i \\ -2i & 4 \end{pmatrix}\begin{pmatrix} x \\ y \end{pmatrix} = \begin{pmatrix} 0 \\ 0 \end{pmatrix}$

$$\left(\begin{array}{cc|c} \boxed{①} & 2i & 0 \\ -2i & 4 & 0 \end{array}\right) \longrightarrow \left(\begin{array}{cc|c} 1 & 2i & 0 \\ 0 & 0 & 0 \end{array}\right)$$

方程式に戻すと

$x+2iy=0$ より $x=-2iy$

$\boldsymbol{p} = \begin{pmatrix} x \\ y \end{pmatrix} = \begin{pmatrix} -2iy \\ y \end{pmatrix} = -iy\begin{pmatrix} 2 \\ i \end{pmatrix}$ より $\boldsymbol{u}_1 = \frac{1}{\sqrt{5}}\begin{pmatrix} 2 \\ i \end{pmatrix}$ とおく.

・$h=3$ ならば $A-3E = \begin{pmatrix} -1 & 2i \\ -2i & 2 \end{pmatrix} - \begin{pmatrix} 3 & 0 \\ 0 & 3 \end{pmatrix} = \begin{pmatrix} -4 & 2i \\ -2i & -1 \end{pmatrix}$

固有ベクトルを $\boldsymbol{p} = \begin{pmatrix} x \\ y \end{pmatrix}$ として $\begin{pmatrix} -4 & 2i \\ -2i & -1 \end{pmatrix}\begin{pmatrix} x \\ y \end{pmatrix} = \begin{pmatrix} 0 \\ 0 \end{pmatrix}$

$$\left(\begin{array}{cc|c} -4 & 2i & 0 \\ -2i & -1 & 0 \end{array}\right) \longrightarrow \left(\begin{array}{cc|c} -2 & i & 0 \\ 2i & \boxed{①} & 0 \end{array}\right) \longrightarrow \left(\begin{array}{cc|c} 0 & 0 & 0 \\ 2i & 1 & 0 \end{array}\right)$$

方程式に戻すと

$2ix+y=0$ より $y=-2ix$

$\boldsymbol{p} = \begin{pmatrix} x \\ y \end{pmatrix} = \begin{pmatrix} x \\ -2ix \end{pmatrix} = -ix\begin{pmatrix} i \\ 2 \end{pmatrix}$ より $\boldsymbol{u}_2 = \frac{1}{\sqrt{5}}\begin{pmatrix} i \\ 2 \end{pmatrix}$ とおく.

$$U = \frac{1}{\sqrt{5}}\begin{pmatrix} 2 & i \\ i & 2 \end{pmatrix},\ \ U^*AU = \begin{pmatrix} -2 & \\ & 3 \end{pmatrix}$$

問 23.3 公式 23.3 を用いて対角化せよ.

(1) $\begin{pmatrix} 1 & i \\ -i & 1 \end{pmatrix}$ (2) $\begin{pmatrix} 5 & -2i \\ 2i & 2 \end{pmatrix}$

練習問題 23

1. 行列で表された線形変換で，公式 23.1 を用いて基底変換したときの表現行列を求めよ．

(1) $\begin{pmatrix} 1 & 1 & -2 \\ -1 & 2 & 1 \\ 0 & 1 & -1 \end{pmatrix}$

$$\mathbf{R}^3, [\boldsymbol{e}_1, \boldsymbol{e}_2, \boldsymbol{e}_3] \longrightarrow \left[\begin{pmatrix} 3 \\ 2 \\ 1 \end{pmatrix}, \begin{pmatrix} 1 \\ 0 \\ 1 \end{pmatrix}, \begin{pmatrix} 1 \\ 3 \\ 1 \end{pmatrix}\right]$$

(2) $\begin{pmatrix} 1 & 1 & -1 \\ 1 & 1 & -1 \\ -1 & -1 & 3 \end{pmatrix}$

$$\mathbf{R}^3, [\boldsymbol{e}_1, \boldsymbol{e}_2, \boldsymbol{e}_3] \longrightarrow \left[\begin{pmatrix} 1 \\ -1 \\ 0 \end{pmatrix}, \begin{pmatrix} 1 \\ 1 \\ 1 \end{pmatrix}, \begin{pmatrix} 1 \\ 1 \\ -2 \end{pmatrix}\right]$$

2. 公式 23.2 を用いて対角化せよ．

(1) $\begin{pmatrix} 1 & 1 & 1 \\ 1 & 1 & 1 \\ 1 & 1 & 1 \end{pmatrix}$　　(2) $\begin{pmatrix} 1 & -1 & 1 \\ -1 & 1 & 1 \\ 1 & 1 & -1 \end{pmatrix}$

3. 公式 23.3 を用いて対角化せよ．

(1) $\begin{pmatrix} 1 & i & 0 \\ -i & 0 & 1 \\ 0 & 1 & 1 \end{pmatrix}$　　(2) $\begin{pmatrix} 1 & i & 1 \\ -i & 1 & i \\ 1 & -i & 1 \end{pmatrix}$

解答

問 23.1 (1) $\begin{pmatrix} 3 & 0 \\ 0 & -1 \end{pmatrix}$　　(2) $\begin{pmatrix} 2 & 0 \\ 0 & 0 \end{pmatrix}$

問 23.2 (1) $U = \dfrac{1}{\sqrt{2}}\begin{pmatrix} 1 & -1 \\ 1 & 1 \end{pmatrix}$, $\begin{pmatrix} 0 & \\ & 2 \end{pmatrix}$

(2) $U = \dfrac{1}{\sqrt{5}}\begin{pmatrix} -2 & 1 \\ 1 & 2 \end{pmatrix}$, $\begin{pmatrix} -2 & \\ & 3 \end{pmatrix}$

問 23.3 (1) $U = \dfrac{1}{\sqrt{2}}\begin{pmatrix} 1 & i \\ i & 1 \end{pmatrix}$, $\begin{pmatrix} 0 & \\ & 2 \end{pmatrix}$　　(2) $U = \dfrac{1}{\sqrt{5}}\begin{pmatrix} i & 2 \\ 2 & i \end{pmatrix}$, $\begin{pmatrix} 1 & \\ & 6 \end{pmatrix}$

練習問題 23

1. (1) $\begin{pmatrix} 1 & 0 & 0 \\ 0 & -1 & 0 \\ 0 & 0 & 2 \end{pmatrix}$　　(2) $\begin{pmatrix} 0 & 0 & 0 \\ 0 & 1 & 0 \\ 0 & 0 & 4 \end{pmatrix}$

2. (1) $U=\begin{pmatrix} 1/\sqrt{2} & -1/\sqrt{6} & 1/\sqrt{3} \\ 0 & 2/\sqrt{6} & 1/\sqrt{3} \\ -1/\sqrt{2} & -1/\sqrt{6} & 1/\sqrt{3} \end{pmatrix}$, $\begin{pmatrix} 0 & & \\ & 0 & \\ & & 3 \end{pmatrix}$

(2) $U=\begin{pmatrix} 1/\sqrt{3} & 1/\sqrt{2} & 1/\sqrt{6} \\ 1/\sqrt{3} & -1/\sqrt{2} & 1/\sqrt{6} \\ 1/\sqrt{3} & 0 & -2/\sqrt{6} \end{pmatrix}$, $\begin{pmatrix} 1 & & \\ & 2 & \\ & & -2 \end{pmatrix}$

3. (1) $U=\begin{pmatrix} 1/\sqrt{2} & i/\sqrt{6} & i/\sqrt{3} \\ 0 & -2/\sqrt{6} & 1/\sqrt{3} \\ i/\sqrt{2} & 1/\sqrt{6} & 1/\sqrt{3} \end{pmatrix}$, $\begin{pmatrix} 1 & & \\ & -1 & \\ & & 2 \end{pmatrix}$

(2) $U=\begin{pmatrix} 1/\sqrt{3} & i/\sqrt{2} & 1/\sqrt{6} \\ i/\sqrt{3} & 1/\sqrt{2} & i/\sqrt{6} \\ -1/\sqrt{3} & 0 & 2/\sqrt{6} \end{pmatrix}$, $\begin{pmatrix} -1 & & \\ & 2 & \\ & & 2 \end{pmatrix}$

§24 いろいろな行列の対角化

固有値と固有ベクトルの応用を考える．ここでは対称行列やエルミート行列以外の正方行列を対角化する．

24.1 反対称行列と反エルミート行列の対角化

反対称行列や反エルミート行列を対角行列に直す．

固有値と固有ベクトルを用いると，反対称行列や反エルミート行列を対角化できる．

公式 24.1 反対称行列と反エルミート行列の対角化

A が n 次の反対称行列（${}^tA = -A$）または反エルミート行列（$A^* = -A$）ならば行列 A の固有値 $h = \alpha_1, \cdots, \alpha_n$ は純虚数で，対応する固有ベクトル $\boldsymbol{u}_1, \cdots, \boldsymbol{u}_n$ は正規直交ベクトル（正規直交基底）になる．行列 $U = (\boldsymbol{u}_1 \ \cdots \ \boldsymbol{u}_n)$ はユニタリー行列（$U^* = U^{-1}$）になり

$$U^*AU = \begin{pmatrix} \alpha_1 & & \\ & \ddots & \\ & & \alpha_n \end{pmatrix}$$

解説 反対称または反エルミート行列 A の固有ベクトルを並べて，ユニタリー行列 U を作る．U^*AU として行列 A を対角化できる．このとき対角成分は行列 A の固有値で，純虚数になる．

例題 24.1 公式 24.1 を用いて対角化せよ．

(1) $A = \begin{pmatrix} 0 & -1 \\ 1 & 0 \end{pmatrix}$ (2) $B = \begin{pmatrix} i & -2 \\ 2 & i \end{pmatrix}$

解 固有値と固有ベクトルを用いてユニタリー行列と対角行列を作る．

(1) 行列 A の固有値は例題 22.2(2) より $h = \pm i$ となる．固有ベクトルは例題 22.3(2) より

- $h = i$ ならば $\boldsymbol{p} = y\begin{pmatrix} i \\ 1 \end{pmatrix}$ より $\boldsymbol{u}_1 = \dfrac{1}{\sqrt{2}}\begin{pmatrix} i \\ 1 \end{pmatrix}$ とおく．
- $h = -i$ ならば $\boldsymbol{p} = -iy\begin{pmatrix} 1 \\ i \end{pmatrix}$ より $\boldsymbol{u}_2 = \dfrac{1}{\sqrt{2}}\begin{pmatrix} 1 \\ i \end{pmatrix}$ とおく．

$$U = \frac{1}{\sqrt{2}}\begin{pmatrix} i & 1 \\ 1 & i \end{pmatrix}, \quad U^*AU = \begin{pmatrix} i & \\ & -i \end{pmatrix}$$

(2) $|B-hE| = \left|\begin{pmatrix} i & -2 \\ 2 & i \end{pmatrix} - \begin{pmatrix} h & 0 \\ 0 & h \end{pmatrix}\right| = \begin{vmatrix} i-h & -2 \\ 2 & i-h \end{vmatrix} = 0$

$$(i-h)^2+4 = 0$$
$$i-h = \pm 2i$$
$$h = -i, 3i$$

・$h = -i$ ならば $B+iE = \begin{pmatrix} i & -2 \\ 2 & i \end{pmatrix} + \begin{pmatrix} i & 0 \\ 0 & i \end{pmatrix} = \begin{pmatrix} 2i & -2 \\ 2 & 2i \end{pmatrix}$

固有ベクトルを $\boldsymbol{p} = \begin{pmatrix} x \\ y \end{pmatrix}$ として $\begin{pmatrix} 2i & -2 \\ 2 & 2i \end{pmatrix}\begin{pmatrix} x \\ y \end{pmatrix} = \begin{pmatrix} 0 \\ 0 \end{pmatrix}$

$$\left(\begin{array}{cc|c} 2i & -2 & 0 \\ 2 & 2i & 0 \end{array}\right) \longrightarrow \left(\begin{array}{cc|c} \boxed{i} & -1 & 0 \\ \boxed{①} & i & 0 \end{array}\right) \longrightarrow \left(\begin{array}{cc|c} 0 & 0 & 0 \\ 1 & i & 0 \end{array}\right)$$

方程式に戻すと

$x+iy = 0$ より $x = -iy$

$\boldsymbol{p} = \begin{pmatrix} x \\ y \end{pmatrix} = \begin{pmatrix} -iy \\ y \end{pmatrix} = -iy\begin{pmatrix} 1 \\ i \end{pmatrix}$ より $\boldsymbol{u}_1 = \frac{1}{\sqrt{2}}\begin{pmatrix} 1 \\ i \end{pmatrix}$ とおく.

・$h = 3i$ ならば $B-3iE = \begin{pmatrix} i & -2 \\ 2 & i \end{pmatrix} - \begin{pmatrix} 3i & 0 \\ 0 & 3i \end{pmatrix} = \begin{pmatrix} -2i & -2 \\ 2 & -2i \end{pmatrix}$

固有ベクトルを $\boldsymbol{p} = \begin{pmatrix} x \\ y \end{pmatrix}$ として $\begin{pmatrix} -2i & -2 \\ 2 & -2i \end{pmatrix}\begin{pmatrix} x \\ y \end{pmatrix} = \begin{pmatrix} 0 \\ 0 \end{pmatrix}$

$$\left(\begin{array}{cc|c} -2i & -2 & 0 \\ 2 & -2i & 0 \end{array}\right) \longrightarrow \left(\begin{array}{cc|c} \boxed{i} & 1 & 0 \\ \boxed{①} & -i & 0 \end{array}\right) \longrightarrow \left(\begin{array}{cc|c} 0 & 0 & 0 \\ 1 & -i & 0 \end{array}\right)$$

方程式に戻すと

$x-iy = 0$ より $x = iy$

$\boldsymbol{p} = \begin{pmatrix} x \\ y \end{pmatrix} = \begin{pmatrix} iy \\ y \end{pmatrix} = y\begin{pmatrix} i \\ 1 \end{pmatrix}$ より $\boldsymbol{u}_2 = \frac{1}{\sqrt{2}}\begin{pmatrix} i \\ 1 \end{pmatrix}$ とおく

$$U = \frac{1}{\sqrt{2}}\begin{pmatrix} 1 & i \\ i & 1 \end{pmatrix}, \quad U^*BU = \begin{pmatrix} -i & \\ & 3i \end{pmatrix}$$

問 24.1 公式 24.1 を用いて対角化せよ.

(1) $\begin{pmatrix} 0 & -2 \\ 2 & 0 \end{pmatrix}$ (2) $\begin{pmatrix} i & -1 \\ 1 & i \end{pmatrix}$

24.2 直交行列とユニタリー行列の対角化

直交行列とユニタリー行列を対角行列に直す.

固有値と固有ベクトルを用いると，直交行列やユニタリー行列を対角化できる.

公式 24.2 直交行列とユニタリー行列の対角化

A が n 次の直交行列 $({}^tA = A^{-1})$ またはユニタリー行列 $(A^* = A^{-1})$

ならば行列 A の固有値 $h=\alpha_1,\cdots,\alpha_n$ は $|\alpha_1|=\cdots=|\alpha_n|=1$ を満たし，対応する固有ベクトル $\boldsymbol{u}_1,\cdots,\boldsymbol{u}_n$ は正規直交ベクトル（正規直交基底）になる．行列 $U=(\boldsymbol{u}_1\ \ \cdots\ \ \boldsymbol{u}_n)$ はユニタリー行列 $(U^*=U^{-1})$ になり

$$U^*AU=\begin{pmatrix}\alpha_1 & & \\ & \ddots & \\ & & \alpha_n\end{pmatrix}$$

解説　直交またはユニタリー行列 A の固有ベクトルを並べてユニタリー行列 U を作る．U^*AU として行列 A を対角化できる．このとき対角成分は行列 A の固有値で，絶対値が 1 になる．

例題 24.2　公式 24.2 を用いて対角化せよ．

(1)　$A=\dfrac{1}{\sqrt{2}}\begin{pmatrix}1 & -1\\ 1 & 1\end{pmatrix}$　　(2)　$B=\dfrac{1}{\sqrt{2}}\begin{pmatrix}1 & i\\ i & 1\end{pmatrix}$

解　固有値と固有ベクトルを用いてユニタリー行列と対角行列を作る．

(1)　$|A-hE|=\left|\dfrac{1}{\sqrt{2}}\begin{pmatrix}1 & -1\\ 1 & 1\end{pmatrix}-\begin{pmatrix}h & 0\\ 0 & h\end{pmatrix}\right|=\dfrac{1}{2}\begin{vmatrix}1-\sqrt{2}h & -1\\ 1 & 1-\sqrt{2}h\end{vmatrix}=0$

$(1-\sqrt{2}h)^2+1=0$

$1-\sqrt{2}h=\pm i$

$h=\dfrac{1\pm i}{\sqrt{2}}$

・$h=\dfrac{1+i}{\sqrt{2}}$ ならば $A-\dfrac{1+i}{\sqrt{2}}E=\dfrac{1}{\sqrt{2}}\begin{pmatrix}1 & -1\\ 1 & 1\end{pmatrix}-\dfrac{1}{\sqrt{2}}\begin{pmatrix}1+i & 0\\ 0 & 1+i\end{pmatrix}$

$=\dfrac{1}{\sqrt{2}}\begin{pmatrix}-i & -1\\ 1 & -i\end{pmatrix}$

固有ベクトルを $\boldsymbol{p}=\begin{pmatrix}x\\ y\end{pmatrix}$ として $\dfrac{1}{\sqrt{2}}\begin{pmatrix}-i & -1\\ 1 & -i\end{pmatrix}\begin{pmatrix}x\\ y\end{pmatrix}=\begin{pmatrix}0\\ 0\end{pmatrix}$

$$\left(\begin{array}{cc|c}\boxed{-i} & -1 & 0\\ \boxed{①} & -i & 0\end{array}\right)\longrightarrow\left(\begin{array}{cc|c}0 & 0 & 0\\ 1 & -i & 0\end{array}\right)$$

方程式に戻すと

$x-iy=0$ より $x=iy$

$\boldsymbol{p}=\begin{pmatrix}x\\ y\end{pmatrix}=\begin{pmatrix}iy\\ y\end{pmatrix}=y\begin{pmatrix}i\\ 1\end{pmatrix}$ より $\boldsymbol{u}_1=\dfrac{1}{\sqrt{2}}\begin{pmatrix}i\\ 1\end{pmatrix}$ とおく．

・$h=\dfrac{1-i}{\sqrt{2}}$ ならば $A-\dfrac{1-i}{\sqrt{2}}E=\dfrac{1}{\sqrt{2}}\begin{pmatrix}1 & -1\\ 1 & 1\end{pmatrix}-\dfrac{1}{\sqrt{2}}\begin{pmatrix}1-i & 0\\ 0 & 1-i\end{pmatrix}$

$=\dfrac{1}{\sqrt{2}}\begin{pmatrix}i & -1\\ 1 & i\end{pmatrix}$

固有ベクトルを $\boldsymbol{p}=\begin{pmatrix}x\\y\end{pmatrix}$ として $\dfrac{1}{\sqrt{2}}\begin{pmatrix}i & -1\\1 & i\end{pmatrix}\begin{pmatrix}x\\y\end{pmatrix}=\begin{pmatrix}0\\0\end{pmatrix}$

$$\left(\begin{array}{cc|c}\boxed{\begin{matrix}i\\①\end{matrix}} & \begin{matrix}-1\\i\end{matrix} & \begin{matrix}0\\0\end{matrix}\end{array}\right)\longrightarrow\left(\begin{array}{cc|c}0 & 0 & 0\\1 & i & 0\end{array}\right)$$

方程式に戻すと

$x+iy=0$ より $x=-iy$

$\boldsymbol{p}=\begin{pmatrix}x\\y\end{pmatrix}=\begin{pmatrix}-iy\\y\end{pmatrix}=-iy\begin{pmatrix}1\\i\end{pmatrix}$ より $\boldsymbol{u}_2=\dfrac{1}{\sqrt{2}}\begin{pmatrix}1\\i\end{pmatrix}$ とおく。

$$U=\frac{1}{\sqrt{2}}\begin{pmatrix}i & 1\\1 & i\end{pmatrix},\quad U^*AU=\frac{1}{\sqrt{2}}\begin{pmatrix}1+i & \\ & 1-i\end{pmatrix}$$

(2) $|B-hE|=\left|\dfrac{1}{\sqrt{2}}\begin{pmatrix}1 & i\\i & 1\end{pmatrix}-\begin{pmatrix}h & 0\\0 & h\end{pmatrix}\right|=\dfrac{1}{2}\begin{vmatrix}1-\sqrt{2}h & i\\i & 1-\sqrt{2}h\end{vmatrix}=0$

$(1-\sqrt{2}h)^2+1=0$

$1-\sqrt{2}h=\pm i$

$h=\dfrac{1\pm i}{\sqrt{2}}$

・$h=\dfrac{1+i}{\sqrt{2}}$ ならば $B-\dfrac{1+i}{\sqrt{2}}E=\dfrac{1}{\sqrt{2}}\begin{pmatrix}1 & i\\i & 1\end{pmatrix}-\dfrac{1}{\sqrt{2}}\begin{pmatrix}1+i & 0\\0 & 1+i\end{pmatrix}$

$=\dfrac{1}{\sqrt{2}}\begin{pmatrix}-i & i\\i & -i\end{pmatrix}$

固有ベクトル $\boldsymbol{p}=\begin{pmatrix}x\\y\end{pmatrix}$ として $\dfrac{1}{\sqrt{2}}\begin{pmatrix}-i & i\\i & -i\end{pmatrix}\begin{pmatrix}x\\y\end{pmatrix}=\begin{pmatrix}0\\0\end{pmatrix}$

$$\left(\begin{array}{cc|c}-i & i & 0\\i & -i & 0\end{array}\right)\longrightarrow\left(\begin{array}{cc|c}\boxed{\begin{matrix}-1\\①\end{matrix}} & \begin{matrix}1\\-1\end{matrix} & \begin{matrix}0\\0\end{matrix}\end{array}\right)\longrightarrow\left(\begin{array}{cc|c}0 & 0 & 0\\1 & -1 & 0\end{array}\right)$$

方程式に戻すと

$x-y=0$ より $x=y$

$\boldsymbol{p}=\begin{pmatrix}x\\y\end{pmatrix}=\begin{pmatrix}y\\y\end{pmatrix}=y\begin{pmatrix}1\\1\end{pmatrix}$ より $\boldsymbol{u}_1=\dfrac{1}{\sqrt{2}}\begin{pmatrix}1\\1\end{pmatrix}$ とおく。

・$h=\dfrac{1-i}{\sqrt{2}}$ ならば $B-\dfrac{1-i}{\sqrt{2}}E=\dfrac{1}{\sqrt{2}}\begin{pmatrix}1 & i\\i & 1\end{pmatrix}-\dfrac{1}{\sqrt{2}}\begin{pmatrix}1-i & 0\\0 & 1-i\end{pmatrix}$

$=\dfrac{1}{\sqrt{2}}\begin{pmatrix}i & i\\i & i\end{pmatrix}$

固有ベクトルを $\boldsymbol{p}=\begin{pmatrix}x\\y\end{pmatrix}$ として $\dfrac{1}{\sqrt{2}}\begin{pmatrix}i & i\\i & i\end{pmatrix}\begin{pmatrix}x\\y\end{pmatrix}=\begin{pmatrix}0\\0\end{pmatrix}$

$$\left(\begin{array}{cc|c}i & i & 0\\i & i & 0\end{array}\right)\longrightarrow\left(\begin{array}{cc|c}\boxed{\begin{matrix}①\\1\end{matrix}} & \begin{matrix}1\\1\end{matrix} & \begin{matrix}0\\0\end{matrix}\end{array}\right)\longrightarrow\left(\begin{array}{cc|c}1 & 1 & 0\\0 & 0 & 0\end{array}\right)$$

方程式に戻すと

$x+y=0$ より $x=-y$

$$\boldsymbol{p}=\begin{pmatrix}x\\y\end{pmatrix}=\begin{pmatrix}-y\\y\end{pmatrix}=y\begin{pmatrix}-1\\1\end{pmatrix} \text{ より } \boldsymbol{u}_2=\frac{1}{\sqrt{2}}\begin{pmatrix}-1\\1\end{pmatrix} \text{ とおく.}$$

$$U=\frac{1}{\sqrt{2}}\begin{pmatrix}1&-1\\1&1\end{pmatrix},\quad {}^tUBU=\frac{1}{\sqrt{2}}\begin{pmatrix}1+i&\\&1-i\end{pmatrix}$$ ▮

問 24.2 公式 24.2 を用いて対角化せよ.

(1) $\dfrac{1}{\sqrt{5}}\begin{pmatrix}1&-2\\2&1\end{pmatrix}$　　(2) $\dfrac{1}{\sqrt{5}}\begin{pmatrix}i&-2\\-2&i\end{pmatrix}$

注意 行列 A が $AA^*=A^*A$ ならば正規行列という. 正規行列はユニタリー行列 U を用いて U^*AU とすると対角化できる. これまで考えた対称行列, エルミート行列, 反対称行列, 反エルミート行列, 直交行列, ユニタリー行列などはすべて正規行列になる.

例 1 正規行列を対角化する.

$A=\begin{pmatrix}1&i\\-1&1\end{pmatrix}$ ならば $AA^*=A^*A=\begin{pmatrix}2&-1+i\\-1-i&2\end{pmatrix}$ より正規行列になる.

固有値 h と固有ベクトル $\boldsymbol{p}$ は

$$h=1+\frac{1-i}{\sqrt{2}},\quad \boldsymbol{p}=y\begin{pmatrix}-1+i\\\sqrt{2}\end{pmatrix} \text{ より } \boldsymbol{u}_1=\frac{1}{2}\begin{pmatrix}-1+i\\\sqrt{2}\end{pmatrix} \text{ とおく.}$$

$$h=1-\frac{1-i}{\sqrt{2}},\quad \boldsymbol{p}=y\begin{pmatrix}\sqrt{2}\\1+i\end{pmatrix} \text{ より } \boldsymbol{u}_2=\frac{1}{2}\begin{pmatrix}\sqrt{2}\\1+i\end{pmatrix} \text{ とおく.}$$

$$U=\frac{1}{2}\begin{pmatrix}-1+i&\sqrt{2}\\\sqrt{2}&1+i\end{pmatrix}$$

$$U^*AU=\begin{pmatrix}1+(1-i)/\sqrt{2}&\\&1-(1-i)/\sqrt{2}\end{pmatrix}$$ ▮

24.3 その他の正方行列の対角化

正規行列以外の正方行列を対角行列に直す.

固有値と固有ベクトルを用いるとその他の正方行列を対角化できる.

公式 24.3 正方行列の対角化

A は n 次の正方行列とする. 行列 A の固有値 $h=\alpha_1,\cdots,\alpha_n$ に対応する固有ベクトル $\boldsymbol{p}_1,\cdots,\boldsymbol{p}_n$ が線形独立ならば, 行列 $P=(\boldsymbol{p}_1\ \cdots\ \boldsymbol{p}_n)$ は正則になり

$$P^{-1}AP = \begin{pmatrix} \alpha_1 & & \\ & \ddots & \\ & & \alpha_n \end{pmatrix}$$

解説　正方行列 A の固有ベクトルを並べて正則行列 P を作る．$P^{-1}AP$ として正方行列 A を対角化できる．このとき対角成分は正方行列 A の固有値になる．

例題 24.3　公式 24.3 を用いて対角化せよ．

(1)　$A = \begin{pmatrix} 1 & 1 \\ 4 & 1 \end{pmatrix}$　　(2)　$B = \begin{pmatrix} 1 & 2 \\ -1 & 3 \end{pmatrix}$

解　固有値と固有ベクトルを用いて正則行列と対角行列を作る．

(1)　$|A-hE| = \left|\begin{pmatrix} 1 & 1 \\ 4 & 1 \end{pmatrix} - \begin{pmatrix} h & 0 \\ 0 & h \end{pmatrix}\right| = \begin{vmatrix} 1-h & 1 \\ 4 & 1-h \end{vmatrix} = 0$

$(1-h)^2-4 = 0$

$1-h = \pm 2$

$h = -1, 3$

・$h = -1$ ならば $A+1E = \begin{pmatrix} 1 & 1 \\ 4 & 1 \end{pmatrix} + \begin{pmatrix} 1 & 0 \\ 0 & 1 \end{pmatrix} = \begin{pmatrix} 2 & 1 \\ 4 & 2 \end{pmatrix}$

固有ベクトルを $\boldsymbol{p} = \begin{pmatrix} x \\ y \end{pmatrix}$ として $\begin{pmatrix} 2 & 1 \\ 4 & 2 \end{pmatrix}\begin{pmatrix} x \\ y \end{pmatrix} = \begin{pmatrix} 0 \\ 0 \end{pmatrix}$

$$\left(\begin{array}{cc|c} 2 & \boxed{\begin{matrix} ① \\ 2 \end{matrix}} & 0 \\ 4 & & 0 \end{array}\right) \longrightarrow \left(\begin{array}{cc|c} 2 & 1 & 0 \\ 0 & 0 & 0 \end{array}\right)$$

方程式に戻すと

$2x+y = 0$ より $y = -2x$

$\boldsymbol{p} = \begin{pmatrix} x \\ y \end{pmatrix} = \begin{pmatrix} x \\ -2x \end{pmatrix} = x\begin{pmatrix} 1 \\ -2 \end{pmatrix}$ より $\boldsymbol{p}_1 = \begin{pmatrix} 1 \\ -2 \end{pmatrix}$ とおく．

・$h = 3$ ならば $A-3E = \begin{pmatrix} 1 & 1 \\ 4 & 1 \end{pmatrix} - \begin{pmatrix} 3 & 0 \\ 0 & 3 \end{pmatrix} = \begin{pmatrix} -2 & 1 \\ 4 & -2 \end{pmatrix}$

固有ベクトルを $\boldsymbol{p} = \begin{pmatrix} x \\ y \end{pmatrix}$ として $\begin{pmatrix} -2 & 1 \\ 4 & -2 \end{pmatrix}\begin{pmatrix} x \\ y \end{pmatrix} = \begin{pmatrix} 0 \\ 0 \end{pmatrix}$

$$\left(\begin{array}{cc|c} -2 & \boxed{\begin{matrix} ① \\ -2 \end{matrix}} & 0 \\ 4 & & 0 \end{array}\right) \longrightarrow \left(\begin{array}{cc|c} -2 & 1 & 0 \\ 0 & 0 & 0 \end{array}\right)$$

方程式に戻すと

$-2x+y = 0$ より $y = 2x$

$\boldsymbol{p} = \begin{pmatrix} x \\ y \end{pmatrix} = \begin{pmatrix} x \\ 2x \end{pmatrix} = x\begin{pmatrix} 1 \\ 2 \end{pmatrix}$ より $\boldsymbol{p}_2 = \begin{pmatrix} 1 \\ 2 \end{pmatrix}$ とおく．

$$P=\begin{pmatrix}1&1\\-2&2\end{pmatrix},\ P^{-1}AP=\begin{pmatrix}-1&\\&3\end{pmatrix}$$

(2) $|B-hE|=\left|\begin{pmatrix}1&2\\-1&3\end{pmatrix}-\begin{pmatrix}h&0\\0&h\end{pmatrix}\right|=\begin{vmatrix}1-h&2\\-1&3-h\end{vmatrix}=0$

$(1-h)(3-h)+2=0$

$h^2-4h+5=0$

$h=2\pm i$

・$h=2+i$ ならば $B-(2+i)E=\begin{pmatrix}1&2\\-1&3\end{pmatrix}-\begin{pmatrix}2+i&0\\0&2+i\end{pmatrix}$

$=\begin{pmatrix}-1-i&2\\-1&1-i\end{pmatrix}$

固有ベクトルを $\boldsymbol{p}=\begin{pmatrix}x\\y\end{pmatrix}$ として $\begin{pmatrix}-1-i&2\\-1&1-i\end{pmatrix}\begin{pmatrix}x\\y\end{pmatrix}=\begin{pmatrix}0\\0\end{pmatrix}$

$$\left(\begin{array}{cc|c}-1-i&2&0\\-1&1-i&0\end{array}\right)\longrightarrow\left(\begin{array}{cc|c}\boxed{\begin{array}{c}-1-i\\ ①\end{array}}&\begin{array}{c}2\\-1+i\end{array}&\begin{array}{c}0\\0\end{array}\end{array}\right)\longrightarrow$$

$$\left(\begin{array}{cc|c}0&0&0\\1&-1+i&0\end{array}\right)$$

方程式に戻すと

$x-(1-i)y=0$ より $x=(1-i)y$

$\boldsymbol{p}=\begin{pmatrix}x\\y\end{pmatrix}=\begin{pmatrix}(1-i)y\\y\end{pmatrix}=y\begin{pmatrix}1-i\\1\end{pmatrix}$ より $\boldsymbol{p}_1=\begin{pmatrix}1-i\\1\end{pmatrix}$ とおく.

・$h=2-i$ ならば $B-(2-i)E=\begin{pmatrix}1&2\\-1&3\end{pmatrix}-\begin{pmatrix}2-i&0\\0&2-i\end{pmatrix}$

$=\begin{pmatrix}-1+i&2\\-1&1+i\end{pmatrix}$

固有ベクトルを $\boldsymbol{p}=\begin{pmatrix}x\\y\end{pmatrix}$ として $\begin{pmatrix}-1+i&2\\-1&1+i\end{pmatrix}\begin{pmatrix}x\\y\end{pmatrix}=\begin{pmatrix}0\\0\end{pmatrix}$

$$\left(\begin{array}{cc|c}-1+i&2&0\\-1&1+i&0\end{array}\right)\longrightarrow\left(\begin{array}{cc|c}\boxed{\begin{array}{c}-1+i\\ ①\end{array}}&\begin{array}{c}2\\-1-i\end{array}&\begin{array}{c}0\\0\end{array}\end{array}\right)\longrightarrow$$

$$\left(\begin{array}{cc|c}0&0&0\\1&-1-i&0\end{array}\right)$$

方程式に戻すと

$x-(1+i)y=0$ より $x=(1+i)y$

$\boldsymbol{p}=\begin{pmatrix}x\\y\end{pmatrix}=\begin{pmatrix}(1+i)y\\y\end{pmatrix}=y\begin{pmatrix}1+i\\1\end{pmatrix}$ より $\boldsymbol{p}_2=\begin{pmatrix}1+i\\1\end{pmatrix}$ とおく.

$$P=\begin{pmatrix}1-i&1+i\\1&1\end{pmatrix},\ P^{-1}BP=\begin{pmatrix}2+i&\\&2-i\end{pmatrix}$$

問 24.3　公式 24.3 を用いて対角化せよ．

(1) $\begin{pmatrix} 1 & 2 \\ 3 & 2 \end{pmatrix}$　　(2) $\begin{pmatrix} i & -1 \\ 4 & i \end{pmatrix}$

注意　線形独立な固有ベクトルがたりない場合もある．そのときは対角化できないのでジョルダン行列（ジョルダン標準形）に変形にする．この行列は対角成分以外に 1 がある．

例 2　対角化できない行列を変形する．

$A = \begin{pmatrix} 1 & -2 \\ 2 & -3 \end{pmatrix}$ ならば，固有値 h と固有ベクトル $\boldsymbol{p}$ は

$h = -1$, $\boldsymbol{p} = x\begin{pmatrix} 1 \\ 1 \end{pmatrix}$ より $\boldsymbol{p}_1 = \begin{pmatrix} 2 \\ 2 \end{pmatrix}$, $\boldsymbol{p}_2 = \begin{pmatrix} 1 \\ 0 \end{pmatrix}$　（ただし $(A - hE)\boldsymbol{p}_2 = \boldsymbol{p}_1$）

とおく．

$$P = \begin{pmatrix} 2 & 1 \\ 2 & 0 \end{pmatrix},\quad P^{-1}AP = \begin{pmatrix} -1 & 1 \\ 0 & -1 \end{pmatrix}$$

練習問題 24

1.　公式 24.1 を用いて対角化せよ．

(1) $\begin{pmatrix} 0 & 0 & 1 \\ 0 & 0 & 0 \\ -1 & 0 & 0 \end{pmatrix}$　　(2) $\begin{pmatrix} 0 & -1 & 0 \\ 1 & i & 1 \\ 0 & -1 & 0 \end{pmatrix}$

2.　公式 24.2 を用いて対角化せよ．

(1) $\begin{pmatrix} 0 & 0 & 1 \\ 0 & -1 & 0 \\ -1 & 0 & 0 \end{pmatrix}$　　(2) $\begin{pmatrix} 0 & i & 0 \\ i & 0 & 0 \\ 0 & 0 & 1 \end{pmatrix}$

3.　公式 24.3 を用いて対角化せよ．

(1) $\begin{pmatrix} -3 & 2 & -2 \\ -2 & 1 & -2 \\ 2 & -2 & 1 \end{pmatrix}$　　(2) $\begin{pmatrix} 3 & -2 & 2 \\ 1 & -1 & 2 \\ -4 & 2 & -1 \end{pmatrix}$

解答

問 24.1 (1)　$U = \dfrac{1}{\sqrt{2}}\begin{pmatrix} i & 1 \\ 1 & i \end{pmatrix}$, $\begin{pmatrix} 2i & \\ & -2i \end{pmatrix}$

(2)　$U = \dfrac{1}{\sqrt{2}}\begin{pmatrix} 1 & i \\ i & 1 \end{pmatrix}$, $\begin{pmatrix} 0 & \\ & 2i \end{pmatrix}$

問 24.2 (1)　$U = \dfrac{1}{\sqrt{2}}\begin{pmatrix} i & 1 \\ 1 & i \end{pmatrix}$, $\dfrac{1}{\sqrt{5}}\begin{pmatrix} 1+2i & \\ & 1-2i \end{pmatrix}$

(2) $U=\dfrac{1}{\sqrt{2}}\begin{pmatrix} 1 & 1 \\ -1 & 1 \end{pmatrix}$, $\dfrac{1}{\sqrt{5}}\begin{pmatrix} i+2 & \\ & i-2 \end{pmatrix}$

問 24.3 (1) $P=\begin{pmatrix} 1 & 2 \\ -1 & 3 \end{pmatrix}$, $\begin{pmatrix} -1 & \\ & 4 \end{pmatrix}$

(2) $P=\begin{pmatrix} 1 & 1 \\ 2i & -2i \end{pmatrix}$, $\begin{pmatrix} -i & \\ & 3i \end{pmatrix}$

練習問題 24

1. (1) $U=\begin{pmatrix} 1/\sqrt{2} & 0 & i/\sqrt{2} \\ 0 & 1 & 0 \\ i/\sqrt{2} & 0 & 1/\sqrt{2} \end{pmatrix}$, $\begin{pmatrix} i & & \\ & 0 & \\ & & -i \end{pmatrix}$

(2) $U=\begin{pmatrix} 1/\sqrt{2} & 1/\sqrt{3} & i/\sqrt{6} \\ 0 & i/\sqrt{3} & 2/\sqrt{6} \\ -1/\sqrt{2} & 1/\sqrt{3} & i/\sqrt{6} \end{pmatrix}$, $\begin{pmatrix} 0 & & \\ & -i & \\ & & 2i \end{pmatrix}$

2. (1) $U=\begin{pmatrix} 1/\sqrt{2} & 0 & i/\sqrt{2} \\ 0 & 1 & 0 \\ i/\sqrt{2} & 0 & 1/\sqrt{2} \end{pmatrix}$, $\begin{pmatrix} i & & \\ & -1 & \\ & & -i \end{pmatrix}$

(2) $U=\begin{pmatrix} 1/\sqrt{2} & -1/\sqrt{2} & 0 \\ 1/\sqrt{2} & 1/\sqrt{2} & 0 \\ 0 & 0 & 1 \end{pmatrix}$, $\begin{pmatrix} i & & \\ & -i & \\ & & 1 \end{pmatrix}$

3. (1) $P=\begin{pmatrix} 1 & 1 & 0 \\ 1 & 1 & 1 \\ -1 & 0 & 1 \end{pmatrix}$, $\begin{pmatrix} 1 & & \\ & -1 & \\ & & -1 \end{pmatrix}$

(2) $P=\begin{pmatrix} 0 & 2 & 2 \\ 1 & 3+i & 3-i \\ 1 & 2i & -2i \end{pmatrix}$, $\begin{pmatrix} 1 & & \\ & i & \\ & & -i \end{pmatrix}$

索　　引

あ　行

か　行

さ　行

記号索引

行列

a_{ij} **2**, 3, 43
O **2**, 8
E **3**, 8, 34
A 2
$A=B$ 3
$-A$ 3
kA 3
$A+B$ 3
AB 4
A^0, A^1, A^2, A^n 33
A^{-1} 34
${}^tA$ **38**, 50, 173
${}^tA^{-1}$ 39
$\overline{{}^tA}$ 172
$A^{\dagger}$ 172
$*$ 8
$\begin{pmatrix} a_{11} & a_{12} & \cdots \\ a_{21} & a_{22} & \cdots \\ \vdots & \vdots & \end{pmatrix}$ 2
$\begin{pmatrix} a & b & c \\ & d & e \\ & & f \end{pmatrix}$ 8
$\begin{pmatrix} a & & \\ & b & \\ & & c \end{pmatrix}$ 8
$\begin{pmatrix} E & * \\ O & O \end{pmatrix}$ 8, 12
$\begin{pmatrix} E & O \\ * & O \end{pmatrix}$ 19
$\begin{pmatrix} E & O \\ O & O \end{pmatrix}$ 22

行列式

$|A|$ **42**, 45, 46, 59, 60, 61, 62, 63, 183
$\det A$ 42
Δ_{ij} 43, **44**, 62, 63
$\begin{vmatrix} a_{11} & a_{12} & \cdots \\ a_{21} & a_{22} & \cdots \\ \vdots & \vdots & \end{vmatrix}$ 42, 43, 45, **46**, 59, 60, 61, 88
$\det\begin{pmatrix} a_{11} & a_{12} & \cdots \\ a_{21} & a_{22} & \cdots \\ \vdots & \vdots & \end{pmatrix}$ 42, 43, 45, **46**

ベクトル

$\mathbf{0}$ **66**, 109
$\boldsymbol{e}_1, \boldsymbol{e}_2, \boldsymbol{e}_3, \boldsymbol{e}_n$ **66**, 76, 83, 88, 109
$\boldsymbol{a}$ **66**, 107
$|\boldsymbol{a}|$ **66**, 70, 71, 75, 78, 82, 86, 107, 112, 175
$\boldsymbol{a}=\boldsymbol{b}$ **66**, 75, 83, 108
$-\boldsymbol{a}$ **66**, 109
$k\boldsymbol{a}$ **67**, 109
$\boldsymbol{a}+\boldsymbol{b}$ **68**, 109
$\boldsymbol{a}-\boldsymbol{b}$, $\boldsymbol{b}-\boldsymbol{a}$ **68**, 78, 85, 111
$\boldsymbol{a}\cdot\boldsymbol{b}$ **70**, 78, 86, 112, 175
$\boldsymbol{a}\times\boldsymbol{b}$ **71**, 88
$\boldsymbol{p}_{\mathcal{E}}$ 126
$x_1\boldsymbol{a}_1+\cdots+x_n\boldsymbol{a}_n$ **117**, 123, 126
$\boldsymbol{x}=t_1\boldsymbol{a}_1+\cdots+t_n\boldsymbol{a}_n$ **134**, 135
$\boldsymbol{x}=t_1\boldsymbol{a}_1+\cdots+t_n\boldsymbol{a}_n+\boldsymbol{b}$ 135
$[\boldsymbol{e}_1, \cdots, \boldsymbol{e}_n]$ 126
$[\boldsymbol{b}_1, \cdots, \boldsymbol{b}_n]$ **125**, 142, 164
$\overrightarrow{\mathrm{AB}}$ **66**, 77, 85, 111
$|\overrightarrow{\mathrm{AB}}|$ **66**, 77, 85, 111
$\overline{\mathrm{AB}}$ **77**, 85, 111
$\mathcal{E}$ 126
$\mathcal{B}$, $\mathcal{C}$ **125**, 142, 164, 168, 190
$\begin{pmatrix} a_1 \\ \vdots \\ a_n \end{pmatrix}$ 2, **75**, 82, 107, 176
$\begin{pmatrix} x_1 \\ \vdots \\ x_n \end{pmatrix}_{\mathcal{E}}$, $\begin{pmatrix} x_1 \\ \vdots \\ x_n \end{pmatrix}_{\mathcal{B}}$ **126**, 142, 165, 167
$(a_1, \cdots, a_n)$ 2, **176**

線形空間

$\mathbf{R}$, $\mathbf{R}^2$, $\mathbf{R}^3$, $\mathbf{R}^n$ **106**, 107
$\mathbf{C}$, $\mathbf{C}^n$ 175
V 133
W 135
$V+\boldsymbol{b}$ 135

線形写像

$\boldsymbol{u}=F(\boldsymbol{x})$ 140
$\boldsymbol{u}=F(\boldsymbol{x})+\boldsymbol{b}$ 144
$F(\boldsymbol{x})$ 140
F 140
F_A 140
kF 141
$F+G$ 141
$F\circ G$ 141
$F(l)$ 144, **147**
$F(\pi)$ 148
$F(V)$ 148
$F(W)$ 150
$F(\mathbf{R}^n)$ 151, **152**
$F^{-1}(\mathbf{0})$ **155**, 160
$F^{-1}(\mathbf{0})+\boldsymbol{b}$ 160
$F^{-1}(\boldsymbol{p})$ **157**, 160

複素数

i **92**, 172
$\sqrt{-1}$ 92
$a+bi$ **92**, 172
$\mathrm{Re}\,\alpha$ 92
$\mathrm{Im}\,\alpha$ 92
$\bar{\alpha}$ **92**, 94, 98, 172, 175
$|\alpha|$ **92**, 94, 95, 98, 175
$\arg\alpha$ **95**, 98
$\alpha=\beta$ 93
$e^{i\theta}$ 99
$re^{i\theta}$ 99
$r(\cos\theta+i\sin\theta)$ 95

その他

$\sin\theta$ **71**, 95, 99
$\cos\theta$ **70**, 78, 86, 95, 99, 112
①, ②, ③ 11
[1], [2], [3] 18
[† / ① / ＊] (縦の枠) **13**, 55
[＊ ① ＊] (横の枠) **20**, 56
$\rightarrow$ 11
$/\!/$ **67**, 72, 77, 84, 89, 110
$\perp$ **71**, 80, 88, 112, 114, 176

ギリシア文字

大小字	小文字	読み方	大小字	小文字	読み方	大小字	小文字	読み方
A	α	アルファ	I	ι	イオタ	P	ρ	ロー
B	β	ベータ	K	κ	カッパ	Σ	σ	シグマ
Γ	γ	ガンマ	Λ	λ	ラムダ	T	τ	タウ
Δ	δ	デルタ	M	μ	ミュー	Υ	υ	ユプシロン
E	ϵ	エプシロン	N	ν	ニュー	Φ	φ ϕ	ファイ
Z	ζ	ゼータ	Ξ	ξ	クシー	X	χ	カイ
H	η	エータ	O	o	オミクロン	Ψ	ψ ψ	プサイ
Θ	θ ϑ	シータ	Π	π	パイ	Ω	ω	オメガ

佐野公朗

1958年1月　東京都に生まれる
1981年　早稲田大学理工学部数学科卒業
現　在　八戸工業大学名誉教授
博士（理学）

計算力が身に付く 線形代数

2006年10月30日　第1版　第1刷　発行
2020年3月31日　第1版　第5刷　発行

著　者　佐野公朗（さの きみろう）
発行者　発田和子
発行所　株式会社 学術図書出版社
〒113-0033　東京都文京区本郷5－4－6
TEL 03-3811-0889　振替 00110-4-28454
印刷　中央印刷（株）

定価はカバーに表示してあります.

ISBN 978-4-87361-699-5　C3041

ベクトル

$$\left|\begin{pmatrix} a_1 \\ \vdots \\ a_n \end{pmatrix}\right| = \begin{cases} \sqrt{a_1{}^2 + \cdots + a_n{}^2} & \text{(実ベクトル)} \\ \sqrt{|a_1|^2 + \cdots + |a_n|^2} & \text{(複素ベクトル)} \end{cases} \quad \begin{array}{l}\text{(p. 75, p. 82, p. 107)} \\ \text{(p. 175)}\end{array}$$

$$k\begin{pmatrix} a_1 \\ \vdots \\ a_n \end{pmatrix} = \begin{pmatrix} ka_1 \\ \vdots \\ ka_n \end{pmatrix}, \quad \begin{pmatrix} a_1 \\ \vdots \\ a_n \end{pmatrix} + \begin{pmatrix} b_1 \\ \vdots \\ b_n \end{pmatrix} = \begin{pmatrix} a_1 + b_1 \\ \vdots \\ a_n + b_n \end{pmatrix} \quad (k \text{ は定数}) \quad \text{(p. 76, p. 83, p. 108)}$$

2 点 $A(a_1, \cdots, a_n)$, $B(b_1, \cdots, b_n)$ に対して

$$\overrightarrow{AB} = \begin{pmatrix} b_1 - a_1 \\ \vdots \\ b_n - a_n \end{pmatrix}, \quad \overline{AB} = \sqrt{(b_1 - a_1)^2 + \cdots + (b_n - a_n)^2} \quad \text{(p. 78, p. 85, p. 111)}$$

$$\begin{pmatrix} a_1 \\ \vdots \\ a_n \end{pmatrix} \cdot \begin{pmatrix} b_1 \\ \vdots \\ b_n \end{pmatrix} = \begin{cases} a_1 b_1 + \cdots + a_n b_n & \text{(実ベクトル)} \\ a_1 \overline{b_1} + \cdots + a_n \overline{b_n} & \text{(複素ベクトル)} \end{cases} \quad \begin{array}{l}\text{(p. 78, p. 86, p. 112)} \\ \text{(p. 175)}\end{array}$$

ベクトル $\boldsymbol{a}, \boldsymbol{b}$ のなす角 θ に対して

$$\cos \theta = \frac{\boldsymbol{a} \cdot \boldsymbol{b}}{|\boldsymbol{a}||\boldsymbol{b}|} = \frac{a_1 b_1 + \cdots + a_n b_n}{\sqrt{a_1{}^2 + \cdots + a_n{}^2} \sqrt{b_1{}^2 + \cdots + b_n{}^2}} \quad \text{(p. 78, p. 86, p. 112)}$$

$\boldsymbol{a} \perp \boldsymbol{b}$ ならば $\boldsymbol{a} \cdot \boldsymbol{b} = 0$ (p. 71, p. 112, p. 176)

$$\begin{pmatrix} a_1 \\ a_2 \\ a_3 \end{pmatrix} \times \begin{pmatrix} b_1 \\ b_2 \\ b_3 \end{pmatrix} = \begin{vmatrix} a_1 & b_1 & \boldsymbol{e}_1 \\ a_2 & b_2 & \boldsymbol{e}_2 \\ a_3 & b_3 & \boldsymbol{e}_3 \end{vmatrix} = \begin{pmatrix} a_2 b_3 - a_3 b_2 \\ a_3 b_1 - a_1 b_3 \\ a_1 b_2 - a_2 b_1 \end{pmatrix} \quad \text{(p. 88)}$$

$\boldsymbol{a} \parallel \boldsymbol{b}$ ならば $\boldsymbol{a} \times \boldsymbol{b} = 0$ (p. 72)

ベクトルの正規直交化 (p. 128)

$\boldsymbol{a}_1, \boldsymbol{a}_2, \boldsymbol{a}_3, \boldsymbol{a}_4, \cdots$ が線形独立ならば $\boldsymbol{u}_1, \boldsymbol{u}_2, \boldsymbol{u}_3, \boldsymbol{u}_4, \cdots$ は正規直交ベクトル.

$$\boldsymbol{u}_1 = \frac{\boldsymbol{a}_1}{|\boldsymbol{a}_1|}$$

$$\boldsymbol{a}_2' = \boldsymbol{a}_2 - (\boldsymbol{a}_2 \cdot \boldsymbol{u}_1)\boldsymbol{u}_1, \quad \boldsymbol{u}_2 = \frac{\boldsymbol{a}_2'}{|\boldsymbol{a}_2'|}$$

$$\boldsymbol{a}_3' = \boldsymbol{a}_3 - (\boldsymbol{a}_3 \cdot \boldsymbol{u}_1)\boldsymbol{u}_1 - (\boldsymbol{a}_3 \cdot \boldsymbol{u}_2)\boldsymbol{u}_2, \quad \boldsymbol{u}_3 = \frac{\boldsymbol{a}_3'}{|\boldsymbol{a}_3'|}$$

$$\boldsymbol{a}_4' = \boldsymbol{a}_4 - (\boldsymbol{a}_4 \cdot \boldsymbol{u}_1)\boldsymbol{u}_1 - (\boldsymbol{a}_4 \cdot \boldsymbol{u}_2)\boldsymbol{u}_2 - (\boldsymbol{a}_4 \cdot \boldsymbol{u}_3)\boldsymbol{u}_3, \quad \boldsymbol{u}_4 = \frac{\boldsymbol{a}_4'}{|\boldsymbol{a}_4'|}$$

$$\vdots \qquad\qquad\qquad\qquad \vdots$$

基底変換と成分（p. 164）

$\mathbf{R}^n$ の基底を $\mathcal{B}=[\boldsymbol{b}_1,\cdots,\boldsymbol{b}_n]$ から $\mathcal{C}=[\boldsymbol{c}_1,\cdots,\boldsymbol{c}_n]$ に取りかえると，基底変換行列 P は

$(\boldsymbol{b}_1 \ \cdots \ \boldsymbol{b}_n)P=(\boldsymbol{c}_1 \ \cdots \ \boldsymbol{c}_n)$

各基底に関するベクトル $\boldsymbol{x}$ の成分は

$$P\begin{pmatrix} x_1' \\ \vdots \\ x_n' \end{pmatrix}_{\mathcal{C}} = \begin{pmatrix} x_1 \\ \vdots \\ x_n \end{pmatrix}_{\mathcal{B}}$$

基底変換と表現行列（p. 168, p. 190）

$\mathbf{R}^n$ から $\mathbf{R}^m$ への線形写像 F の表現行列を A とする．$\mathbf{R}^n$ の基底変換行列を P，$\mathbf{R}^m$ の基底変換行列を Q とする．基底変換後の F の表現行列 A' は

$QA'=AP$ または $A'=Q^{-1}AP$

$\mathbf{R}^n$ での線形変換 F の表現行列を A とする．$\mathbf{R}^n$ の基底変換行列を P とする．基底変換後の F の表現行列 A' は

$PA'=AP$ または $A'=P^{-1}AP$

固有値と固有ベクトル（p. 183, p. 184）

正方行列 A の固有値 h と固有ベクトル $\boldsymbol{p}$ は

$|A-hE|=0$

$(A-hE)\boldsymbol{p}=\boldsymbol{0}$

複素数（p. 92, p. 94, p. 95, p. 98, p. 99）

$i^2=-1,\ \ i=\sqrt{-1}$

$\mathrm{Re}\,(a+bi)=a$

$\mathrm{Im}\,(a+bi)=b$

$\overline{a+bi}=a-bi$

$|a+bi|=\sqrt{a^2+b^2}$

$\bar{\alpha}+\bar{\beta}=\overline{\alpha+\beta}$

$\bar{\alpha}\bar{\beta}=\overline{\alpha\beta}$

$\alpha\bar{\alpha}=|\alpha|^2$

$|\bar{\alpha}|=|\alpha|$

$|\alpha||\beta|=|\alpha\beta|$

$|\alpha+\beta|\leqq|\alpha|+|\beta|$

$|\alpha-\beta|$ は α と β の距離

$\arg\bar{\alpha}=-\arg\alpha$

$\arg\alpha+\arg\beta=\arg\alpha\beta$

$\arg\alpha-\arg\beta=\arg\dfrac{\alpha}{\beta}$

$n\arg\alpha=\arg\alpha^n$

$e^{i\theta}=\cos\theta+i\sin\theta$

$|e^{i\theta}|=1,\ \ \arg e^{i\theta}=\theta$

$\overline{e^{i\theta}}=e^{-i\theta}$

$e^{i\alpha}e^{i\beta}=e^{i(\alpha+\beta)}$

$(e^{i\theta})^n=e^{in\theta}$ （n は整数）

$e^{i(\theta+2\pi)}=e^{i\theta}$

$|\alpha|=r,\ \ \arg\alpha=\theta$ に対して

$\alpha=re^{i\theta}=r(\cos\theta+i\sin\theta)$